电子商务专业(双证融通)系列教材

Dreamweaver CS6 入门教程

主　编　刘冬前
副主编　张　艺　孔祥楠

哈爾濱工程大學出版社
Harbin Engineering University Press

内容简介

本书介绍了网页设计基础、Dreamweaver CS6 的操作环境、文字应用、图像和媒体、超链接应用、表格应用、CSS 样式、模板和库、使用 Div、框架应用、表单应用、行为和 JavaScript 的应用，以及动态网站基础等内容，涵盖了利用 Dreamweaver CS6 设计网页过程中的绝大多数内容。本书笔者在 Windows 7 专业版操作系统上安装了 Adobe Dreamweaver CS6 软件，利用具体操作来介绍利用 Dreamweaver CS6 设计网页的具体步骤，保证每一步都有实际基础，同时每一个截图都是实际操作所得。

本书图文并茂、内容完整、逻辑清晰，具有很强的操作性和针对性，主要面向爱好网页设计与制作的初、中级读者，适合大中专院校计算机应用、电子商务、网络技术等专业及计算机类培训机构的教学使用。

图书在版编目(CIP)数据

Dreamweaver CS6 入门教程 / 刘冬前主编. -- 哈尔滨：哈尔滨工程大学出版社，2019.7
ISBN 978-7-5661-2359-6

Ⅰ. ①D… Ⅱ. ①刘… Ⅲ. ①网页制作工具-教材
Ⅳ. ①TP393.092.2

中国版本图书馆 CIP 数据核字(2019)第 145671 号

选题策划 史大伟
责任编辑 丁　伟
封面设计 秋　天

出版发行 哈尔滨工程大学出版社
社　　址 哈尔滨市南岗区南通大街 145 号
邮政编码 150001
发行电话 0451-82519328
传　　真 0451-82519699
经　　销 新华书店
印　　刷 哈尔滨市石桥印务有限公司
开　　本 787 mm×1 092 mm　1/16
印　　张 17.25
字　　数 449 千字
版　　次 2019 年 7 月第 1 版
印　　次 2019 年 7 月第 1 次印刷
定　　价 45.00 元
http://www.hrbeupress.com
E-mail:heupress@hrbeu.edu.cn

前　言

为全面贯彻党的教育方针,上海船厂技工学校以立德树人为根本,以服务发展为宗旨,以促进就业和适应产业需求为导向,服务上海“五个中心”和“四大品牌”建设,坚持走内涵式发展道路,深化产教融合、校企合作,健全教学质量管理和保障制度,力争培养一大批高素质劳动者和知识型、发展型技术、技能人才。开展校本教材的编写工作是学校积极响应上海市教育委员会关于“上海职业教育改革和发展,加快现代职业教育体系建设,推进产教融合、特色办学”的号召,同时也是学校教改项目的一项重要工作。

我校非常重视校本教材的编写工作,由学校教务科牵头,各专业教研组成立以骨干教师和专业教师为主的编写工作小组,并且邀请相关企业和行业专家参与编写教材,使这项工作取得成效。

本次编写的校本教材既以专业理论基础知识为主,也以任务驱动为导向,突出理论讲解与任务实施相结合,以此适应学校各专业的日常教学需求,让学生“做中学,学中做”,实现理实一体化教学的目标。

本书由上海船厂技工学校刘冬前担任主编,张艺、孔祥楠担任副主编;哈尔滨理工大学刘素菊也参与了本书的编写。本教材在编写过程中得到了相关企业和行业技术人员的大力支持和指导,此外还引用了相关的专业技术书籍和资料,在此一并表示衷心的感谢。

由于时间仓促,加之个人知识局限,书中难免会有不妥之处,敬请教师和学生们对教材中的问题提出批评和指正,以便于笔者今后进一步修订和完善。

编　者

2019 年 3 月

目　　录

第 1 章　网页设计基础

【学习目标】

- 学习网页设计基础知识。
- 学习 HTML 基础。
- 学习 CSS 的概念。

1.1　网页设计基础知识

1.1.1　网页设计基本概念

1. Internet

Internet,中文正式译名为因特网,又叫作国际互联网。它是由那些使用公用语言互相通信的计算机连接而成的全球网络。一旦连接到它的任何一个节点上,就意味着您的计算机已经连入 Internet 网上了。Internet 目前的用户已经遍及全球,有超过几亿人在使用 Internet,并且它的用户数还在以等比级数上升。

2. WWW

WWW(World Wide Web,万维网)是一种基于超文本传输协议(Hypertext Transfer Protocol,HTTP)的网络信息资源,是建立在超文本、超媒体技术基础上,集文字、图形、图像、声音为一体,以直观的图形界面展现和提供信息的网络信息资源。由于其使用简单、功能强大,目前是 Internet 上发展最快、规模最大、资源最丰富的一种网络信息资源形式,是 Internet 信息资源的主流。

WWW 成功的秘诀在于它制定了一套标准的、易于人们掌握的超文本标记语言(Hypertext Markup Language,HTML)、统一资源定位器(Uniform Resource Locator,URL)和超文本传输协议。用户掌握后可以很容易地建立自己的网站。

万维网常被当成互联网的同义词,但万维网与因特网有着本质的区别:因特网指的是一个硬件的网络,全球所有计算机通过网络连接后便形成了因特网;而万维网更倾向于一种浏览网页的功能。

3. IP(Internet Protocol)地址

IP 地址就是给连接在 Internet 上的每台主机分配一个唯一的标识码。IP 就是使用这个唯一的标识码在主机之间传递信息,这是 Internet 能够运行的基础。

IP 地址分 IPv4 地址和 IPv6 地址,按照 TCP/IP 协议规定,每个 IPv4 地址用 32 位二进制数来表示。为了方便使用,IPv4 地址经常被写成十进制形式,中间使用符号“.”分开为四个字符。IP 地址的这种表示法称为“点分十进制表示法”。

4. 域名地址

由于 IP 地址是以数字来表示主机地址，较难记忆，为了使用和记忆的方便，就产生了更为高级的字符型主机地址，即域名地址。Internet 在 1984 年采用了域名管理系统（Domain Name System，DNS），入网的每台主机都具有与下列结构类似的域名：

主机名.机构名.网络名.最高层域名

域名地址和 IP 地址之间一般存在一一对应关系，但也有两个域名地址对应一个 IP 地址或域名地址不变而 IP 地址改变的情况。Internet 通过域名服务器将域名地址转换为与其对应的 IP 地址，域名比 IP 地址更容易记忆。

5. HTTP

HTTP 是 WWW 服务器上使用的最主要的协议。HTTP 负责用户与服务器之间的超文本数据传输。HTTP 是 TCP/IP 协议组中的应用层协议，建立在 TCP 之上，它面向对象的特点和丰富的操作功能，能满足分布式系统和多种类型信息处理的要求。通过这一跨平台的通信协议，在任何平台上的计算机都可以阅读远程服务器上的同一文件。HTTP 协议经常用来在网络上传送 Web 页。

当用户以 http://开始一个超链接的名字时，就是告诉浏览器去访问使用 HTTP 协议的 Web 页。HTTP 协议不仅能保证正确传输超文本文档，还可以确定传输文档中的哪一部分，以及哪部分内容首先显示（如文本先于图形）等。

6. URL

URL 用于描述 Internet 上资源的位置和访问方式。URL 可以用一种统一的格式来描述各种信息资源，包括文件、服务器的地址和目录等。URL 基本格式如下：

应用协议类型://服务器的主机名（域名或 IP 地址）/路径名/……/文件名

URL 的格式由下列三部分组成：

第一部分是协议类型（或称为服务方式）；

第二部分是存有资源的主机域名或者 IP 地址（也包括端口号）；

第三部分是主机资源的具体地址，如路径名和文件名等。

第一部分和第二部分之间用“://”符号隔开，第二部分和第三部分之间用“/”符号隔开。

第一部分和第二部分是必不可少的，第三部分有时可以省略。例如，ftp://ftp.pku.edu.cn/pub/dos/readme.txt 表示通过文件传送协议（File Transfer Protocol，FTP），从中国教育与科研计算机网中的北京大学 FTP 服务器上获取 pub/dos 路径下的 readme.txt 文件。

7. 浏览器

浏览器是提供 WWW 服务的客户端浏览程序，可向 WWW 服务器发送服务请求，建立与服务器的连接，并对服务器发来的由 HTML 语言定义的超文本信息和各种媒体数据格式进行解释、显示和播放。

浏览器产品有很多，它们都可以浏览 WWW 上的内容。目前，最普及的浏览器是微软（Microsoft）公司的 Internet Explorer，简称 IE，它是 Windows 操作系统自带的，不需要另外安装；其他浏览器包括 Netscape 公司的 Navigator 浏览器、Mozilla Firefox（火狐）等，这些浏览器在 Windows 系统中需另外安装。

8. HTML

HTML 是构成 Web 页面的主要工具。

用 HTML 便携的超文本文档称为 HTML 文档，它是由很多标签组成的一种文本文件。HTML 标签可以说明文字、图像、动画、声音、表格、链接等。

使用 HTML 语言表述的文件能独立于各种操作系统平台（如 UNIX、Windows 等），访问它只需要一个 WWW 浏览器。我们浏览的网页就是浏览器对 HTML 文件进行解释的结果。

HTML 的出现无疑是 Internet 技术和 Web 技术的一次突破，它第一次使人们能够在 Web 上实现和浏览多种格式的数据，为推动 Internet 和 Web 技术的发展发挥了巨大的作用。

9. XHTML

XHTML（eXtensible Hypertext Markup Language，可扩展超文本标记语言）表现方式与超文本标记语言（HTML）类似，它是在 HTML 4.0 基础上优化和改进的语言，不过语法上更加严格，只有一些小的但重要的区别。XHTML 就是一个扮演着类似 HTML 角色的可扩展标记语言（eXtensible Markup Language，XML），所以从本质上说，XHTML 是一个过渡技术，结合了部分 XML 的强大功能及大多数 HTML 的简单特性。

XHTML 和 HTML 的主要区别如下：

- XHTML 元素必须被正确地嵌套；
- XHTML 元素必须被关闭；
- XHTML 标签名必须用小写字母；
- XHTML 所有的属性的值必须用半角双引号括起来；
- XHTML 文档必须拥有根元素，即所有 XHTML 元素必须被嵌套于 <html> </html> 根元素中。

2000 年底，国际 W3C 组织（万维网联盟）公布发行了 XHTML 1.0 版本。XHTML 1.0 是一种在 HTML 4.0 基础上优化和改进的新语言，目的是基于 XML 应用。XHTML 是一种增强了的 HTML，是更严谨、更纯净的 HTML 版本。它的可扩展性和灵活性将适应未来网络应用更多的需求。XML 虽然数据转换能力强大，完全可以替代 HTML，但面对成千上万已有的基于 HTML 语言设计的网站，直接采用 XML 还为时过早。因此，在 HTML 4.0 的基础上，用 XML 的规则对其扩展，得到了 XHTML。所以建立 XHTML 的目的就是实现 HTML 向 XML 的过渡。国际上在网站设计中推崇的 Web 标准就是基于 XHTML 的应用（即通常所说的 CSS + DIV）。

10. XML

XML 用于标记电子文件，使其具有结构性的标记语言，可以用来标记数据、定义数据类型，是一种允许用户对自己的标记进行定义的语言。

随着 Internet 上的 Web 信息越来越多，内容越来越复杂，数据格式也越来越多样，传统的 HTML 的有限标记功能已经无法满足日益丰富的数据形式的表达需求，在这种背景下，XML 技术应运而生。

XML 已经逐渐成为整个 Web 的基本结构和未来各种发展的基础，由于 XML 能针对特定的应用定义自己的标记语言，这一特征使得 XML 可以为电子商务、政府文档、报表、司法、出版、联合、CAD/CAM、保险机构、厂商提供各具特色的独立解决方案。XML 被认为是继 HTML 和 Java 编程语言之后的又一个里程碑式的 Interent 技术。

11. 网站

网站(Website)是指在因特网上根据一定的规则,使用 HTML 等工具制作的用于展示特定内容相关网页的集合。简单地说,网站是一种沟通工具,人们可以通过网站来发布自己想要公开的资讯,或者利用网站来提供相关的网络服务;也可以通过网页浏览器来访问网站,获取自己需要的资讯或者享受网络服务。

12. 网址

网址,通常指 Internet 上网页的地址。一个具体的网址需要用 URL 来表示。

1.1.2 网页

1. 网页

网页是一个包含 HTML 标签的纯文本文件,它可以存放在世界某个角落的某一台计算机中,是万维网中的一“页”,是 HTML 的一个应用,文件扩展名为. html 或. htm。网页要通过网页浏览器来阅读。

网页实际上是一个文件,经由网址(URL)来识别存取。当浏览者输入一个网址或单击某个链接时,在浏览器中显示出来的就是一个网页。

网页是网站的组成部分,设计者可以将需要发布的信息按照一定的方式分类后放在网页上。网页里可以有文字、图像、声音、动画及视频信息等。

2. 主页

主页是一个单独的网页,与一般网页一样,可以存放各种信息;同时又是一个特殊的网页,作为整个网站的起始点和汇总点。

首页和主页的具体区别如下:

➢ 通常网站为方便浏览者查找和分类浏览网站的信息,会将信息分类,并建立一个网页以放置网站信息的目录,即网站的主页。

➢ 浏览者在浏览器的地址栏中输入某个网站的域名,并按 Enter 键后,出现的第一个页面即为首页。

➢ 通常首页也是主页,但并非所有的网站都将主页设置为首页。有的网站喜欢在首页放置一段进入动画,并将主页的链接放置在首页上,浏览者通过单击首页的链接进入主页。

3. 网页的分类

按其表现形式,网页可分为静态网页和动态网页两种。

(1)静态网页

静态网页是指客户端与服务器不发生交互的网页。Internet 最早出现时,站点内容都是以 HTML 静态页面形式存放在服务器上的,访问者浏览到的页面都直接从服务器上读取到客户端,不需要服务器进行预处理。静态网页文件通常是以. htm、. html、. shtml、. xml 等为后缀。

静态网页没有数据库的支持,交互性差,在功能方面有较大的限制。

(2)动态网页

动态网页是指客户端与服务器端要发生交互的网页。它包括服务器端运行的程序、网页、组件等。它会根据不同客户、不同时间和不同要求,返回不同的网页内容。常用的动态网页技术有 ASP、ASP. net、PHP、JSP 等。

1.1.3 网页的构成元素

Internet中的网页由于设计的内容不同和制作的差别而千变万化，但网页的基本构成要素大体相同，主要有文本、图像、多媒体、超链接、表单、程序等。网页设计就是要将这些构成要素有机整合，表达出美与完整统一。

1. 网站的徽标

网站徽标是一种设计的名称，指的是商品、企业、网站等为自己主题或者活动等设计标志的一种行为，logo是徽标或者商标的英文说法，起到对徽标拥有公司的识别和推广的作用，通过形象的徽标可以让消费者记住公司主体和品牌文化。网络中的徽标主要是各个网站用来与其他网站链接的图形标志。

网站为体现其特色与内涵，通常制作一个徽标图像放置在网站的左上角或其他醒目的位置。

企业网站常常使用企业的标志或者注册商标作为网站徽标，如图1－1和图1－2所示。

sina新浪网 sina.com.cn

图1－1 新浪网站徽标

腾讯网

图1－2 腾讯网站徽标

2. 导航条

导航条是网页的重要组成部分。设计的目的是将网站内的信息分类处理，然后放在网页中用以帮助浏览者快速查找站内信息。

导航条（图1－3）的形式多种多样，包括文本导航条、图像导航条和动画导航条等。有些使用特殊技术（例如Flash、JavaScript、CSS）制作的导航条还具有下拉菜单的功能。

要闻 视频 北京 娱乐 体育 军事 NBA 国际 科技 财经 汽车 时尚 图片 游戏 更多+

图1－3 网站导航条

3. 横幅

横幅的内容通常为网页中的广告或者宣传语。

在网页布局中，大部分网页将横幅放置在与导航条相邻处或者其他醒目的位置以吸引浏览者的注意，如图1－4所示。

图1－4 网站横幅示例

4. 图像

用户在网页中使用的图像格式主要包括GIF、JPEG和PNG等，其中使用最广泛的是

GIF 和 JPEG 两种格式。

5. 文本

网页中的信息以文本为主。文字虽然不如图像那样很快引起浏览者的注意，但却能准确地表达信息的内容和含义。在网页中可以通过字体、大小、颜色、底纹等选项来设置文本的属性。

6. 超链接

超链接是指从一个网页指向一个目标的连接关系。这个目标可以是另一个网页，也可以是相同网页上的不同位置。例如，它可以指向一个图像、一个电子邮件地址、一个文件，甚至一个应用程序。图 1－5 中，带有下画线*的文本就具有超链接。

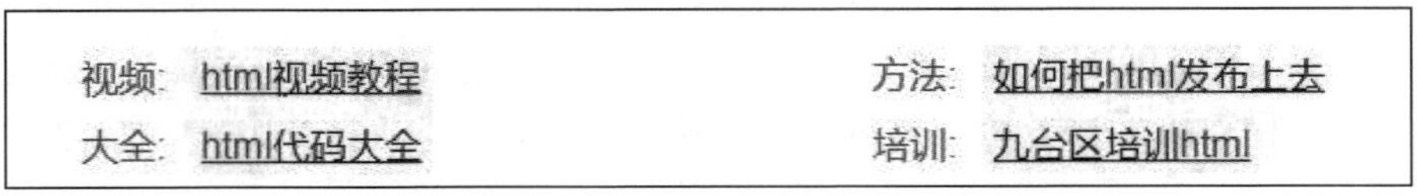

图 1－5　超链接示例

7. 动画

在网页中为了更有效地吸引浏览者的注意，许多网站都加入了动画。

网页中的动画主要有 GIF 动画和 Flash 动画两种。其中 GIF 动画只有 256 种颜色，主要用于简单动画和图标；而 Flash 动画则比较复杂。

8. 多媒体

声音和视频是多媒体网页的一个重要组成部分。

9. 表单

网页中的表单主要用来接收用户在客户端(浏览器)的输入，然后将这些信息发送到服务器处理。表单一般用于收集联系信息、接收用户要求、接收反馈意见、让浏览者注册为会员并以会员的身份登录站点等。登录表单示例如图 1－6 所示。

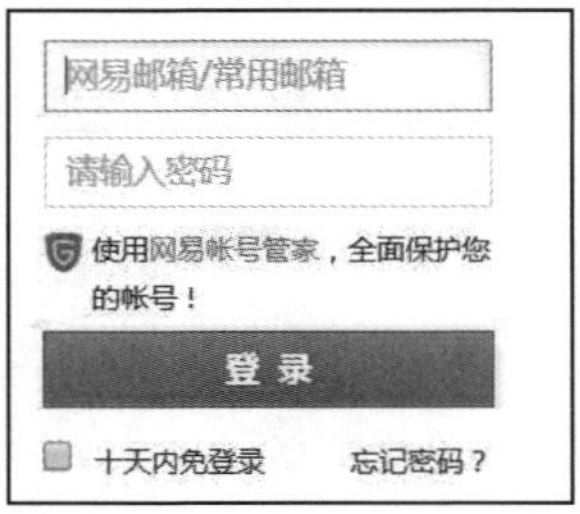

图 1－6　登录表单示例

* 计算机窗口中使用的“划线”现已规范为“画线”。

1.2　HTML 基础

1.2.1　HTML 概述

超级文本标记语言是标准通用标记语言下的一个应用,也是一种规范、一种标准,它通过标记符号来标记要显示的网页中的各个部分。网页文件本身是一种文本文件,通过在文本文件中添加标记符,可以告诉浏览器如何显示其中的内容(如文字如何处理,画面如何安排,图片如何显示等)。浏览器按顺序阅读网页文件,然后根据标记符解释和显示其标记的内容,对书写出错的标记将不指出其错误,且不停止其解释执行过程,编制者只能通过显示效果来分析出错原因和出错部位。但需要注意的是,对于不同的浏览器,对同一标记符可能会有不完全相同的解释,因而可能会有不同的显示效果。

早期的网页只是简单的文本页面,比较单调,功能也很有限;而超文本使网页的表现形式更多。

所谓超文本,是因为它可以加入图像、声音、动画、影视等内容,事实上每一个 HTML 文档都是一种静态的网页文件,这个文件里面包含了 HTML 指令代码。这些指令代码并不是一种程序语言,而是一种排版网页中资料显示位置的标记结构语言,易学易懂,非常简单。用户只需单击鼠标就能从一个主题跳转到另一个主题,从一个页面跳转到另一个页面,浏览世界各地主机上的文件。

1.2.2　操作实例——用 HTML 编写一个网页

HTML 文件是纯文本文件,可以由任意文本编辑器编写,文件的扩展名为“.htm”或者“.html”。下面介绍用文本编辑器“记事本”来编写一个网页。

(1)在E 盘创建一个文件夹并命名为“myweb”。双击“myweb”打开文件夹,在空白处右击,选择“新建”→“文本文档”命令,建立一个文本文件“新建文本文档.txt”,如图 1-7 所示。

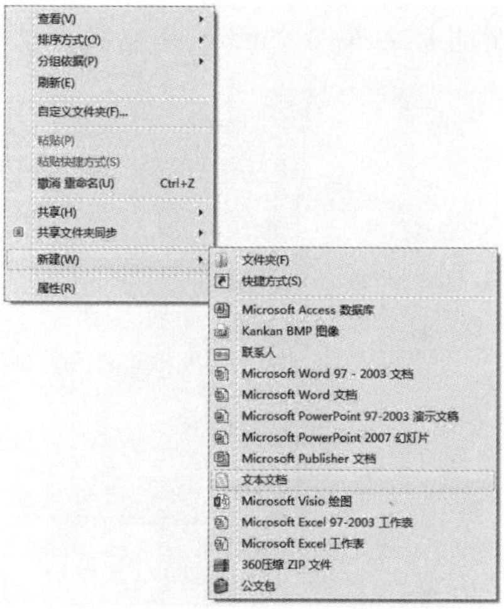

图 1-7　新建文本文档

(2)双击“新建文本文档.txt”,打开该文件,并输入以下内容。

```
<HTML>
<HEAD>
</HEAD>
<BODY>
Welcome! 欢迎打开我制作的网页。
</BODY>
</HTML>
```

(3)选择“文件”→“保存”命令。

(4)选择“文件”→“另存为”命令，在弹出的“另存为”对话框的“文件名”文本框中输入“myweb1. html”，并单击“保存”按钮，如图 1－8 所示。

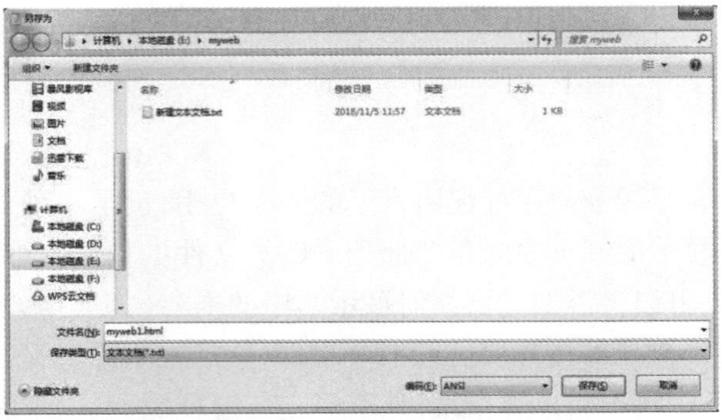

图 1－8　“另存为”对话框

此时，myweb 文件夹里有两个文件。这两个文件的内容是完全相同的，但显示的图标不同，如图 1－9 所示。

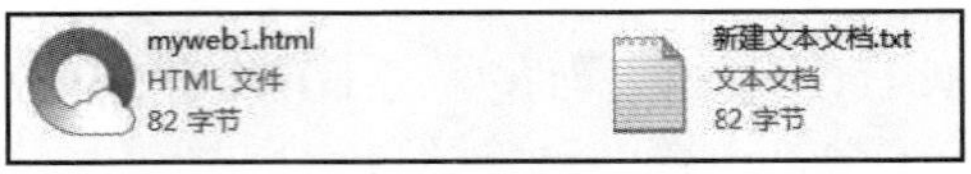
myweb1.html
HTML 文件
82 字节
新建文本文档.txt
文本文档
82 字节

图 1－9　myweb 文件夹里的两个文件

(5)分别双击这两个文件，看看有什么不同。

“新建文本文档. txt”文件是用“记事本”打开的，显示的是文本内容，“myweb1. html”文件是用浏览器打开的，显示的是网页。“myweb1. html”就是我们制作的网页。

(6)用“记事本”打开“myweb1. html”文件，在“Welcome！欢迎打开我制作的网页。”的后面加上文本：“ < marquee > 我会动哦 < /marquee > ”，并保存文件，如图 1－10 所示。

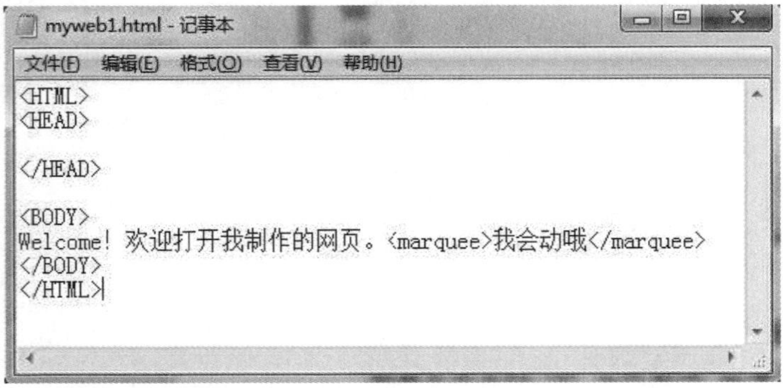
myweb1.html - 记事本
文件(F) 编辑(E) 格式(O) 查看(V) 帮助(H)
<HTML>
<HEAD>
</HEAD>
<BODY>
Welcome! 欢迎打开我制作的网页。<marquee>我会动哦</marquee>
</BODY>
</HTML>

图 1－10　加文本

(7)双击“myweb1. html”文件，可看到文字“我会动哦”正在滚动。

1.2.3　HTML 文档的基本结构

一个 HTML 文档是由一系列的元素和标签组成的，元素名称不区分大小写。HTML 用标签来规定元素的属性和它在文件中的位置，HTML 超文本文档分“文档头”和“文档体”两部分。在文档头里，对这个文档进行了一些必要的定义，文档体中才会显示各种文档信息。HTML 文档的基本结构如下所示：

<HTML>
<HEAD>
（头部信息，如网页标题）
</HEAD>
<BODY>
（在页面上的内容放在这里）
</BODY>
</HTML>

其中，<HTML> </HTML>在文档的最外层，文档中的所有文本和 HTML 标签都包含在其中，它表示该文档是以 HTML 编写的。

<HEAD> </HEAD>是 HTML 文档的头部标签。在浏览器窗口中，头部信息是不被显示在正文中的，在此标签中可以加入其他标记，用以说明文件的标题和整个文件的一些公共属性。若不需要头部信息，则可省略此标记，良好的习惯是不省略。

<BODY> </BODY>之间的文本是正文，是浏览器要显示的页面内容。该标记一般不省略。

上面的几对标记在文档中都是唯一的，HEAD 和 BODY 是嵌套在 HTML 中的。

1.2.4　常用的 HTML 标签

在 HTML 文档中，用“<”和“>”括起来的部分称为标签，用来分割和标记网页元素，以形成不同的布局、文字的格式及五彩缤纷的页面。

一般的 HTML 由标签（tags）、代码（codes）和注释（comments）组成。HTML 标签的基本格式如下：

<标签>内容</标签>

HTML 的标签分为成对标签和单标签两种。

1. 成对标签

成对标签是由首标签“<标签名>”和尾标签“</标签名>”组成的。成对标签的作用域只作用于这对标签的对象。如“<marquee>我会动哦</marquee>”，只对首尾标签之间的内容“我会动哦”起作用。

2. 单标签

单标签的格式为<标签名/>。单标签在相应的位置插入元素就可以了。例如
，表示插入一个回车换行符。

大多数标签都有自己的属性及属性值。属性要写在首标签内，用于进一步改变要显示的效果，各属性之间无先后次序。属性是可选的，也可以省略而采用默认值，其格式如下：

<标签名称 属性 ="属性值" >内容</标签名称>

3. 常用 HTML 标签

表 1－1 列举了部分常用 HTML 标签及其功能。

表 1－1　部分常用 HTML 标签及其功能

标签	功能
<html>	创建一个 HTML 文档
<head>	设置文档标题和其他在网页中不显示的信息
<title>	设置文档的标题
<h1> ~ <h6>	标题 1 至标题 6
<pre>	预格式化文本
<font>	定义文本字体尺寸、颜色、大小
 	插入一个回车换行符
<p>	创建一个段落
<div>	块，用于创建包含内容的方框
<!---->	注释
<a>	锚记，创建超链接
<marquee>	滚动字幕
<img>	图像
<form>	HTML 表单
<ol>	创建一个编号列表
<ul>	创建一个项目列表
<li>	列表项
<hr/>	水平线

1.3　CSS

CSS 是 Cascading Style Sheets 的缩写，中文名为层叠样式表或级联样式表，是一种用来表现 HTML（标准通用标记语言的一个应用）或 XML（标准通用标记语言的一个子集）等文件样式的计算机语言。CSS 不仅可以静态地修饰网页，还可以配合各种脚本语言动态地对网页各元素进行格式化。CSS 能够对网页中元素位置的排版进行像素级精确控制，支持几乎所有的字体、字号样式，拥有对网页对象和模型样式编辑的能力。CSS 是一种定义样式结构（如字体、颜色、位置等）的语言，用于描述网页上的信息格式化和显示的方式。CSS 称得上是 Web 领域的一个突破，因为它允许一个外部样式表同时控制多个页面的样式和布局，也允许一个页面同时引用多个外部样式表。若要进行网站样式全局更新，只需简单地改变样式表，网站中的所有元素便会自动更新。外部样式表通常以".css"为扩展名。

1.4　实　　例

涉及知识:HTML 标签应用举例。

1. 标签 <title> </title>

示例:

```
标签<title>设置网页标题</title>
```

2. 水平线 <hr>

以下为 <hr> 常用属性。

(1)size　设置水平线长度。

(2)width　设置水平线宽度。

(3)color　设置水平线颜色。

示例:

```
<hr size='10' width='80%' color='ff0000'>
```

3. 滚动字幕 <marquee> </marquee>

以下为 <marquee> 常用属性。

(1)behavior　设置文本在 marquee 元素内如何滚动。可选值有 scroll、slide 和 alternate。如果未指定值,默认值为 scroll。

➢ scroll　默认滚动效果。

➢ alternate　来回滚动效果。

➢ slide　滑动效果。

(2)direction　文本滚动的方向。可选值有 left、right、up 和 down。如果未指定值,默认值为 left。

➢ up　向上滚动。

➢ down　向下滚动。

➢ left　向左滚动。

➢ right　向右滚动。

(3)loop　滚动的次数。如果未指定值,默认值为 -1,表示 marquee 将连续滚动。

(4)width　设置宽度。

(5)height　设置高度。

(6)bgcolor　设定滚动部分的背景颜色。

(7)scrollamount　设置每次滚动时移动的长度(以像素为单位),默认值为 6。

(8)onmouseover　鼠标经过滚动部分时发生的事件。

(9)onmouseout　鼠标离开滚动部分时发生的事件。

示例:

```
<marquee behavior=alternate bgcolor="00ff00" scrollamount=10 onmouseover=
"this.stop()" onmouseout="this.start()">滚动字幕</marquee>
```

onmouseover="this.stop()":鼠标经过滚动部分时,滚动停止。onmouseout="this.start()":鼠标离开滚动部分时,开始滚动。

4. 超链接 <a> </a>

以下为 <a> 常用属性。

href　链接地址，可以使本地文件，也可以是网址。

示例：

```
<a href='http://www.cljce,com'>超链接测试</a>
```

5. 图像 <img>

以下为 <img> 标签常用属性。

(1) src　图像地址。

(2) width　设置图像宽度。

(3) height　设置图像高度。

(4) alt　指定替代文本，用于当图像无法显示或者用户禁用图像显示时，代替图像显示在浏览器中的内容。

(5) title　设定图像提示文字。在浏览器中，当鼠标移到图像上时，在鼠标旁边出现提示文字。

示例：

```
<img width=300 height=300 src='C:\WINDOWS\Web\WALLPAPER\Stonehenge.
jpg' title='WINDOWS 自带的图像'>
```

提示："Stonehenge. jpg"是 Windows 自带的图像，如果不能显示，请换成"WALLPAPER"文件夹下的其他图像。

1.5 本章小结

本章主要介绍了网页设计相关的基本概念，包括 IP 地址、域名、HTTP、HTML、XHTML、XML、URL、浏览器、网页、网址、主页、静态网页、动态网页等，以及 HTML 基本结构、常用 HTML 标签和网页的构成元素，并体验了制作网页的简单方法。

第 2 章　初识 Dreamweaver CS6

【学习目标】

- 了解 Dreamweaver CS6。
- 熟悉 Dreamweaver CS6 的操作环境。
- 掌握设置首选参数的基本方法。
- 掌握新建和管理站点的基本方法。
- 掌握创建文件夹和文件的方法。

2.1　Dreamweaver CS6 发展概述

Dreamweaver 最初是由美国 Macromedia 公司(1992 年成立于美国旧金山)于 1997 年发布的一套可视化编辑界面,用于制作并编辑网站和移动应用系统的网页设计软件。由 Macromedia 公司发布的 Dreamweaver 的最后版本是 Dreamweaver 8。2005 年底,Macromedia 公司被 Adobe 公司并购。Adobe 公司于 2007 年 7 月发布了 Dreamweaver CS3;2008 年 9 月发布了 Dreamweaver CS4;2010 年 4 月发布了 Dreamweaver CS5;2011 年 4 月发布了适应网格版面创建页面的技术,并且在发布前使用多屏幕预览审阅技术,从而改善了 FTP 性能,能够更高效地传输大型文件。

可以说,Dreamweaver 从诞生的那天起,就是集网页设计和网站管理于一身的所见即所得的网页编辑器,是针对专业网页设计师而设计的视觉化网页开发工具,可以让设计师轻而易举地制作出跨平台限制和跨浏览器限制的充满动感的网页。尤其对于初学者来说,Dreamweaver 比较容易入门,具体表现在两个方面:一是静态网页的编排,这与 Microsoft Office 等可视化办公软件是类似的;二是交互式网页的制作,利用 Dreamweaver 可以比较容易地制作交互式网页,且很容易链接到 Access、SQL Server 等数据库。因此,Dreamweaver 在网页制作领域得到了广泛的应用。

2.2　Dreamweaver CS6 的操作环境

2.2.1　Dreamweaver CS6 的工作界面

下面对 Dreamweaver CS6 的工作界面进行简要介绍。

1. 欢迎窗口

选择【程序】/【所有程序】/【Adobe Dreamweaver CS6】命令,启动程序,如图 2－1 所示,

弹出如图 2 – 2 所示的欢迎窗口。在此窗口中显示了一个打开视野，可以选择以哪种方式使用 Dreamweaver。

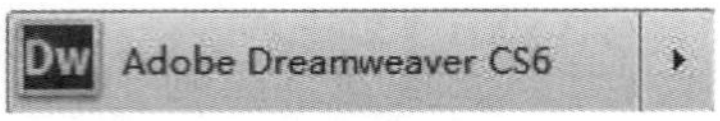

图 2 – 1　“Adobe Dreamweaver CS6”命令

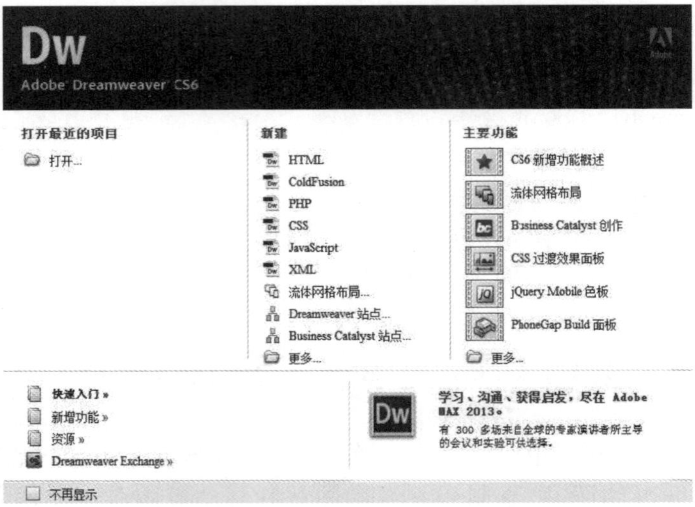

图 2 – 2　欢迎窗口

欢迎窗口只用于打开最近使用过的文档或创建新文档，用户还可以从欢迎窗口中通过产品介绍或教程了解有关 Dreamweaver 的更多信息。如果希望启动时不再显示此窗口，选择底部的【不再显示】复选框即可。

2. 工作窗口

在欢迎窗口中选择【新建】/【HTML】命令新建一个文档，此时工作窗口界面如图 2 – 3 所示。文档编辑区上面有【文档】工具栏，下面为【属性】面板，右侧为包括【插入】/【文件】面板在内的面板组。

Dreamweaver CS6 的工作窗口界面有多重布局模式，图 2 – 3 所示为【设计器】布局模式，可以通过选择【窗口】/【工作区布局】中的相应菜单命令（图 2 – 4），更换 Dreamweaver CS6 的工作区布局。初学者建议使用【设计器】布局模式，因为它简洁、直观，容易上手。

当然，用户也可以设置适合自己的工作区布局模式，然后在【工作区布局】下拉菜单中选择【新建工作区】命令，打开【新建工作区】对话框进行命名保存，如图 2 – 5 所示。以后启动 Dreamweaver CS6 后就可以选择自己的布局模式进行工作了。如果要对工作区布局的名称进行修改或删除，可选择【管理工作区】命令，打开【管理工作区】对话框，选择工作区布局名称，然后单击  按钮或  按钮，进行重命名或删除操作，如图 2 – 6 所示。

文档窗口用来显示和编辑当前的文档页面，通常有【设计】【代码】和【拆分】3 种视图模式。【设计】视图用于可视化操作的设计和开发环境；【代码】视图用于编辑 HTML 等代码的手工编码环境；【拆分】视图可以将文档窗口拆分为【代码】视图和【设计】视图两种模式。

用户既可以可视化操作,又可以随时查看代码,如图 2-7 所示。

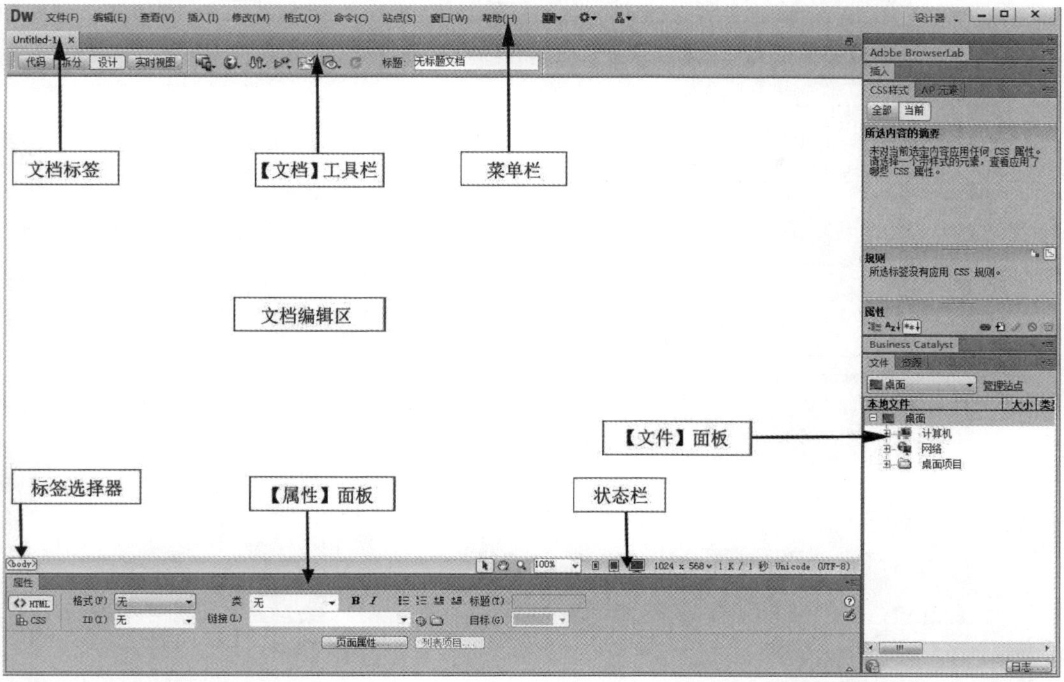

图 2-3　Dreamweaver CS6 的工作窗口界面

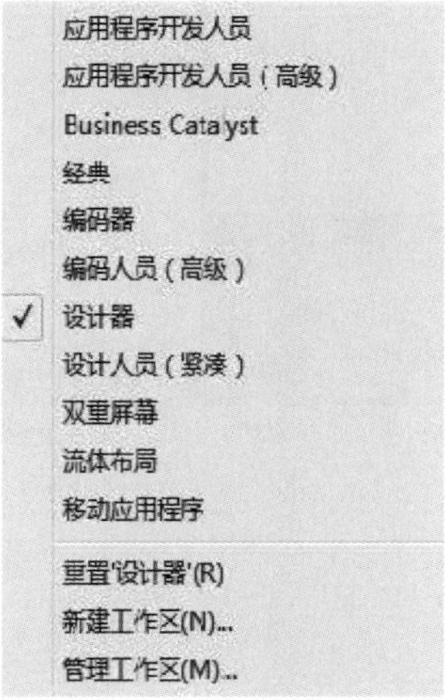

图 2-4　【工作区布局】下拉菜单

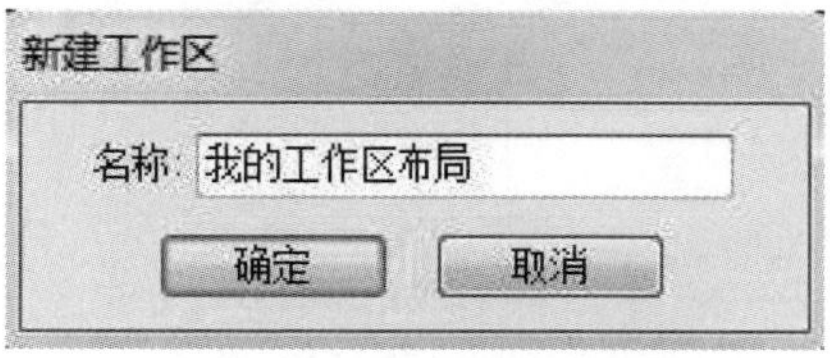

图 2-5　【新建工作区】对话框

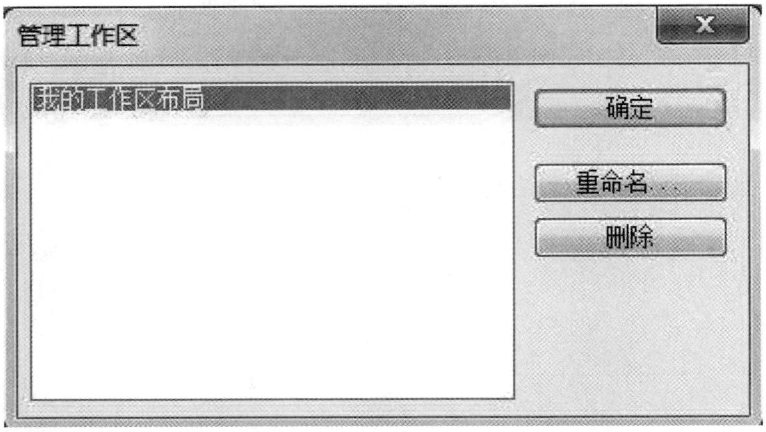

图 2－6 【管理工作区】对话框

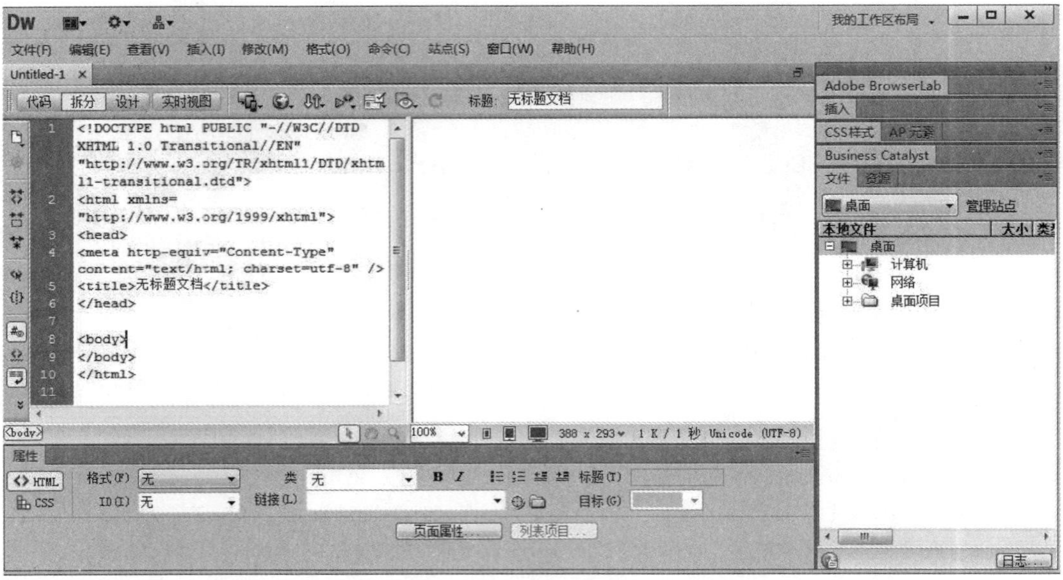

图 2－7 【拆分】视图

2.2.2 工具栏

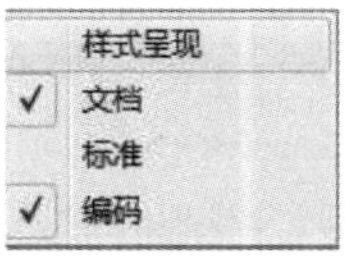

图 2－8 工具栏

选择菜单命令【查看】/【工具栏】可以发现，工具栏通常有【样式呈现】、【文档】、【标准】和【编码】4 项，如图 2－8 所示，其中最常用的是【文档】工具栏。在【文档】工具栏中，单击 代码 按钮可以显示代码视图，在其中可以编写或修改网页源代码。单击 拆分 按钮可以显示拆分视图，其中左侧为代码视图，右侧为设计视图。单击 设计 按钮可以显示设计视图，在其中可以对网页进行可视化编辑。在【标题】文本框中可以设置显示在浏览器的标题栏中的标题。单击 (多屏幕预览)按钮,在弹出的下拉菜单中选择相应的选项,可以预览页面在手机、平板电脑和台式机屏幕中的显示效果,如图 2－9 所示。单击 (在浏览器中预览/调试)按钮,在弹出的下拉菜单中可以选择预览网页的方式,如图 2－10 所示。

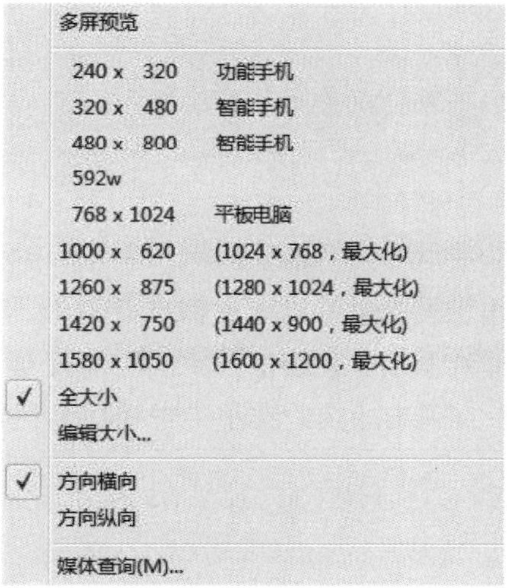

图 2－9　选择屏幕的显示方式

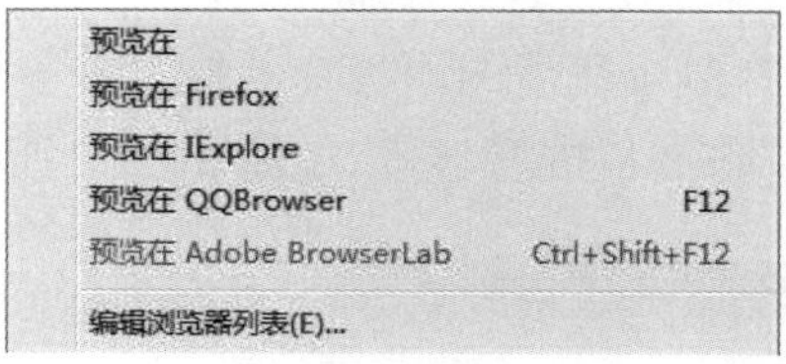

图 2－10　选择预览网页的方式

在图 2－10 所示的下拉菜单中选择【编辑浏览器列表】命令,将打开【首选参数】对话框,可以在【在浏览器中预览】分类中添加其他浏览器,如图 2－11 所示。单击【浏览器】右侧的 按钮将打开【添加浏览器】对话框来添加已安装的其他浏览器;单击 按钮将删

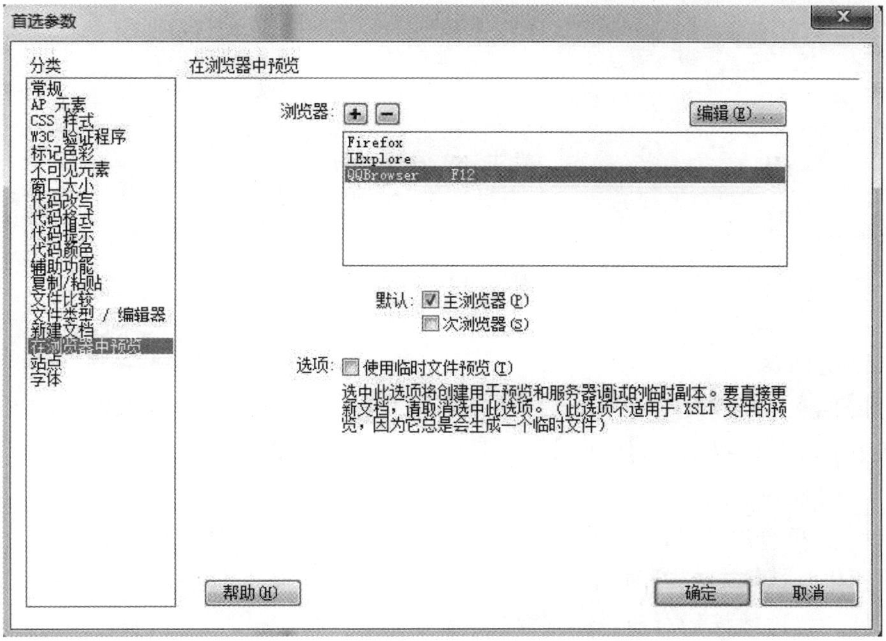

图 2－11　添加浏览器

除在【浏览器】列表框中所选择的浏览器；单击 编辑(E)... 按钮将打开【编辑浏览器】对话框，对在【浏览器】列表框中所选择的的浏览器进行编辑；还可以通过设置【默认】选项为“主浏览器”或“次浏览器”来设定所添加的浏览器是主浏览器还是次浏览器。

2.2.3 常用面板

面板主要集中在菜单栏的【窗口】菜单中，显示面板的方法是在菜单栏的【窗口】菜单中选择相应的面板名称即可。

1. 面板组

面板组通常是一个或几个放在一起显示的面板的集合的统称。单击面板组右上角的按钮可以将所有面板向右侧折叠为图标；单击按钮可以向左侧展开面板。在展开面板的标题栏上单击鼠标右键，在弹出的快捷菜单中选择【最小化】命令，可将面板最小化显示。在最小化后的面板标题栏上单击鼠标右键，在弹出的快捷菜单中选择【展开标签组】命令，可将面板展开显示，如图 2－12 所示。

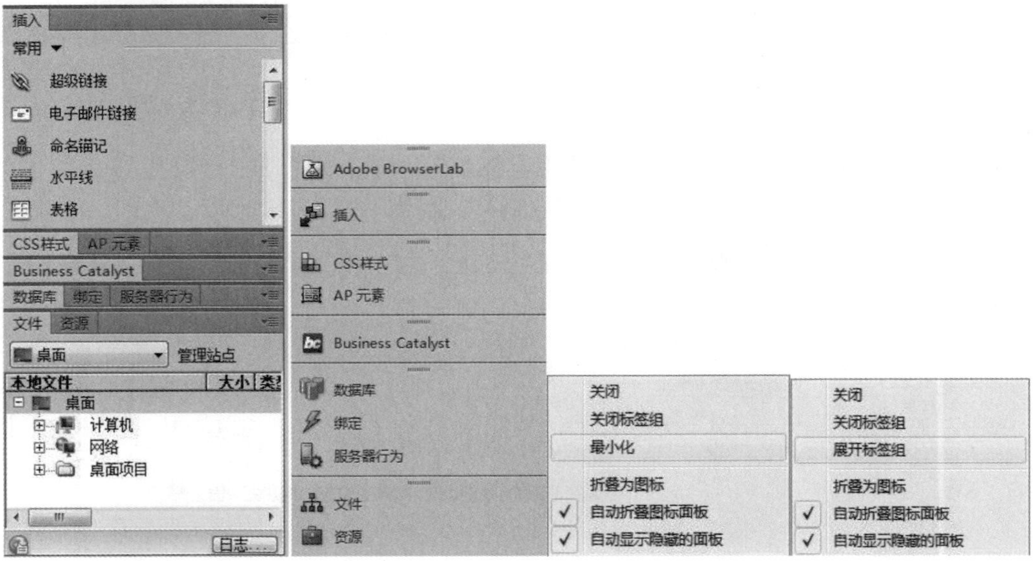

图 2－12 面板组

2.【文件】面板

【文件】面板如图 2－13 所示。通过【文件】面板可以在站点中创建文件夹和文件，也可以上传和下载文件。可以说，【文件】面板是站点管理器的缩略图。

3.【属性】面板

【属性】面板通常显示在文档窗口的最下方，如果工作界面中没有显示【属性】面板，那么在菜单栏中选择【窗口】/【属性】命令即可显示。通过【属性】面板可以设置和修改所选对象的属性。根据选择的对象不同，【属性】面板显示的参数也不同。【属性】面板还提供了【HTML】和【CSS】两种类型的属性设置，如图 2－14 所示。在【属性(HTML)】面板中可以设

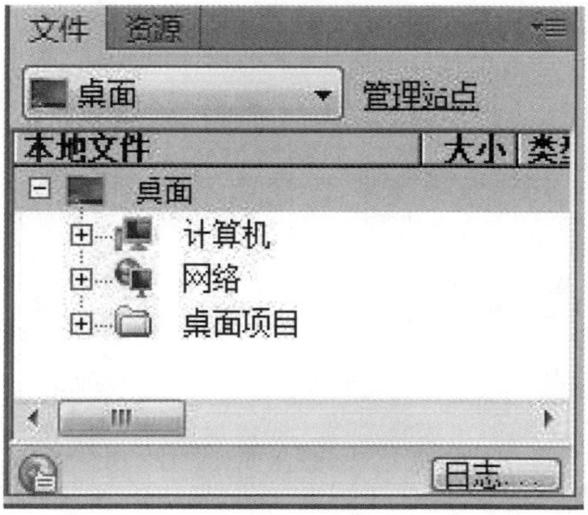

图 2－13　【文件】面板

置文本的标题和段落格式、对象的 ID 名称、列表格式、缩进和凸出、粗体和斜体，以及超链接、类样式的应用等，这些将采取 HTML 的形式进行设置。在【属性(CSS)】面板中可以设置文本的字体、大小、颜色、对齐方式等，这些将采用 CSS 样式的形式进行设置。在【属性(CSS)】面板的【目标规则】下拉列表中，选择【<新 CSS 规则>】选项后，在设置文本的字体、大小、颜色、粗体、斜体和对齐方式时，均将打开【新建 CSS 规则】对话框，让用户设置 CSS 样式的类型、名称、保存位置等内容。

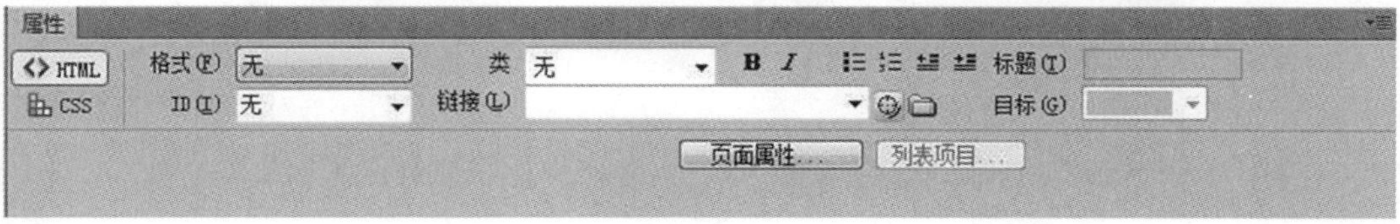

(a)

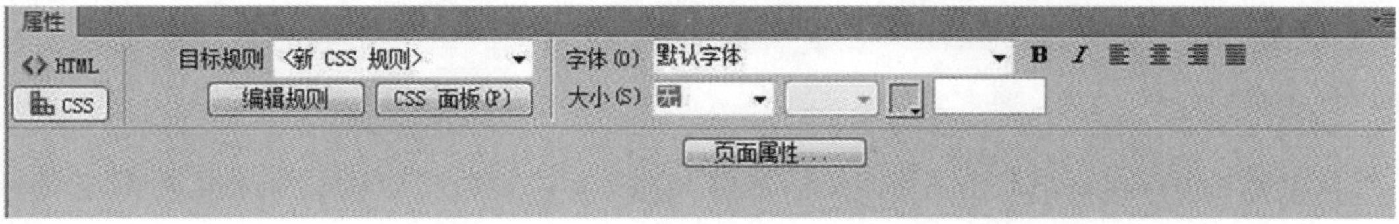

(b)

图 2－14　【属性】面板

4.【插入】面板

【插入】面板包含各种类型的对象按钮，通过单击这些按钮，可将相应的对象插入文档中，如图 2－15 所示。【插入】面板中的按钮分为常用、布局、表单、数据等类别，如图 2－16 所示。单击相应的类别名，将在面板中显示相应类别的对象按钮。

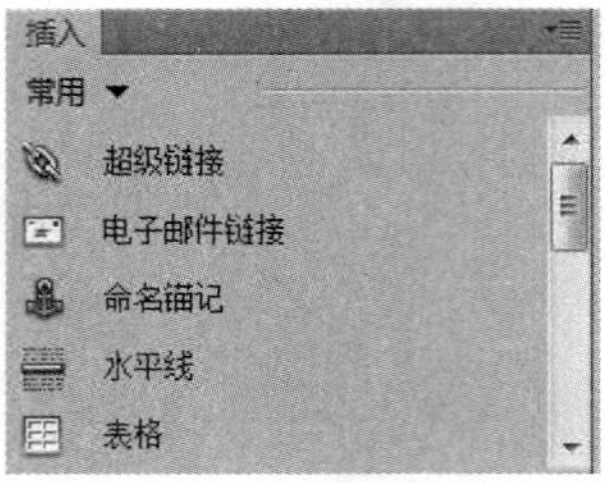

图 2 – 15 【插入】面板

图 2 – 16 按钮类别

在图 2 – 16 中，选择【隐藏标签】命令，【插入】面板变为图 2 – 17 所示的格式。此时图 2 – 16 中的【隐藏标签】命令变为【显示标签】命令。此时如果选择【显示标签】命令，【插入】面板就变回图 2 – 16 所示的格式。

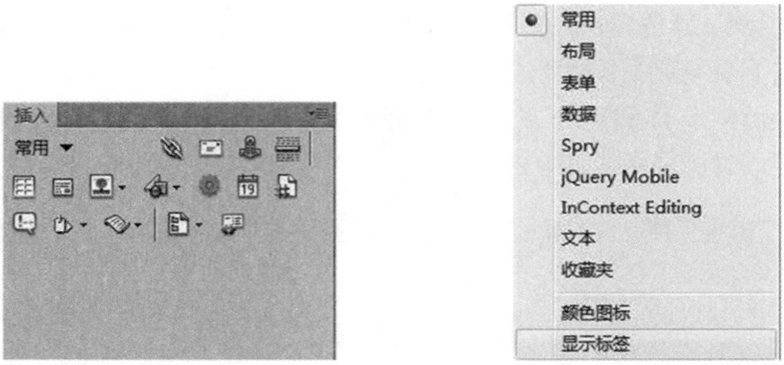

(a) (b)

图 2 – 17 【插入】面板【隐藏标签】格式

2.2.4 首选参数

在使用 Dreamweaver CS6 制作网页之前，应该通过【首选参数】对话框来定义使用 Dreamweaver CS6 的基本规则。选择菜单命令【编辑】/【首选参数】，弹出【首选参数】对话框，下面对【首选参数】对话框的常用分类选项进行简要说明。

1.【常规】分类

在【常规】分类中可以定义【文档选项】和【编辑选项】两部分内容，如图 2 – 18 所示。其中，选择【显示欢迎屏幕(S)】复选框，表示在启动 Dreamweaver CS6 时将显示欢迎屏幕，否则将不显示；选择【允许多个连续的空格(M)】复选框，表示允许使用 Space 键来输入多个连续的空格，否则只能输入一个空格。

2.【不可见元素】分类

在【不可见元素】分类中可以定义不可见元素是否显示，如图 2 – 19 所示。在选择【不可见元素】分类后，还要确认菜单栏中的【查看】/【可视化助理】/【不可见元素】命令已经选择。在选择该命令后，包括换行符在内的不可见元素会在文档中显示出来，以帮助设计者

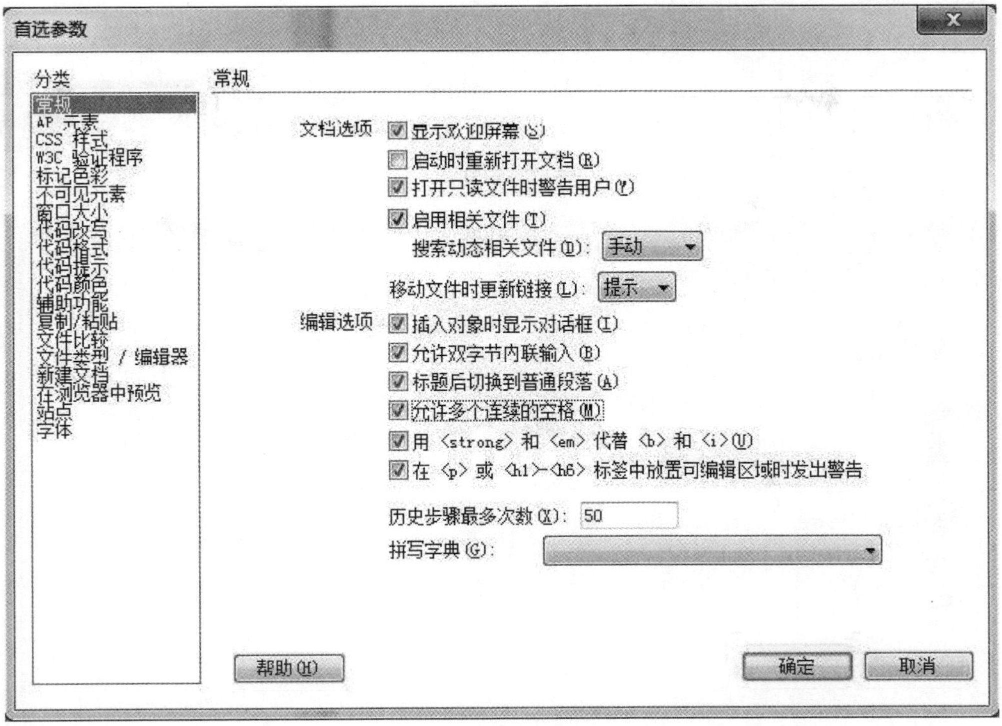

图 2－18　【常规】分类

确定他们的位置。

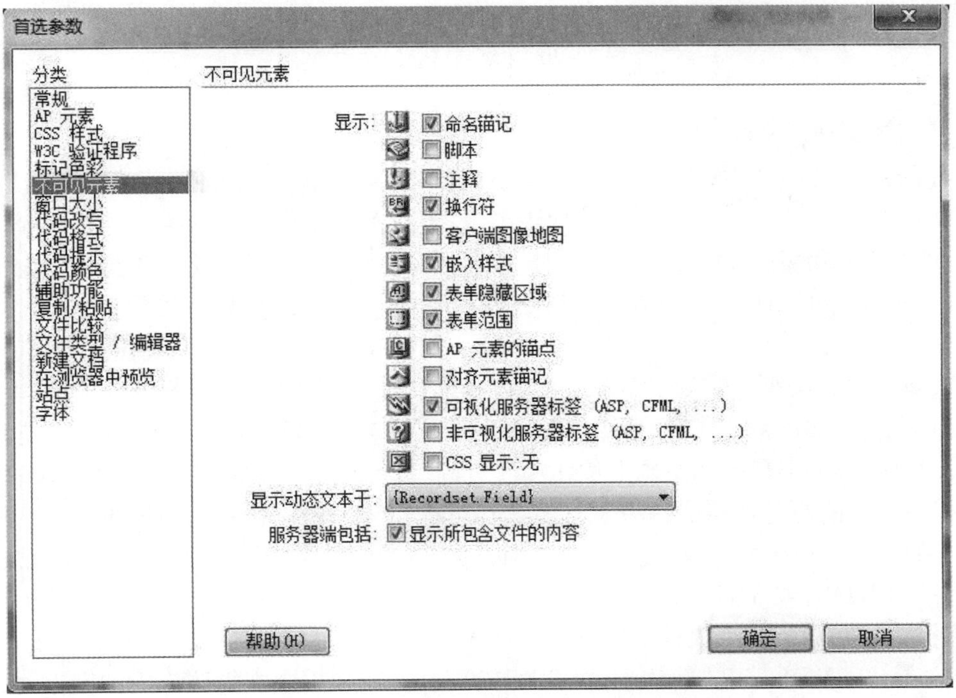

图 2－19　【不可见元素】分类

3.【复制/粘贴】分类

在【复制/粘贴】分类中,可以定义粘贴到文档中的文本格式,如图 2 – 20 所示。在设置了一种适用的粘贴方式后,就可以直接选择菜单命令【编辑】/【粘贴】来粘贴文本,而不必每次都选择【编辑】/【选择性粘贴】命令。如果需要改变粘贴方式,再选择【选择性粘贴】命令进行粘贴即可。

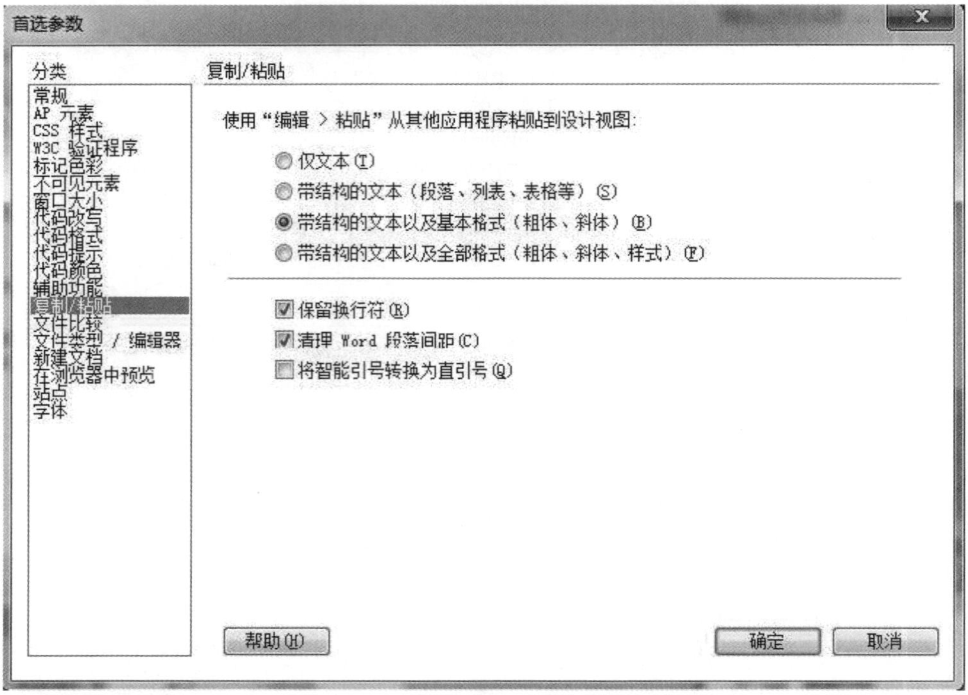

图 2 – 20 【复制/粘贴】分类

4.【新建文档】分类

在【新建文档】分类中可以定义新建默认文档的格式、默认扩展名、默认文档类型和默认编码等,如图 2 – 21 所示。可以在【默认文档】下拉菜单中设置默认文档,如“HTML”;在【默认扩展名】文本框中设置默认文档的扩展名,如“. htm”;在【默认文档类型】下拉列表中设置文档类型,如“HTML 5”;在【默认编码】下拉列表中设置编码类型,如“简体中文(GB2312)”。

在【默认文档类型】下拉列表框中可以设置默认文档的类型,包括 8 个选项,除了“无”外大体可分为 HTML 和 XHTML 两类。HTML 常用版本是 HTML 4. 0,目前最新的是 HTML 5. 0。XHTML 是在 HTML 的基础上优化和改进的,目的是基于 XML 应用。XHTML 并不是向下兼容的,它有自己严格的约束和规范。在可视化环境中制作和编辑网页,用户并不需要关心 HTML 和 XHTML 两者实质性的区别,只要选择一种文档类型,编辑器就会相应生成一个标准的 HTML 或 XHTML 文档。

在【默认编码】下拉列表框中可以设置默认文档的编码,包括 31 个选项,其中最常用的是“Unicode (UTF – 8)”和“简体中文(GB2312)”。在制作以中文简体为主的网页时,基本上选择“简体中文(GB2312)”选项,也可以选择“简体中文(GB18030)”选项。另外需要说明的是,在一个网站中,所有网页的编码最好统一,特别是在涉及含有后台数据库的交互网

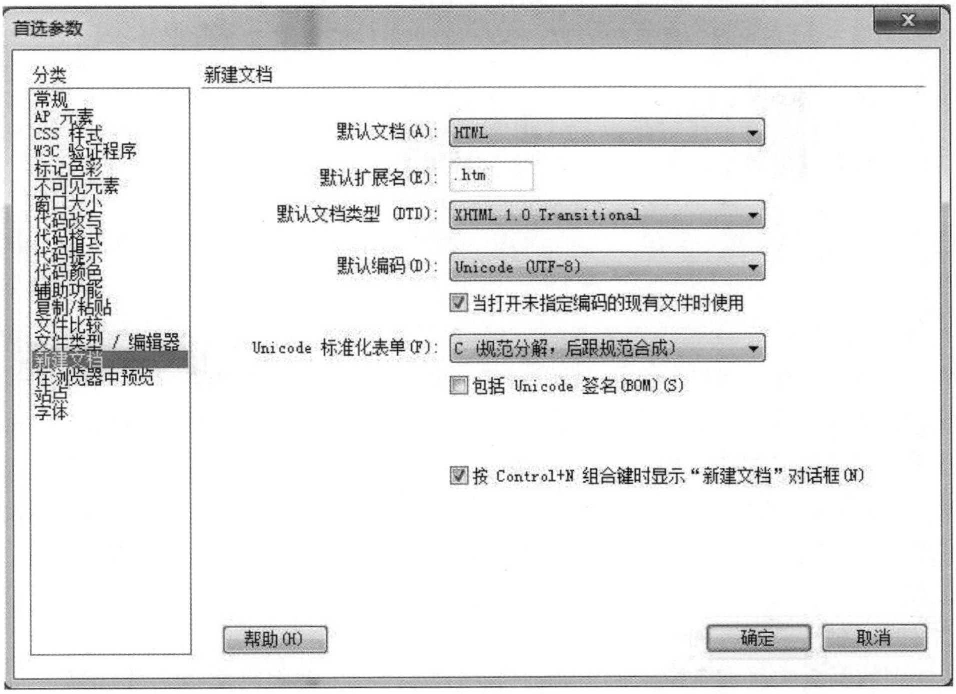

图 2－21　【新建文档】分类

页时更是如此,否则网页容易出现乱码。

下面对 Unicode、GB2312 和 GB18030 进行简要说明。

Unicode(统一码、万国码、单一码)是一种在计算机上使用的字符编码。它为每种语言中的字符设定了统一并且唯一的二进制编码,以满足跨语言、跨平台进行文本转换、处理的要求。Unicode 于 1990 年开始研发,1994 年正式发布,目前已经逐渐普及。

GB2312 或 GB2312—80 是一个简体中文字符集的中国国家标准,全称为《信息交换用汉字编码字符集 · 基本集》(以下简称《基本集》),由中国国家标准总局发布,于 1981 年 5 月 1 日实施。《基本集》规定了汉字信息交换用的基本图形字符及其二进制编码,收汉字 6 763 个。它适用于一般汉字处理、汉字通信等系统之间的信息交换。随着我国汉字信息处理技术的发展,计算机的应用范围不断扩大,使用汉字字数较多的部门迫切需要在《基本集》的基础上继续制定信息交换用汉字编码字符集各辅助集的国家标准。GB2312 的出现,基本满足了汉字的计算机处理需要,它所收录的汉字已经覆盖中国大陆 99.75% 的使用频率。对于人名、古汉语等方面出现的罕用字,GB2312 不能处理,这导致了后来 GBK 及 GB18030 汉字字符集的出现。

GB18030 全称国家标准 GB18030—2005《信息技术中文编码字符集》,是我国现在最新的内码字符集,是 GB18030—2000《信息技术信息交换用汉字编码字符集基本集的扩充》的修订版。它与 GB2312—1980 完全兼容,与 GBK 基本兼容,支持 GB13000 及 Unicode 的全部统一汉字,共收录汉字 70 244 个。GB18030 主要有以下几个特点:与 UTF－8 相同,采用多字节编码,每个字可以由 1 个、2 个或 4 个字节组成;编码空间庞大,最多可定义 161 万个字符;支持中国少数民族的文字,不需要动摇造字区;汉字收录范文包含繁体汉字和日韩汉字。本标准的初版由中华人民共和国信息产业部电子工业标准化研究所起草,由国家质量技术监督局于2000年3月17日发布。现行版本由国家质量监督检验总局和中国国家标准化管理委员会于2005年11月8日发布,2006年5月1日实施。此标准为中国境内所有软件产品支持的强制标准。

上面对首选参数的常用选项进行了简要介绍,建议初学者开始使用 Dreamweaver CS6 时按照上面的介绍设置常用选项,其他选项最好不要随意修改。

2.2.5 站点

在 Dreamweaver 中,站点是指属于某个 Web 站点文档的本地或远程存储位置,是所有网站文件和资源的集合。通过 Dreamweaver 站点,用户可以组织和管理所有 Web 文档。

在使用 Dreamweaver 制作网页时,应首先定义一个 Dreamweaver 站点。在定义 Dreamweaver 站点时,通常只需要定义一个本地站点。如果想要 Web 服务器传输文件或开发 Web 应用程序,还需要设置远程站点和测试站点。在定义 Dreamweaver 站点时,是否需要同时定义远程站点和测试站点,取决于开发环境和所开发的 Web 站点类型。在定义站点时,读者需要理解一下基本概念。

【本地站点】 在 Dreamweaver 中又称本地文件夹,通常位于本地计算机上,用于存储用户正在处理的网页文件和资源。制作者通常在本地计算机上编辑网页文件,然后将它们上传到远程站点供浏览者访问。

【远程站点】 在 Dreamweaver 中又称远程文件夹,通常位于运行 Web 服务器的计算机上,主要用于发布站点文件,以便人们可以联机查看。

【测试站点】 在 Dreamweaver 中又称测试服务器文件夹,可以位于本地计算机上,也可以位于网络服务器上,主要用来测试动态网页文件。在制作静态网页时不需要设置测试站点。

通过本地站点和远程站点的结合使用,可以在本地硬盘和 Web 服务器之间传输文件,这将帮助用户轻松地管理 Web 站点中的文件。

在 Dreamweaver CS6 中,新建 Dreamweaver 站点的方法是,选择菜单命令【站点】/【新建站点】,在打开的对话框中,输入站点名称,并设置好本地站点文件夹即可,如图 2-22 所示。如果现在不需要创建动态网页文件或不需要将网页文件发布到远程站点上,可以暂时不设置【服务器】选项,在需要时再行设置即可。

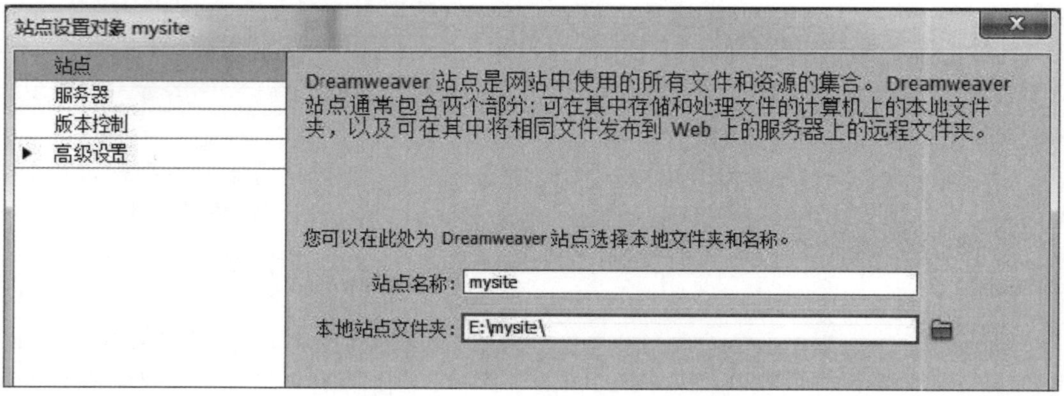
站点设置对象 mysite
站点
服务器
版本控制
高级设置
Dreamweaver 站点是网站中使用的所有文件和资源的集合。Dreamweaver 站点通常包含两个部分：可在其中存储和处理文件的计算机上的本地文件夹，以及可在其中将相同文件发布到 Web 上的服务器上的远程文件夹。
您可以在此处为 Dreamweaver 站点选择本地文件夹和名称。
站点名称: mysite
本地站点文件夹: E:\mysite\

图 2-22 新建本地站点

在 Dreamweaver CS6 中，可以通过【管理站点】对话框管理站点。打开【管理站点】对话框的方法是，选择菜单命令【站点】/【管理站点】，如图 2－23 所示。

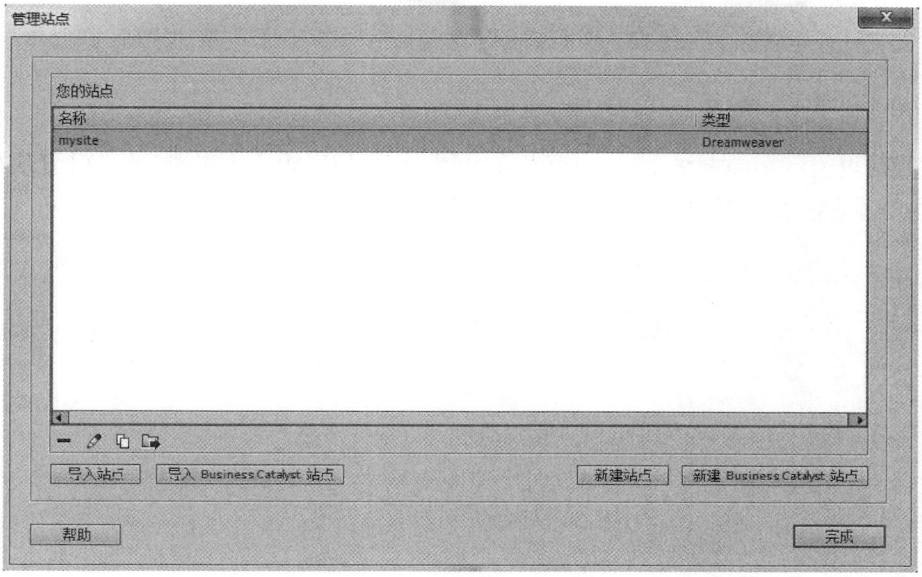

图 2－23　【管理站点】对话框

在【管理站点】对话框的【您的站点】列表框中，将显示在 Dreamweaver 中创建的所有站点（包括站点名称和站点类型），用鼠标单击可以选择相应的站点。在【管理站点】对话框中，单击 按钮将删除当前选定的站点；单击 按钮将打开【站点设置对象】对话框来编辑当前选定的站点，对话框的形式与新建站点对话框的形式一样；单击 按钮将复制当前选定的站点，并显示在【您的站点】列表框中；单击 按钮将打开【导出站点】对话框来导出当前选定的站点，文件的扩展名是“. ste”；单击 导入站点 按钮将从 Dreamweaver 导出的站点文件中导入站点；单击 新建站点 按钮可以打开对话框新建站点，这与菜单命令【站点】/【新建站点】的作用是相同的。

2.2.6　文件夹和文件

站点创建完毕后，需要在站点中创建文件夹和文件。在【文件】面板中创建文件夹和文件的最简便的操作方法是，单击鼠标右键，在弹出的快捷菜单中选择【新建文件夹】或【新建文件】命令，如图 2－24 所示，然后输入新的文件夹名或文件名称即可。此时创建的文件是没有内容的，双击鼠标左键打开文件，然后添加内容保存后才有实际意义。

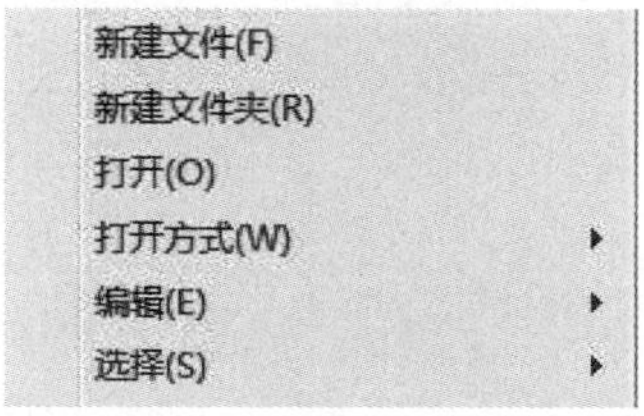

图 2－24　快捷菜单

2.2.7 网页文件头标签

网页文件头标签包括【Meta】、【关键字】、【说明】、【刷新】、【基础】和【链接】6 项。其中,关键字是为网络中的搜索引擎准备的,一般要尽可能地概括网页主题,以便浏览者在输入很少关键字的情况下,就能最大限度地搜索到网页。多个关键字之间要用半角的逗号分隔。设置网页关键字的方法是,选择菜单命令【插入】/【HTML】/【文件头标签】/【关键字】,打开【关键字】对话框,输入关键字即可,如图 2－25 所示。

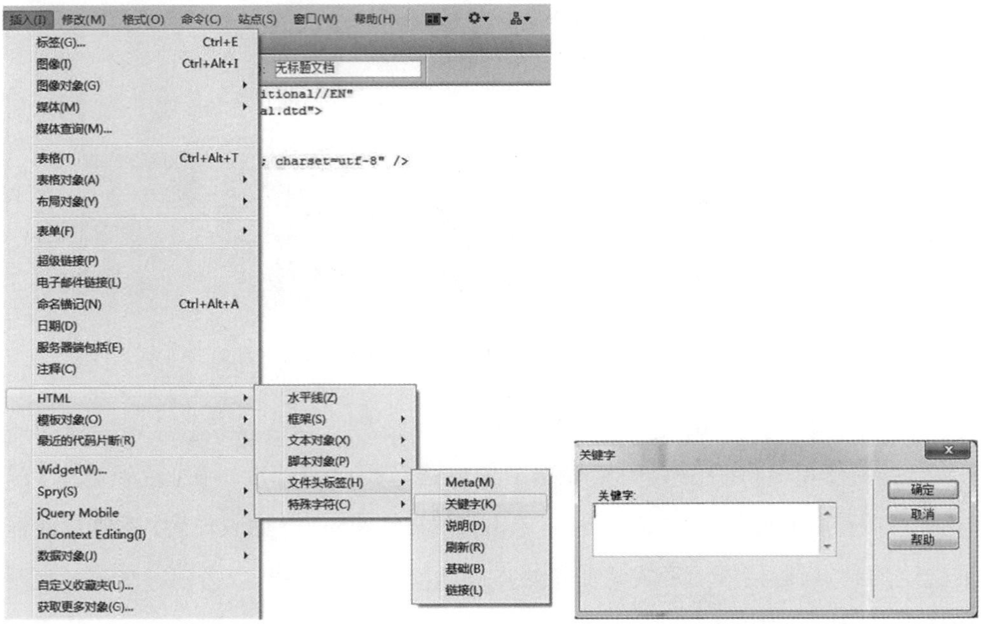

(a) (b)

图 2－25　设置关键字

定时刷新网页功能也是经常用到的,设置方法是,选择菜单命令【插入】/【HTML】/【文件头标签】/【刷新】,打开【刷新】对话框,进行参数设置即可,如图 2－26 所示。浏览器窗口中的网页显示 3 s 后,将自动刷新文档。定时刷新功能非常有用,在制作论坛或者聊天室时,可以实时反映在线的用户。如果选择【转到 URL】选项并设置了 URL,将在规定的时间内自动转到该 URL 指定的网址。

图 2－26　定时刷新网页

2.3　实　　例

2.3.1　新建和导出站点

创建一个本地站点“mysite”，然后导出站点信息，文件名为“mysite. ste”，最终效果如图 2-27 所示。

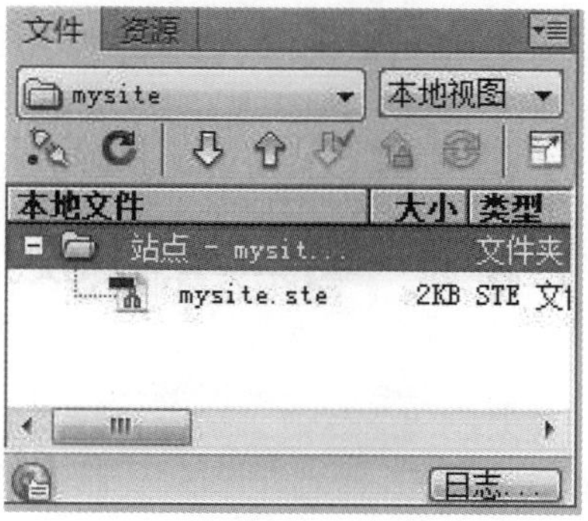

图 2-27　新建站点

实例涉及知识：使用【新建站点】命令来创建站点，然后使用【管理站点】对话框的【导出】命令导出站点信息。

具体操作步骤如下：

(1)首先在硬盘上创建一个文件夹“mysite”，如“D：\mysite”。

(2)在 Dreamweaver CS6 中，选择菜单命令【站点】/【新建站点】，在打开对话框的站点名称文本框中输入站点名称“mysite”，在【本地站点文件夹】文本框中定义站点所在位置“D：\mysite”，如图 2-28 所示。

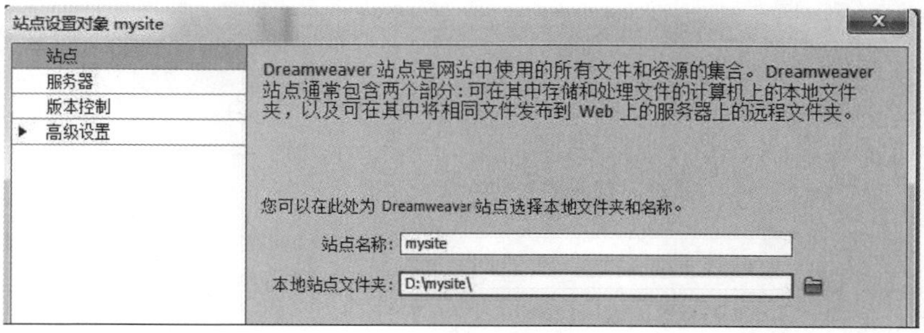

图 2-28　设置站点信息

(3)单击按钮关闭对话框，创建一个静态站点的工作即完成。下面导出站点信息。

(4)选择菜单命令【站点】/【管理站点】，打开【管理站点】对话框，选择刚才新建的站点“mysite”，如图 2-29 所示。

(5)单击按钮，打开【导出站点】对话框，输入导出文件名称，如图 2-30 所示。

(6)单击按钮，返回【管理站点】对话框，然后单击按钮，关闭对话框。

这样，创建和导出站点的工作就完成了。

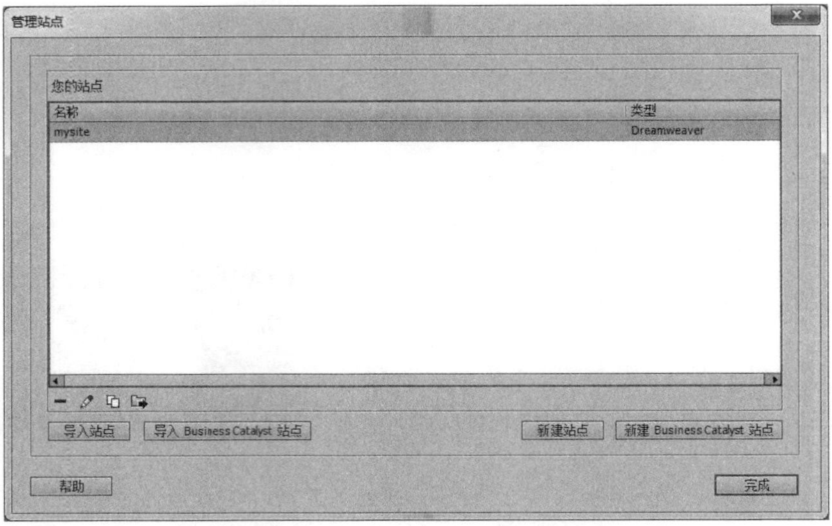

图 2－29 【管理站点】对话框

图 2－30 【导出站点】对话框

2.3.2 创建文件夹和文件

在站点“mysite”中创建文件夹“images”，在根文件夹下创建主页文件“index.htm”，最终效果如图 2－31 所示。

这是在站点内创建文件夹和文件的一个例子，文件夹和文件可以直接在【文件】面板中使用快捷菜单命令来创建。具体操作步骤如下：

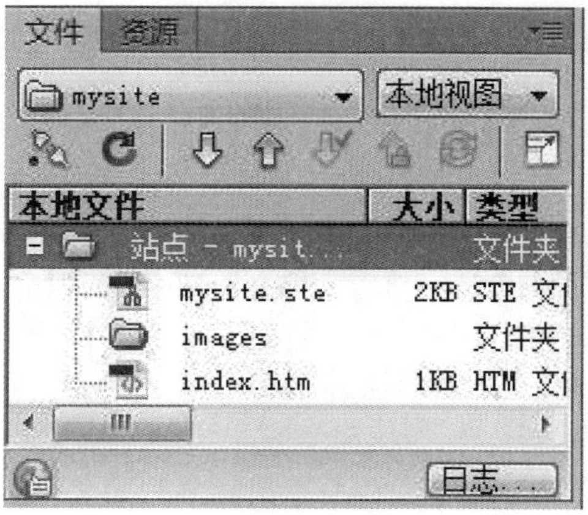

图 2-31　创建文件夹和文件

(1)在【文件】面板中用鼠标右键单击根文件夹,在弹出的快捷菜单中选择【新建文件夹】命令,然后在"untitled"处输入新的文件夹名"images",并按 Enter 键确认,如图 2-32 所示。

(a)　　　　(b)

图 2-32　创建文件夹

(2)在【文件】面板中用鼠标右键单击根文件夹,在弹出的快捷菜单中选择【新建文件】命令,然后在"untitled.htm"处输入新的文件名"index.htm",并按 Enter 键确认,如图 2-33 所示。

至此,创建文件夹和文件的任务就完成了。

2.3.3　综合案例

创建一个本地站点,站点名称为"forum",站点位置为"D:\forum",然后在站点中依次创建文件夹"doc""images"和"pics",并创建主页文件"index.htm",同时在文件夹"doc"中创建"rule.htm"。其最终效果如图 2-34 所示。

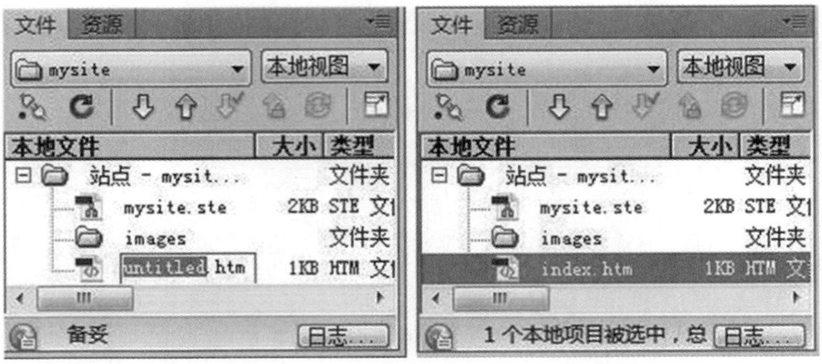

(a) (b)

图 2－33　创建文件

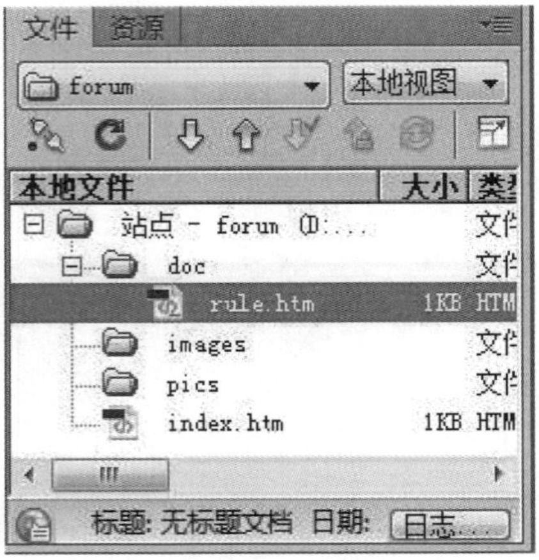

图 2－34　创建站点和文件

这是一个创建站点、文件夹和文件的综合例子，可以先创建站点，再在【文件】面板中创建文件夹和文件。

（1）选择菜单命令【站点】/【新建站点】，打开【站点设置对象 未命名站点 2】对话框，如图 2－35 所示。

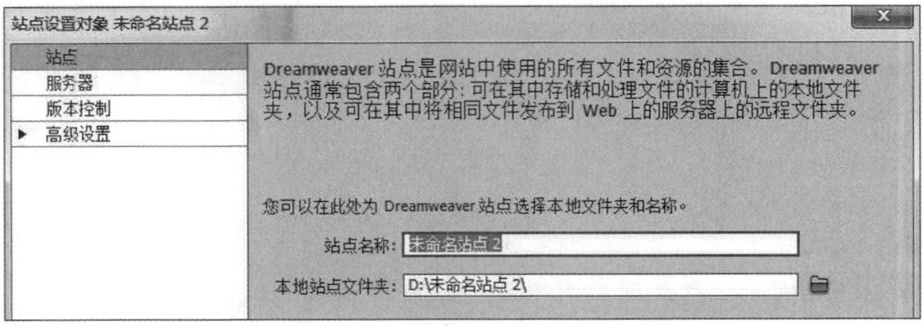

图 2－35　【站点设置对象 未命名站点 2】对话框

（2）在【站点名称】文本框中输入站点名称“forum”，然后单击【本地站点文件夹】文本框右侧的按钮定义本地站点文件夹的位置，如图 2－36 所示，再单击

按钮关闭对话框。

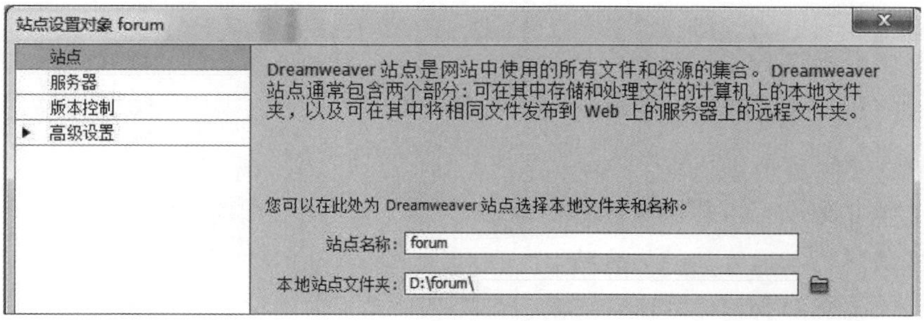

图 2－36　设置站点信息

（3）在【文件】面板中用鼠标右键单击根文件夹，在弹出的快捷菜单中选择【新建文件夹】命令，然后在“untitled”处输入新的文件夹名“doc”，并按 Enter 键确认。

（4）运用同样的方法依次创建文件夹“images”和“pics”。

（5）在【文件】面板中用鼠标右键单击根文件夹，在弹出的快捷菜单中选择【新建文件】命令，然后在“untitled. htm”处输入新的文件名“index. htm”，并按 Enter 键确认。

（6）在【文件】面板中用鼠标右键单击文件夹“doc”，在弹出的快捷菜单中选择【新建文件】命令，同样方法创建“rule. htm”。

2.4　本章小结

本章熟悉了 Dreamweaver CS6 的操作环境，对工具栏、常用面板的使用，首选参数的设置，以及站点的创建、保存、删除等站点管理操作；同时，掌握了网页文件头标签的概念和设置方法，并利用操作实例验证了新建和导出站点、创建文件夹和文件的操作。

第3章　文 字 应 用

【学习目标】

- 掌握创建文档的方法。
- 掌握学习插入文字和特殊字符的方法。
- 掌握设置文本段落属性的方法。
- 掌握设置页面属性的方法。

3.1　创 建 文 档

在 Dreamweaver CS6 中,创建文档的途径主要有以下几种:

1. 通过欢迎窗口

在启动 Dreamweaver CS6 时,通常会显示【欢迎窗口】,在【新建】列表中选择相应的命令即可创建相应类型的文档。例如,选择【新建】/【HTML】命令即可创建一个空白的 HTML 文档。

2. 通过【文件】面板

在【文件】面板中,用户可以通过两种方式来创建文档:在【文件】面板中单击鼠标右键,在弹出的菜单中选择【新建文档】命令,也可单击【文件】面板组标题栏右侧的按钮,在弹出的菜单中选择【文件】/【新建文档】命令。

3. 通过菜单命令

选择菜单命令【文件】/【新建】,弹出【新建文档】对话框,根据需要选择相应的选项创建文档,如图 3 – 1 所示。

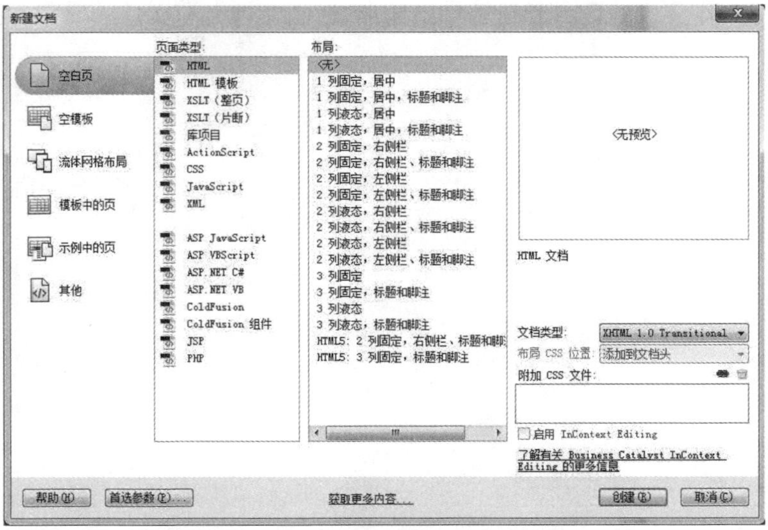

图 3 – 1　【新建文档】对话框

3.2 保存文档

创建了文档后如果需要保存,就选择菜单命令【文件】/【保存】保存文档。如果新文档还没有命名,此时将打开【另存为】对话框进行保存。如果对已经命名的文档换名保存,可选择菜单命令【文件】/【另存为】,也可在【文件】面板中单击文件名使其处于可修改状态来进行重命名。如果想对所有打开的文档同时保存,可选择菜单命令【文件】/【保存全部】。在保存单个文档时,可以根据需要设置文档的保存类型。

3.3 网页中的文字

3.3.1 插入文字

在网页中应用文字有三种方法:直接通过键盘输入、从其他文档中复制文本、导入 Word 文档。

1. 直接通过键盘输入

直接通过键盘输入文本的方法比较简单,只需将光标插入点定位在需添加文本的位置,打开所需的输入法直接输入文本即可。

2. 从其他文档中复制文本

运用从其他文档中复制文本的方法可以节省输入文本的时间,从而提高制作网页的速度。先选择要复制的文本,选择【编辑】/【复制】命令或按 Ctrl + C 键复制,然后切换到 Dreamweaver CS6 中,将光标定位在需添加文本的位置,再按 Ctrl + V 键粘贴。

3. 导入 Word 文档

使用 Dreamweaver CS6 可以导入 XML 模板、表格式数据、Word 及 Excel 等格式的文档,其导入方法相同。下面是导入 Word 文档的方法。需要注意的是只有在 Dreamweaver 的设计模式下才可用,其他模式下【文件】/【导入】/【Word 文档】不可用。

(1)用 Word 程序制作文档,或者利用已有的 Word 文档。

(2)新建一个 HTML 文档,选择菜单命令【文件】/【导入】/【Word 文档】,如图 3-2 所示。

(3)打开如图 3-3 所示的【导入 Word 文档】对话框,单击 打开(O) 按钮即可将文本导入网页中。

Dreamweaver 文档中的文字可以像 Word 中的文字一样进行编辑,例如复制、删除、查找和替换等。

3.3.2 插入特殊字符

选择【插入】/【HTML】/【特殊字符】菜单中的相应命令,可以插入版权、注册商标等特殊字符,如图 3-4(a)所示;还可以选择【其他字符】命令,打开【插入其他字符】对话框来插入其他一些特殊字符,如图 3-4(b)所示。

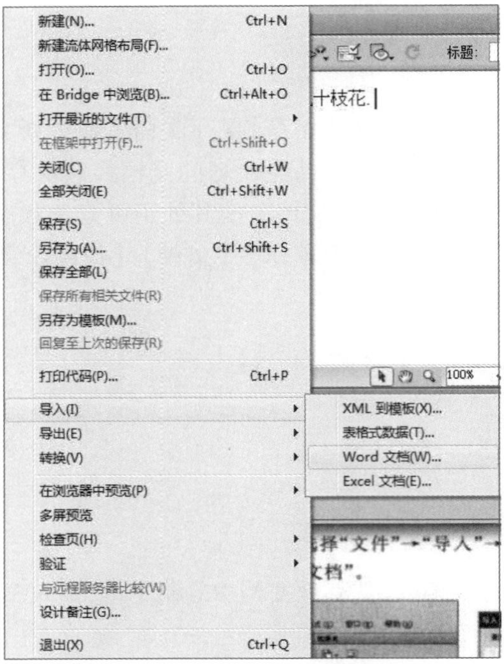

图 3－2　导入 Word 文档

图 3－3　【导入 Word 文档】对话框

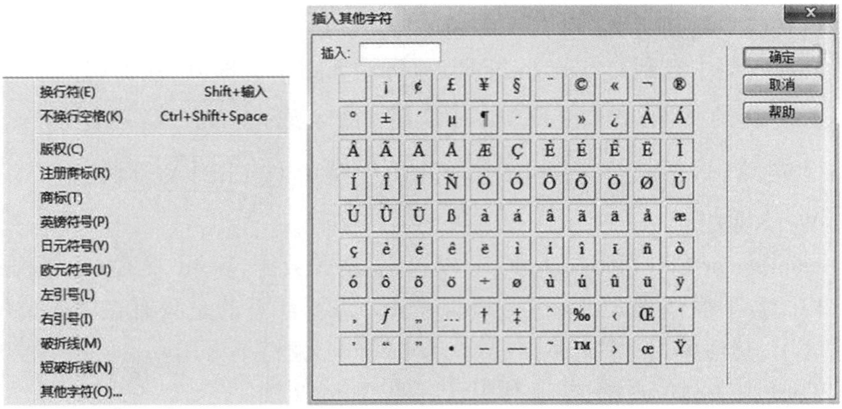

(a)　　(b)

图 3－4　插入特殊字符

3.3.3　在字符之间添加空格

HTML 只允许字符之间有一个空格，若要在文档中添加其他空格，必须插入不换行空格。可以设置一个在文档中自动添加不换行空格的首选参数。

1. 插入不换行空格

执行下列操作之一：

(1) 选择【插入】/【HTML】/【特殊字符】/【不换行空格】。

（2）同时按 Ctrl + Shift + Space 键。

2. 设置添加不换行空格的首选参数

（1）选择【编辑】/【首选参数】。

（2）在【常规】类别中确保选中【允许多个连续的空格】。

3.4　页面属性

在当前文档中，选择菜单命令【修改】/【页面属性】或在【属性】面板中单击 页面属性... 按钮，打开【页面属性】对话框。下面对其进行简要介绍。

对于在 Dreamweaver CS6 中创建的每个页面，都可以使用【页面属性】对话框对布局和格式设置属性。通过【页面属性】对话框可以指定页面的默认字体系列和字体大小、背景颜色、边距、链接样式及页面设计的其他许多方面，可以为创建的每个新页面指定新的页面属性，也可以修改现有页面的属性。读者在【页面属性】对话框中所进行的更改将应用于整个页面。

Dreamweaver CS6 提供了两种修改页面属性的方法：CSS 或 HTML。Adobe 建议使用 CSS 设置背景和修改页面属性。

3.4.1　外观

外观主要包括页面的基本属性，如页面字体类型、字体大小、字体颜色、背景颜色、背景图像和页边距等。两种外观设置方式如图 3－5 所示。

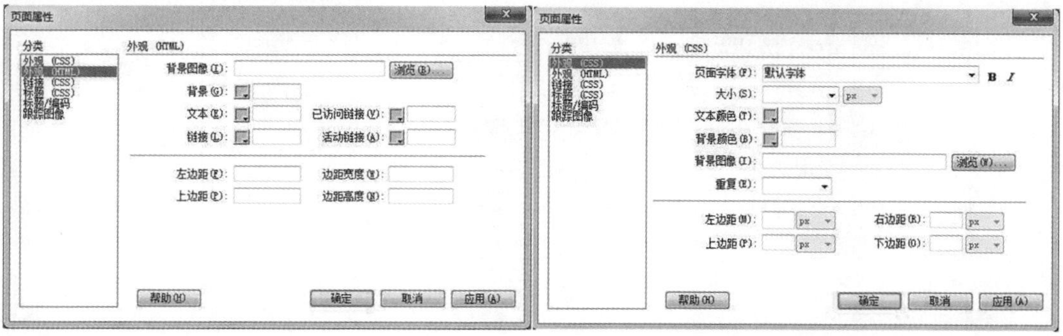

(a)　　　　(b)

图 3－5　两种外观设置方式

选择【外观(CSS)】分类将使用标准的 CSS 样式来进行设置，选择【外观(HTML)】分类将使用传统方式(非标准)来进行设置。例如，同样设置网页背景颜色，使用 CSS 样式和使用 HTML 方式网页源代码是不一样的，如图 3－6 所示。

通过【外观(CSS)】分类，可以设置页面字体类型、粗体和斜体样式、文本大小、文本颜色、背景颜色、背景图像、重复方式和页边距等。通过【页面属性】对话框设置的字体、大小和颜色，将对当前网页中所有文本起作用。

在【页面字体】下拉列表中，有些字体列表每行有三四种不同的字体，这些字体均以逗

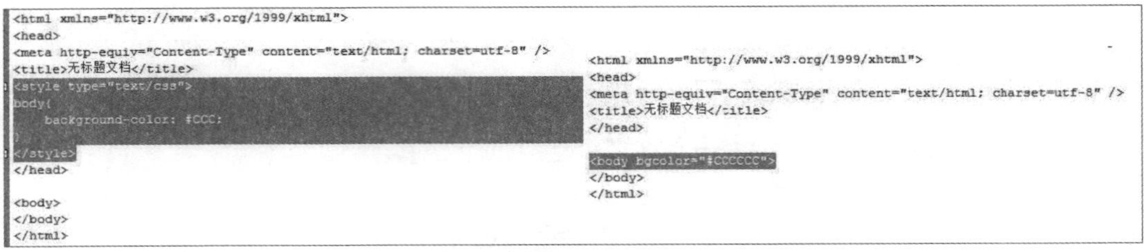

图 3－6　使用 CSS 样式和使用 HTML 方式设置网页背景

号隔开，如图 3－7 所示。浏览器在显示时，首先会寻找第一种字体，如果没有就继续寻找下一种字体，以确保计算机在缺少某种字体的情况下，网页的外观不会出现大的变化。

图 3－7　【页面字体】下拉列表

如果【页面字体】下拉列表中没有需要的字体，可以选择【编辑字体列表】选项，利用弹出的【编辑字体列表】对话框进行添加，如图 3－8 所示。点击按钮或按钮，将会在【字体列表】中增加或删除字体列表；单击按钮或按钮，将会在【字体列表】中上移或下移列表；单击按钮或按钮，将会从【选择的字体】列表框中增加或删除字体。

图 3－8　【编辑字体列表】对话框

在【大小】下拉列表中，文本大小有两种表示方式：一种用数字表示；另一种用中文表示。当选择数字时，其后面会出现大小单位列表，比较常用的是“px”（像素）。

在【文本颜色】和【背景颜色】后面的文本框中可以直接输入颜色代码，也可以单击按钮打开调色板选择相应的颜色；还可以单击（系统颜色拾取器）按钮打开【颜色】拾取器调色板，从中选择更多的颜色，如图 3－9 所示。

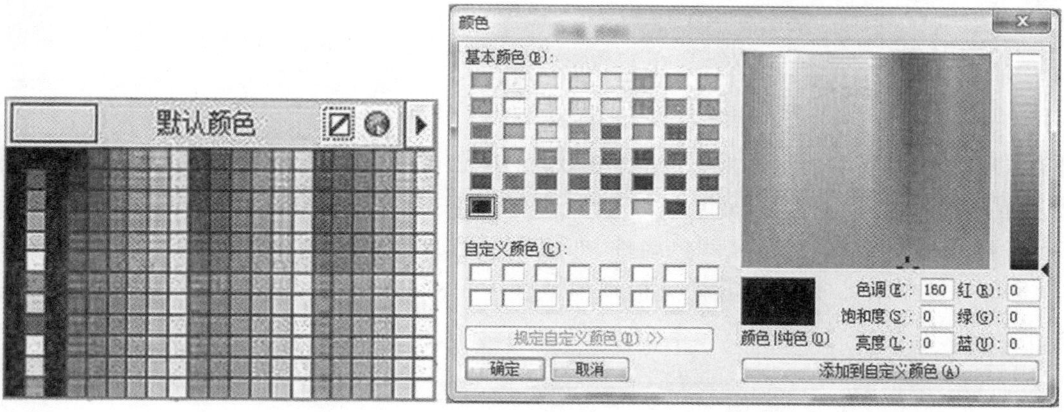

(a)　　　　　　　　　　　　　　　　(b)

图 3－9　调色板

单击【背景图像】后面的 浏览(W)... 按钮，可以定义当前网页的背景图像，还可以在【重复】下拉列表中设置重复方式："no－repeat"(不重复)、"repeat"(重复)、"repeat－x"(横向重复)、"repeat－y"(纵向重复)。

在【左边距】、【右边距】、【上边距】、【下边距】文本框中，可以输入数值定义页边距，常用单位是"px"。除"%"以外，建议读者在制作网页时固定使用一种类型的单位，不要混用，否则会给网页维护带来不必要的麻烦。

3.4.2　链接

通过【链接】分类，可以设置超链接文本的字体、大小、链接文本的状态颜色和下画线样式，如图 3－10 所示。【链接颜色】、【变换图像链接】、【已访问链接】和【活动链接】分别对应链接字体在正常时的颜色、鼠标光标经过时的颜色、鼠标单击后的颜色和鼠标单击时的颜色。默认状态下，链接文字为蓝色，已访问过的链接颜色为紫色。【下画线样式】下拉列表主要用于设置链接字体的显示样式，读者可以根据实际需要进行选择。

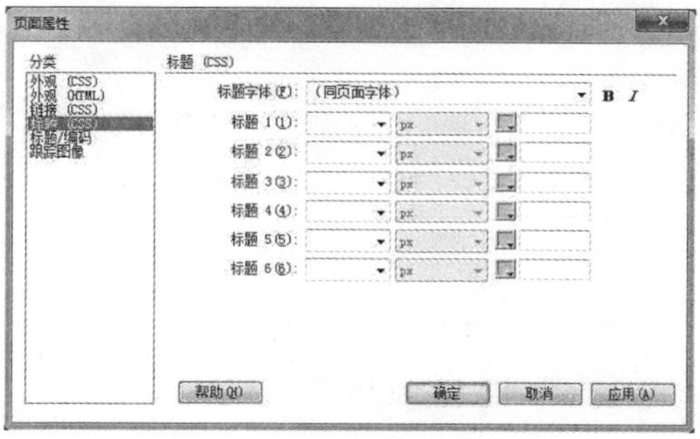

图 3－10　【链接】分类

3.4.3 标题

Dreamweaver 提供了 6 种标题格式“标题 1” ~ “标题 6”，可以在【属性】面板的【格式】下拉列表中选择。当将标题设置成“标题 1” ~ “标题 6”中的某一种时，Dreamweaver 会按默认格式显示。读者也可以通过【页面属性】对话框的【标题(CSS)】分类来重新设置“标题 1” ~ “标题 6”的字体、大小和颜色属性，如图 3－11 所示。设置文档标题的 HTML 标签是“<h$_n$>标题文字</h$_n$>”，其中 n 的取值范围为 1 ~ 6，n 值越小字号越大，n 值越大字号越小。

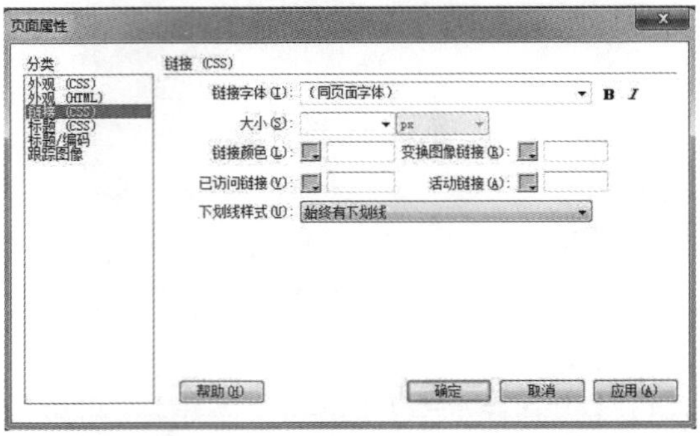

图 3－11 【标题】分类

3.4.4 标题/编码

在【标题/编码】分类中，可以设置浏览器标题、文档类型和编码方式，如图 3－12 所示。其中，浏览器标题的 HTML 标签是“<title>… </title>”，它位于 HTML 标签“<head>… </head>”之间。

图 3－12 【标题/编码】分类

➢ 标题　指定在“文档”窗口和大多数浏览器窗口的标题栏中出现的页面标题。

➢ 文档类型 (DTD)　指定文档类型定义。例如，可从弹出菜单中选择“XHTML 1.0 Transitional”或“XHTML 1.0 Strict”，使 HTML 文档与 XHTML 兼容。

➢ 编码　指定文档中字符所用的编码。如果选择 Unicode (UTF－8) 作为文档编码，则不需要实体编码，因为 UTF-8 可以安全地表示所有字符。如果选择其他文档编码，则可能需要用实体编码才能表示某些字符。

➢ 重新载入　转换现有文档或者使用新编码重新打开它。

➢ Unicode 范式　仅在选择 UTF-8 作为文档编码时才启用。Unicode 范式有 4 种，其中最重要的是范式 C，因为它是用于万维网的字符模型的最常用范式。Adobe 提供其他 3 种 Unicode 范式作为补充。

➢ Unicode 签名(BOM)　在文档中包括一个字节顺序标记(BOM)。BOM 是位于文本文件开头的 2~4 个字节，可将文件标识为 Unicode。如果是这样，还标识后面字节的顺序。由于 UTF-8 没有字节顺序，添加 UTF-8 BOM 是可选的；而对于 UTF-16 和 UTF-32，则必须添加 BOM。

3.4.5 跟踪图像

在【跟踪图像】分类中，可以将设计草图设置成跟踪图像，铺在编辑的网页下面作为参考图，用于引导网页的设计，如图 3-13 所示。除了可以设置跟踪图像，还可以设置跟踪图像的透明度。透明度越高，跟踪图像显示得越明显。

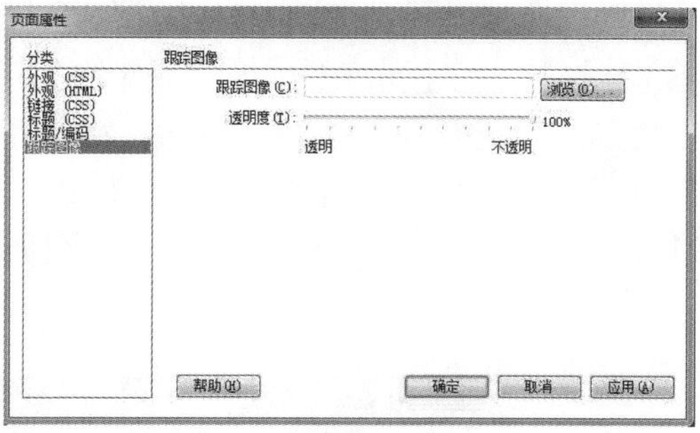

图 3-13　【跟踪图像】分类

如果要显示或隐藏跟踪图像，可以选择菜单命令【查看】/【跟踪图像】/【显示】。在网页中选择一个页面元素，然后选择菜单命令【查看】/【跟踪图像】/【对齐所选范围】，可以使跟踪图像的左上角与所选页面元素的左上角对齐。选择菜单命令【查看】/【跟踪图像】/【调整位置】，可以通过设置跟踪图像的坐标值来调整跟踪图像的位置。选择菜单命令【查看】/【跟踪图像】/【重设位置】，可以使跟踪图像自动对齐编辑窗口的左上角。

3.5 字体属性

字体属性包括字体颜色、字体类型、大小、粗体和斜体等内容。除了可以使用【页面属性】对话框对页面中的所有文本设置字体属性外，也可以通过【属性(CSS)】面板对所选文本的字体颜色、字体类型、大小、粗体和斜体等属性进行设置，还可以通过【格式】菜单中的相应命令对所选文本进行颜色、粗体和斜体等属性设置，如图 3-14 所示。

(a) (b)

图 3-14 【属性】面板和【格式】主菜单

3.5.1 字体类型

通过【属性(CSS)】面板中的【字体】下拉列表可以设置所选文字的字体类型,如果没有适合的字体列表,可以选择【编辑字体列表】选项,打开【编辑字体列表】对话框添加,如图 3-15 所示。在【字体列表】下拉列表中,点击按钮或按钮,将会在【字体列表】中增加或删除字体列表;单击按钮或按钮,将会在【字体列表】中上移或下移列表;单击按钮或按钮,将会在【选择的字体】列表框中增加或删除字体。一个字体列表可以添加多种字体类型,这些字体均以逗号隔开,浏览器在显示时,将按照字体列表中字体的顺序确认使用的字体类型。如果计算机中没有第 1 种字体,将使用第 2 种字体;如果没有第 2 种字体,将使用第 3 种字体,以此类推。如果一个网页没有设置字体,浏览器会使用浏览器本身设置的字体进行显示。

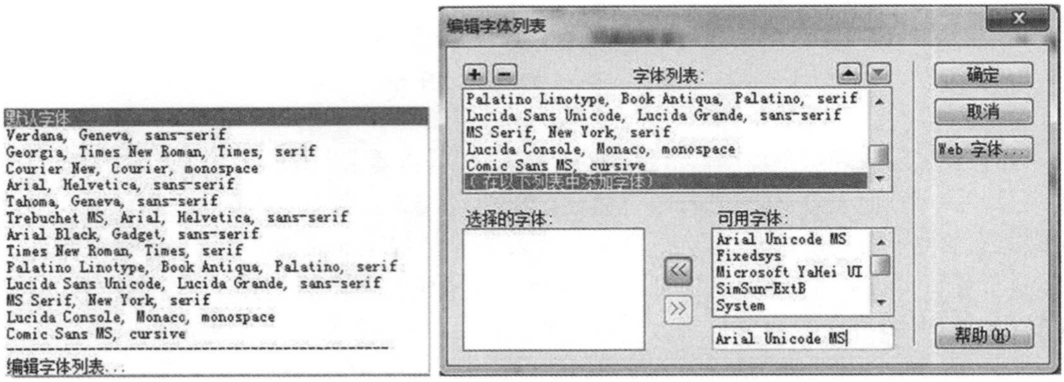

(a) (b)

图 3-15 【属性(CSS)】面板中的【字体】下拉列表

3.5.2 字体颜色

在【属性(CSS)】面板中单击按钮,可以打开调色板,利用该调色板设置所选文本的颜色,如图3－9所示。也可以在图3－9(a)中单击按钮或选择菜单命令【格式】/【颜色】,打开【颜色】对话框,利用该对话框自定义颜色。

3.5.3 文本大小

通过【属性(CSS)】面板的【大小】选项可以设置所选文本的大小,如图3－16所示。在【大小】下拉列表中可以选择已预设的选项;也可以在文本框中直接输入数字,然后在后面的下拉列表中选择单位。单位可分为“相对值”和“绝对值”两类。

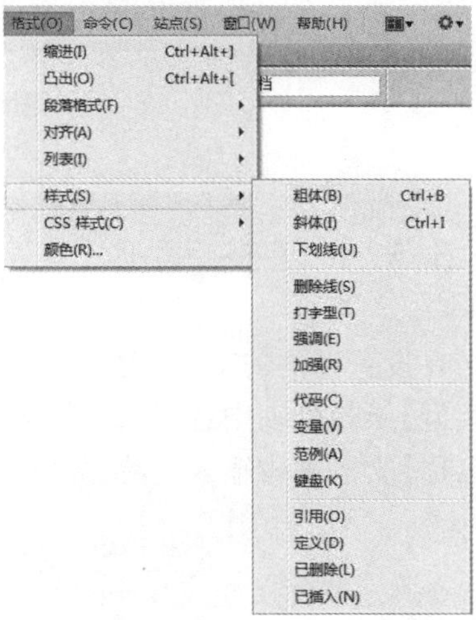

图3－16 【大小】下拉列表

相对值单位是相对于另一长度属性的单位,其通用性好一些。

【px(像素)】 像素,相对于屏幕的分辨率。

【em(字体高)】 相对于字体的高度。

【ex(字母 x 的高)】 相对于任意字母“x”的高度。

【%(百分比)】 百分比,相对于屏幕的分辨率。

绝对值单位会随显示界面的介质不同而不同,因此一般不是首选。

【pt(点数)】 以“点”为单位(1点＝1/72 in*)。

【in(英寸)】 以“英寸”为单位。

【cm(厘米)】 以“厘米”为单位。

【mm(毫米)】 以“毫米”为单位。

【pc(帕)】 以“帕”为单位(1帕＝12点)。

除百分比以外,建议读者在制作网页时固定使用一种类型的单位,不要混用,否则会给网页的维护带来麻烦。

3.5.4 粗体和斜体

通过【格式】/【样式】菜单中的相应命令,可以设置所选文本的粗体、斜体等样式,如图3－17所示。通过【属性】面板可以直接设置粗体和斜体两种样式;打开【插入】面板并切换到【文本】类别,可以设置粗体、斜体、加强和强调4种样式;而通过【格式】/【样式】菜单可以使用的样式命令相对多一些。

---

* 1 in＝2.54 cm。

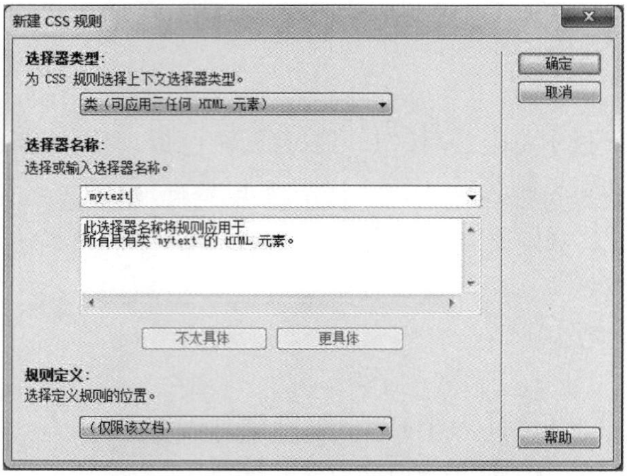

图 3－17　设置所选文本的样式

3.5.5　CSS 规则

在设置文本的字体、大小和颜色属性时，通常会打开【新建 CSS 规则】对话框。在【选择器类型】下拉列表中选择选择器类型（在此建议选择第一项，也就是默认项），然后在【选择器名称】文本框中输入名称，如图 3－18 所示。

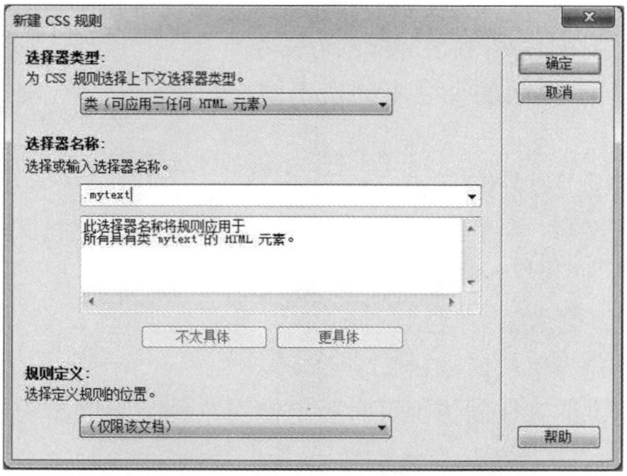

图 3－18　【新建 CSS 规则】对话框

单击 确定 按钮后，在【属性（CSS）】面板的【目标规则】下拉列表中自动出现了样式名称（图 3－19），此时其他属性的定义都将在此 CSS 样式下进行，除非在【目标规则】下拉列表中选择了【 <新 CSS 规则> 】选项。

如果要对其他文本应用该样式，可以先选中这些文本，然后在【属性（CSS）】面板中的【目标规则】下拉列表中选择该样式名称，也可以在【属性（HTML）】面板的【类】下拉列表中选择该样式名称。如果要取消应用该样式，先将鼠标光标置于文本上，然后在【属性（CSS）】面板中的【目标规则】下拉列表中选择【 <删除类> 】选项或在【属性（HTML）】面板

图3-19　属性【CSS】面板

的【类】下拉列表中选择【无】选项。

3.6 段落属性

段落在页面版式中占有重要的地位。下面介绍段落所涉及的基本知识,如分段与换行、文本对齐方式、文本缩进和凸出、列表、水平线等。

3.6.1 段落与换行

通过【属性(HTML)】面板的【格式】下拉列表,可以设置正文的段落格式,即 HTML 标签"<p>…</p>"所包含的文本为一个段落,用户可以设置文档的标题格式为"标题1"~"标题6";还可以将某一段文本按照预先格式化的样式进行显示,即选择【预先格式化的】选项,其 HTML 标签是"<pre></pre>"。如果要取消已设置的格式,选择【无】选项即可,如图3-20所示;也可以利用【格式】/【段落格式】菜单中的相应命令来进行设置。

图3-20　【格式】下拉列表

在文档中输入文本时直接按 Enter 键也可以形成一个段落,其 HTML 标签是"<p>…</p>",如果按 Shift + Enter 组合键或选择菜单命令【插入】/【HTML】/【特殊字符】/【换行符】,则可以在段落中进行换行,其 HTML 标签是"
",XHTML 标签是"
"。默认状态下,段与段之间是有间距的,而通过换行符进行换行不会在两行之间形成大的间距,如图3-21所示。

图3-21　段落与换行符

在文档中输入文本时,通常行与行之间的距离非常小,而段与段之间的距离又非常大,显得不美观。学习了 CSS 样式之后,就可以通过标签 CSS 样式和类 CSS 样式进行设置。目前,用户可以在网页文档源代码的<head>和</head>标签之间添加如下代码。

```
<style type = "text/class" >
P{
line-height:20 px;
margin-top:5 px;
margin-bottom:5 px;
}
</style >
```

这是一段标签 CSS 样式,其中“p”是 HTML 的段落标记符号,“line-height”表示行高,“margin-height”表示段前距离,“margin-bottom”表示段后距离。用户可以根据自己的需要自行修改这些数值来调整行距和段落之间的距离。需要注意的是,段与段之间的距离等于上一个段落的段后距离加上下一个段落的段前距离,再加上行高。如果段前和段后距离均设置为 0,那么行与行之间的距离就是行距。

3.6.2 文本对齐方式

文本的对齐方式通常有左对齐、居中对齐、右对齐和两端对齐 4 种,可以在【属性(CSS)】面板中分别单击 、 、 和 按钮进行设置,也可以通过【格式】/【对齐】菜单中的相应命令来实现。这两种方式的效果是一样的,但使用的代码不一样。前者使用 CSS 样式进行定义,后者使用 HTML 标签进行定义。如果同时设置多个段落的对齐方式,则需要先选中这些段落。

3.6.3 文本缩进和凸出

在文档排版过程中,有时会遇到需要使某段文本整体向内缩进或向外凸出的情况。单击【属性】面板上的 按钮(或 按钮),或者选择菜单命令【格式】/【缩进】(或【凸出】),可以使段落整体向内缩进(或向外凸出)。如果同时设置多个段落的缩进或凸出,须先选中这些段落。

3.6.4 水平线

在制作网页时,经常要插入水平线来对内容进行区域分割。插入水平线的方法是,选择菜单命令【插入】/【HTML】/【水平线】。在【属性】面板中还可以设置水平线的 ID 名称、宽度、高度、对齐方式和是否具有阴影效果等,如图 3 - 22 所示。

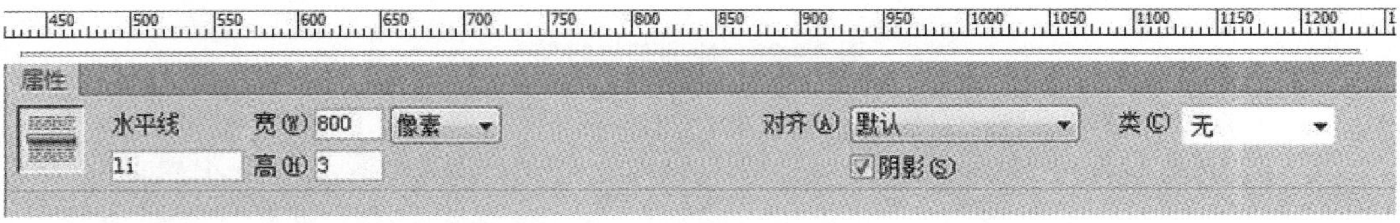

图 3 - 22　插入水平线

3.6.5　列表

列表的类型通常有编号列表、项目列表和定义列表3种，其中最常用的是项目列表和编号列表。在 HTML【属性】面板中点击（项目列表）按钮或者选择菜单命令【格式】/【列表】/【项目列表】可以设置项目列表格式（图3－23）；单击（编号列表）按钮或者选择菜单命令【格式】/【列表】/【编号列表】可以设置编号列表格式（图3－24）。

图3－23　项目列表

图3－24　编号列表

读者可以根据需要设置列表属性，方法是将鼠标置于列表内，然后通过以下任意一种方式打开【列表属性】对话框进行设置即可，如图3－25所示。

- 选择菜单命令【格式】/【列表】/【属性】。
- 鼠标右键选择快捷菜单中【列表】/【属性】命令。
- 在【属性】面板中单击 列表项目... 按钮。

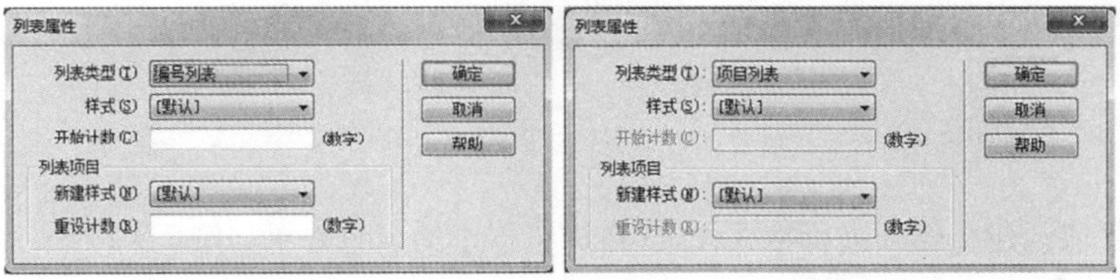

(a)　　(b)

图3－25　【列表属性】对话框

列表可以嵌套，方法是首先设置1级列表，然后在1级列表中选择需要设置为2级列表的内容并使其缩进一次，最后根据需要重新设置缩进部分的列表类型，如图3－26所示。

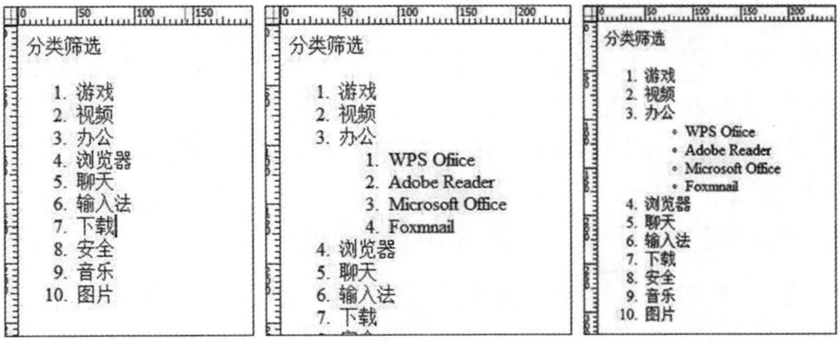

(a)　　(b)　　(c)

图3－26　列表的嵌套

3.7 插入日期

许多网页在页脚位置都有日期，而且每次修改保存后都会自动更新该日期，可以选择菜单命令【插入】/【日期】，打开【插入日期】对话框进行参数设置。只有在【插入日期】对话框中选中【储存时自动更新】复选框，才能在更新网页时自动更新日期，而且也只有选择了该选项，才能在单击日期时显示日期的【属性】面板，否则插入的日期仅仅是一段文本而已，如图 3－27 所示。

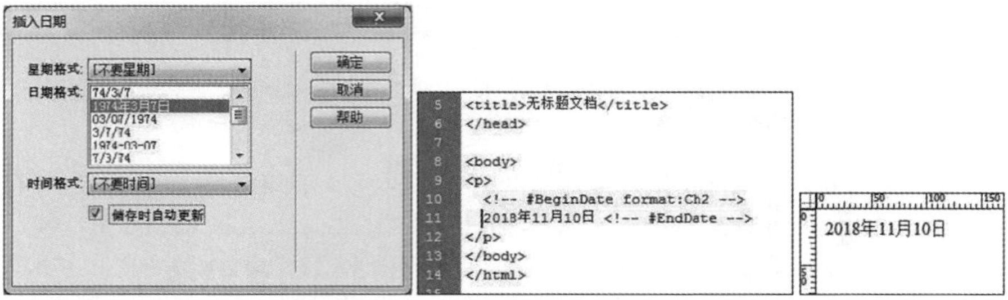

(a) (b) (c)

图 3－27　插入日期

3.8 实　　例

下面通过操作实例来学习创建文档和设置文本格式的基本方法。

3.8.1　国际会议

根据要求创建文档并进行格式设置，在浏览器中的显示效果如图 3－28 所示。

（1）首先创建一个 Word 文档，编辑好，命名为“国际会议. doc”，然后创建一个新文档并命名为“3－8－1. htm”，再将“国际会议. doc”中的内容复制并选择性粘贴到网页文档中。

（2）设置页面字体为“宋体”，大小为“14 px”，浏览器标题为“国际会议”。

（3）将文档标题“国际会议”应用【标题 2】格式并居中对齐。

（4）将文本“美国查尔斯顿学院”的字体设置为“楷体”，颜色设置为“#CCC”，并添加下画线效果。

（5）将文档“会议征稿主题（会议主题包括，但不仅限于以下主题）：”到“更多主题请浏览网站”之间的部分设置为项目符号列表方式显示。

这个实例涉及的知识：创建文档、页面设置和文本基本格式设置。

具体操作步骤如下：

1. 选择菜单命令【文件】/【新建】，弹出【新建文档】对话框，然后选择【空白页】/【HTML】/【无】选项，并单击 

按钮创建文档，如图 3－29 所示。

2. 选择菜单命令【文件】/【保存】，打开【另存为】对话框，将文件保存为“3－8－1. htm”，如图 3－30 所示。

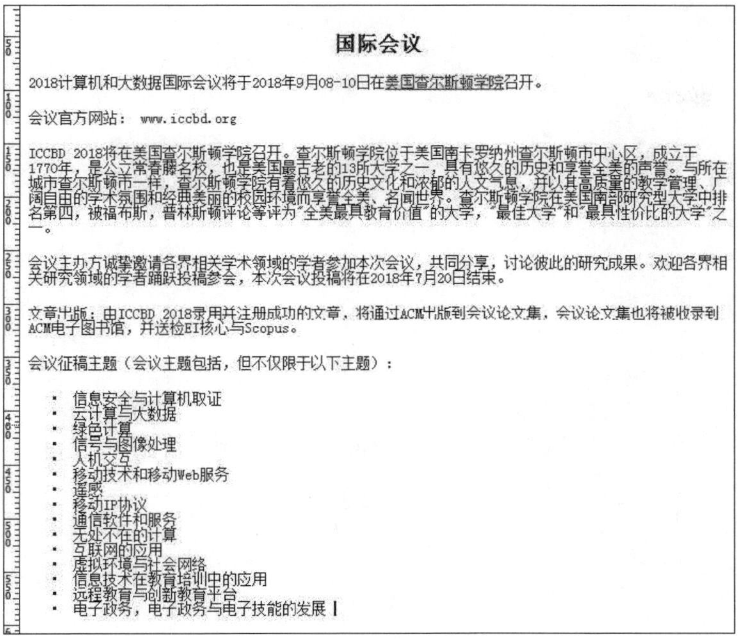
国际会议
2018计算机和大数据国际会议将于2018年9月08-10日在美国查尔斯顿学院召开。
会议官方网站： www.iccbd.org
ICCBD 2018将在美国查尔斯顿学院召开。查尔斯顿学院位于美国南卡罗纳州查尔斯顿市中心区，成立于1770年，是公立常春藤名校，也是美国最古老的13所大学之一，具有悠久的历史和享誉全美的声誉。与所在城市查尔斯顿市一样，查尔斯顿学院有着悠久的历史文化和浓郁的人文气息，并以其高质量的教学管理、广阔自由的学术氛围和经典美丽的校园环境而享誉全美、名闻世界。查尔斯顿学院在美国南部研究型大学中排名第四，被福布斯，普林斯顿评论等评为"全美最具教育价值"的大学，"最佳大学"和"最具性价比的大学"之一。
会议主办方诚挚邀请各界相关学术领域的学者参加本次会议，共同分享，讨论彼此的研究成果。欢迎各界相关研究领域的学者踊跃投稿参会，本次会议投稿将在2018年7月20日结束。
文章出版：由ICCBD 2018录用并注册成功的文章，将通过ACM出版到会议论文集，会议论文集也将被收录到ACM电子图书馆，并送检EI核心与Scopus。
会议征稿主题（会议主题包括，但不仅限于以下主题）：
信息安全与计算机取证
云计算与大数据
绿色计算
信号与图像处理
人机交互
移动技术和移动Web服务
遥感
移动IP协议
通信软件和服务
无处不在的计算
互联网的应用
虚拟环境与社会网络
信息技术在教育培训中的应用
远程教育与创新教育平台
电子政务，电子政务与电子技能的发展

图 3－28　国际会议

新建文档
页面类型:
空白页
HTML
HTML 模板
布局:
<无>
1 列固定，居中

图 3－29　选择【空白页】/【HTML】/【无】选项

3. 添加内容。

(1)打开事先编辑好的文档“国际会议. doc”，全选所有文本内容并进行复制。

(2)在 Dreamweaver 中选择菜单命令【编辑】/【选择性粘贴】，打开【选择性粘贴】对话框。

(3)单击 确定(O) 按钮，粘贴文本，如图 3－31 所示。

4. 设置页面属性。

(1)选择菜单命令【修改】/【页面属性】，打开【页面属性】对话框。

(2)在【外观(CSS)】分类中设置页面字体为“宋体”，大小为“14 px”，如图 3－32 所示。

(3)在【标题/编码】分类中，设置文档的浏览器标题为“国际会议”，如图 3－33 所示。【文档类型】分类中选择“HTML 4. 01 Transitional”，编码选择“简体中文(GB2312)”。

(4)点击 确定 按钮，关闭【页面属性】对话框。

5. 设置文档标题。

(1)将鼠标光标置于文档标题“国际会议”所在行，然后在【属性(HTML)】面板的【格式】下拉列表中选择“标题 2”，如图 3－34 所示。

(2)选择菜单命令【格式】/【对齐】/【居中对齐】，使标题居中显示。

另存为
保存在(I):
forum
最近访问的位置
桌面
库
计算机
网络
名称
修改日期
doc 2018/11/8 9:16
images 2018/11/8 9:16
pics 2018/11/8 9:16
index.htm 2018/11/8 9:16
文件名(N):
3-8-1.htm
保存类型(T):
All Documents (*.htm;*.html;*.shtm;*.
保存(S)
取消
Unicode 标准化表单(F):
C (规范分解，后跟规范合成)
新建站点...
包括 Unicode 签名 (BOM)(S)
站点根目录

图 3-30　保存文档

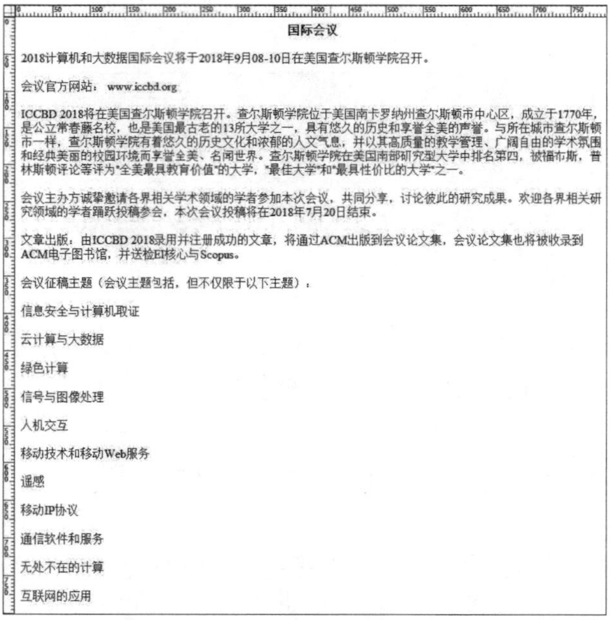
国际会议
2018计算机和大数据国际会议将于2018年9月08-10日在美国查尔斯顿学院召开。
会议官方网站：www.iccbd.org
ICCBD 2018将在美国查尔斯顿学院召开。查尔斯顿学院位于美国南卡罗纳州查尔斯顿市中心区，成立于1770年，是公立常春藤名校，也是美国最古老的13所大学之一，具有悠久的历史和享誉全美的声誉。与所在城市查尔斯顿市一样，查尔斯顿学院有着悠久的历史文化和浓郁的人文气息，并以其高质量的教学管理、广阔自由的学术氛围和经典美丽的校园环境而享誉全美、名闻世界。查尔斯顿学院在美国南部研究型大学中排名第四，被福布斯，普林斯顿评论等评为"全美最具教育价值"的大学，"最佳大学"和"最具性价比的大学"之一。
会议主办方诚挚邀请各界相关学术领域的学者参加本次会议，共同分享，讨论彼此的研究成果。欢迎各界相关研究领域的学者踊跃投稿参会，本次会议投稿将在2018年7月20日结束。
文章出版：由ICCBD 2018录用并注册成功的文章，将通过ACM出版到会议论文集，会议论文集也将被收录到ACM电子图书馆，并送检EI核心与Scopus。
会议征稿主题（会议主题包括，但不仅限于以下主题）：
信息安全与计算机取证
云计算与大数据
绿色计算
信号与图像处理
人机交互
移动技术和移动Web服务
遥感
移动IP协议
通信软件和服务
无处不在的计算
互联网的应用

图 3-31　粘贴文本

6. 设置正文格式。

(1)选中文本“美国查尔斯顿学院”,并在【属性(CSS)】面板的【字体】下拉列表中选择“楷体”。如果没有“楷体”,则需要编辑字体列表添加字体,如图 3-35 所示。

(2)单击【属性(CSS)】面板的
编辑规则
,在打开的【新建 CSS 规则】对话框中输入选择器名称“text”,如图 3-36 所示。

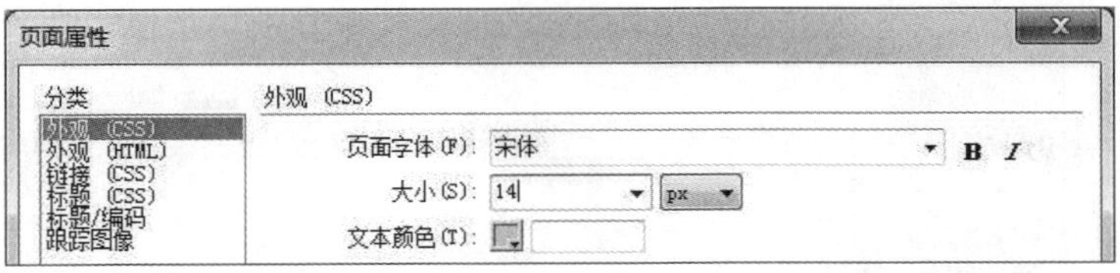

图 3 – 32　设置【外观(CSS)】分类

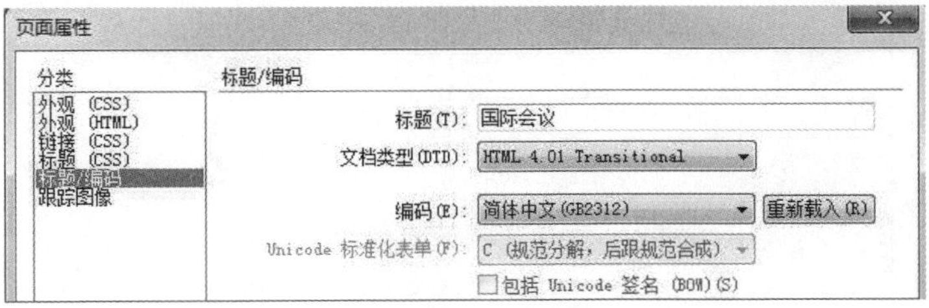

图 3 – 33　设置文档的浏览器标题

图 3 – 34　设置文档标题格式

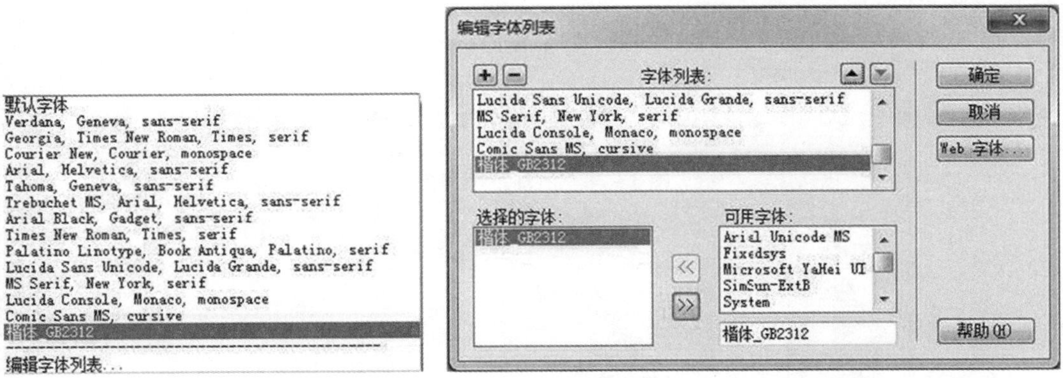

(a)　　(b)

图 3 – 35　改变所选文字字体

(3)单击【确定】按钮关闭对话框，然后在【属性(CSS)】面板中单击颜色按钮，在打开的对话框中选择红色“#FF0000”，如图 3 – 37 所示。

(4)选择菜单命令【格式】/【样式】/【下画线】，给所选文本添加下画线效果，如图 3 – 38 所示。

(5)如图 3 – 39 所示选择文本，在【属性(HTML)】面板中单击项目列表按钮，将其设置为项目符号列表格式。

7. 选择菜单命令【文件】/【保存】，再次保存文件。

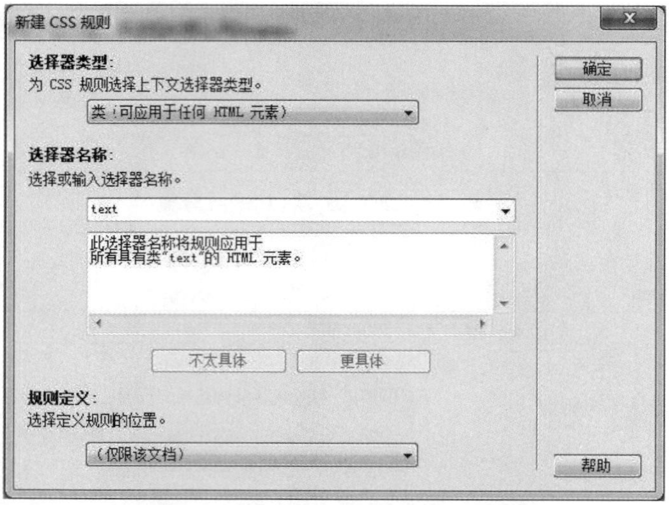

图 3-36 【新建 CSS 规则】对话框

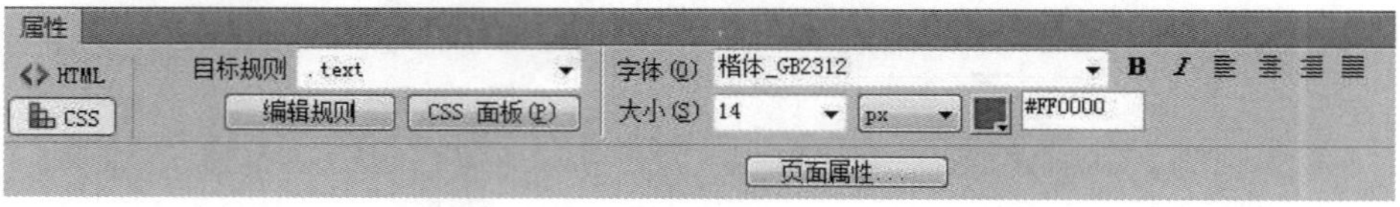

图 3-37 选择颜色

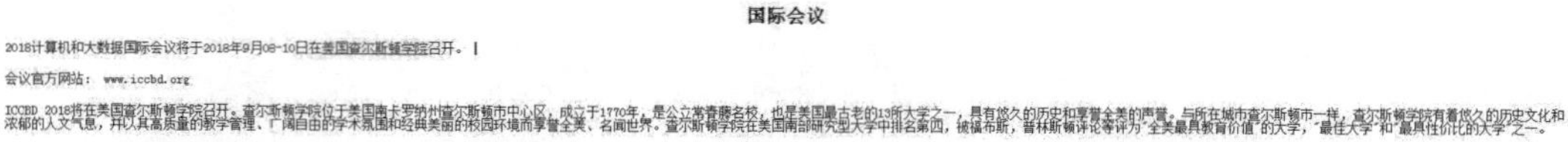

图 3-38 添加下画线效果

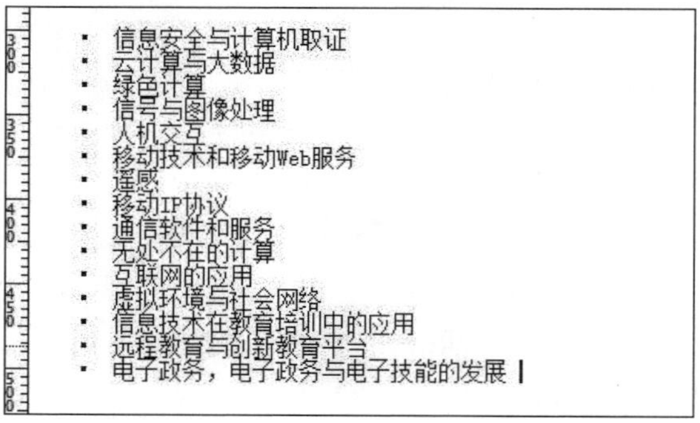

图 3-39 设置项目符号列表

3.8.2　龙井茶

根据要求创建和设置文档格式,在浏览器中的显示效果如图3－40所示。

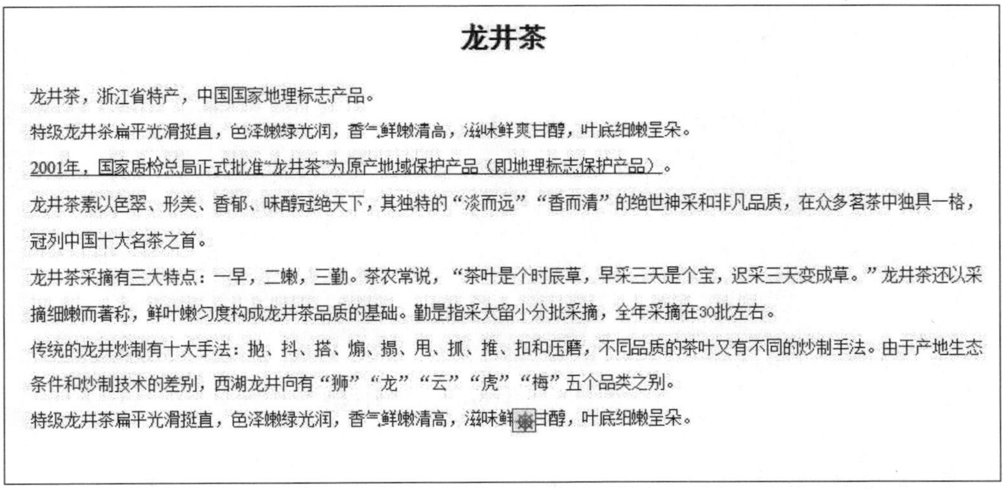
龙井茶

龙井茶，浙江省特产，中国国家地理标志产品。

特级龙井茶扁平光滑挺直，色泽嫩绿光润，香气鲜嫩清高，滋味鲜爽甘醇，叶底细嫩呈朵。

2001年，国家质检总局正式批准"龙井茶"为原产地域保护产品（即地理标志保护产品）。

龙井茶素以色翠、形美、香郁、味醇冠绝天下，其独特的"淡而远""香而清"的绝世神采和非凡品质，在众多茗茶中独具一格，冠列中国十大名茶之首。

龙井茶采摘有三大特点：一早，二嫩，三勤。茶农常说，"茶叶是个时辰草，早采三天是个宝，迟采三天变成草。"龙井茶还以采摘细嫩而著称，鲜叶嫩匀度构成龙井茶品质的基础。勤是指采大留小分批采摘，全年采摘在30批左右。

传统的龙井炒制有十大手法：抛、抖、搭、煽、搨、甩、抓、推、扣和压磨，不同品质的茶叶又有不同的炒制手法。由于产地生态条件和炒制技术的差别，西湖龙井向有"狮""龙""云""虎""梅"五个品类之别。

特级龙井茶扁平光滑挺直，色泽嫩绿光润，香气鲜嫩清高，滋味鲜甘醇，叶底细嫩呈朵。

图3－40　显示效果图

(1)创建一个新文档并保存为"3－8－2.htm",然后导入事先标记好的文件"龙井茶.docx"。

(2)设置页面字体为"宋体",大小为"15 px",浏览器标题为"龙井茶"。

(3)将【标题2】的字体修改为"黑体",大小修改为"24 px",然后将其应用到文档标题"龙井茶",同时设置文档标题居中对齐。

(4)将文本"2001年,国家质检总局正式批准'龙井茶'为原产地域保护产品(即地理标志保护产品)"的字体设置为"楷体",并添加下画线效果。

(5)添加CSS样式代码,使其行距为"30 px",段前、段后距离为"5 px",左页边距为"15 px"。

这个实例涉及知识:创建文档、页面设置和文本基本格式设置。

具体操作步骤如下:

1.新建一个空白的HTML文档并保存为"3－8－2.htm"。

2.导入文档。

(1)选择菜单命令【文件】/【导入】/【Word文档】,打开【导入Word文档】对话框,选择事先编辑好的"龙井茶.docx",设置【格式化】参数,如图3－41所示。

(2)单击 打开(O) 按钮,导入文档,如图3－42所示。

导入 Word 文档
查找范围(I):
3
名称
修改日期
龙井茶.docx
2018/11/10 15:13
最近访问的位置
桌面
库
计算机
网络
文件名(N):
龙井茶.docx
打开(O)
文件类型(T):
Microsoft Word Document (*.doc;*.docx)
取消
格式化:
文本、结构、基本格式(粗体、斜体)
清理 Word 段落间距(C)

图 3－41 【导入 Word 文档】对话框

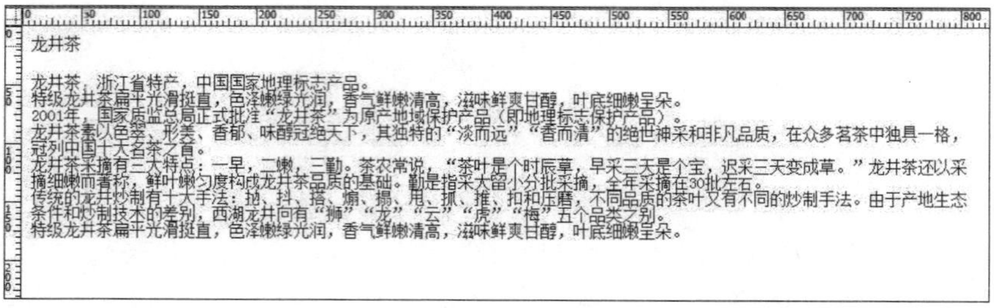
龙井茶
龙井茶，浙江省特产，中国国家地理标志产品。
特级龙井茶扁平光滑挺直，色泽嫩绿光润，香气鲜嫩清高，滋味鲜爽甘醇，叶底细嫩呈朵。
2001年，国家质监总局正式批准“龙井茶”为原产地域保护产品（即地理标志保护产品）。
龙井茶素以色翠、形美、香郁、味醇冠绝天下，其独特的“淡而远”“香而清”的绝世神采和非凡品质，在众多茗茶中独具一格，冠列中国十大名茶之首。
龙井茶采摘有三大特点：一早，二嫩，三勤。茶农常说，“茶叶是个时辰草，早采三天是个宝，迟采三天变成草。”龙井茶还以采摘细嫩而著称，鲜叶嫩匀度构成龙井茶品质的基础。勤是指采大留小分批采摘，全年采摘在30批左右。
传统的龙井炒制有十大手法：抛、抖、搭、煽、搨、甩、抓、推、扣和压磨，不同品质的茶叶又有不同的炒制手法。由于产地生态条件和炒制技术的差别，西湖龙井向有“狮”“龙”“云”“虎”“梅”五个品类之别。
特级龙井茶扁平光滑挺直，色泽嫩绿光润，香气鲜嫩清高，滋味鲜爽甘醇，叶底细嫩呈朵。

图 3－42 导入文档

3. 设置页面属性。

(1)选择菜单命令【修改】/【页面属性】，打开【页面属性】对话框，在【外观(CSS)】分类中设置页面字体为“宋体”，大小为“15 px”。

(2)在【标题(CSS)】分类中将【标题 2】的字体修改为“黑体”，大小修改为“24 px”，如图 3－43 所示。

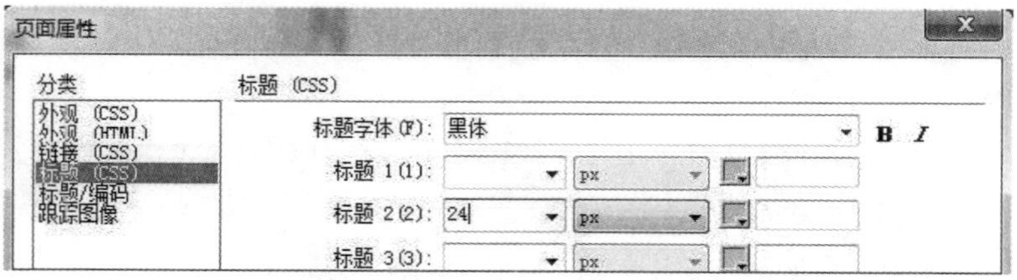
页面属性
分类
外观 (CSS)
外观 (HTML)
链接 (CSS)
标题 (CSS)
标题/编码
跟踪图像
标题 (CSS)
标题字体 (F): 黑体
B I
标题 1(1):
px
标题 2(2): 24
px
标题 3(3):
px

图 3－43 设置【标题 2】属性

(3)在【标题/编码】分类中，设置文档的浏览器标题为“龙井茶”。

(4)设置完毕后单击 
确定
按钮，关闭【页面属性】对话框。

4. 设置文档标题。

(1)将鼠标光标置于文档标题“龙井茶”所在行,然后在【属性(HTML)】面板的【格式】下拉列表中选择“标题2”。

(2)选择菜单命令【格式】/【对齐】/【居中对齐】,使标题居中显示。

5. 设置正文格式。

(1)选中文本“2001年,国家质检总局正式批准‘龙井茶’为原产地域保护产品(即地理标志保护产品)”,并在【属性(CSS)】面板的【字体】下拉列表中选择“楷体”,接着在打开的【新建CSS规则】对话框中输入选择器名称“ptext”。

(2)单击 确定 按钮关闭对话框,然后选择菜单命令【格式】/【样式】/【下画线】,给所选文本添加下画线效果。

(3)在【文档】工具栏中单击 代码 按钮,在 <head> 与 </head> 之间添加CSS样式代码,使行距为“20 px”,段前、段后距离均为“5 px”,如图3-44所示。

```
<title>龙井茶</title>
<style type="text/css">
body,td,th {
    font-family: "宋体";
    font-size: 14px;
}
h1,h2,h3,h4,h5,h6 {
    font-family: "黑体";
}
h2 {
    font-size: 24px;
}
.ptext {
    font-family: "楷体_GB2312";
}
p{
    line-height:20px;
    margin-top:5px;
    margin-bottom:5px;
}
</style>
</head>
```

图3-44 添加代码

6. 选择菜单命令【文件】/【保存】,再次保存文件。

3.9 本章小结

本章主要学习了如何创建文档,保存文档,对网页进行页面设置,在文档中添加文本,对文本进行字体属性和段落的设置。同时学习了如何插入可更新的日期,其中重点针对文本的字体属性,包括字体类型、字体颜色、文本大小、粗体、斜体和CSS规则;段落属性的设置,包括段落与换行、文本对齐方式、文本缩进与凸出、列表和水平线。并利用两个实例来验证创建文档、页面设置和文本基本格式设置等知识点。

第 4 章　图像和媒体

【学习目标】

- 掌握网页中的图像格式。
- 掌握插入图像的方法。
- 掌握设置图像属性的方法。
- 掌握图像占位符的概念和使用方法。
- 掌握插入 SWF 动画的方法。

图像是网页中不可缺少的元素，也是使用非常频繁的页面元素，巧妙地在网页中使用图像可以为网页增色，且能更好地配合文本传递信息，尤其是在购物、宣传等网站中，图像更为重要。本章将介绍在网页中使用图像和媒体的基本方法。

4.1 插入图像

4.1.1 图像格式

1. JPEG 格式的图像

JPEG 格式是目前最常用的一种图像文件格式，文件后缀名为“. jpg”或“. jpeg”，支持多达 2^{24}种颜色，能展现十分生动的图像，还可以压缩。压缩的图像可以保持为 8 位、24 位、32 位深度的图像，压缩比例可以高达 100: 1。但压缩方式是以顺势图像质量为代价的，压缩比例越高，图像质量越大，图像文件也就越小。JPEG 不适合于所含颜色很少、具有大块颜色相近的区域或亮度差异十分明显的较简单的图像，如徽标、横幅等。由于 JPEG 格式可以包含数百万种颜色，因此更适合显示摄影、具有连续色调或一些细腻、讲究色彩浓淡的图像。

2. PNG 格式的图像

PNG 格式的图像具有保真性、透明性高及文件较小等特性，被广泛应用于网页设计中，文件后缀名为“. png”。它能够提供长度比 GIF 小 30% 的无损压缩图像文件，同时提供 24 位和 48 位真彩色图像支持及其他诸多技术型支持。PNG 格式图像另外还有一个非常好的特点就是背景透明，即图像可以浮现在其他页面文件或页面图像之上。通常，大部分页面设计在页面中加入的徽标或者一些具有点缀作用的小图像，都选用 PNG 格式。不过 PNG 格式还没有普及到所有浏览器，因此最好使用 GIF 或 JPEG 格式，以适应更多人的需求。

3. GIF 格式的图像

GIF 格式是网站上使用最早、应用最广泛的图像格式，后缀是“. gif”。它的特点是压缩比高，磁盘空间占用较少，可以制作动画。图像制作者可以利用图像处理软件将静态的 GIF 图像设置为单帧画面，然后将这些单帧画面连在一起，设置好上一幅画面到下一幅画面的间隔时间，最后保存为 GIF 格式。这就是简单的逐帧动画，这种格式的动画在互联网上广为流行。但是 GIF 格式只能保存最大 8 位色深的数码图像，所以它最大只能用 256 色来表现物体，最适合显示色彩不连续或具有大面积单一颜色的图像，如导航条、按钮、图标、徽标或其他具有同一色彩和色调的图像，不适合显示有晕光、渐变色彩等颜色细腻的图像和照片。

总体来说，上述三种图像各有千秋，JPEG 格式可以压缩图像的容量，PNG 格式的质量较好，GIF 格式可以做动画，所以当处理色调复杂、绚丽的图像（如照片、图画等）时，适合选择 JPEG 格式；而处理一些徽标、横幅简单线条构图时，适合使用 PNG 格式；而 GIF 格式通常可以用来展示动画效果。

4.1.2　插入图像

下面介绍几种图像的插入方式。

1. 通过【选择图像源文件】对话框插入图像

将鼠标光标置于要插入图像的位置，然后选择菜单命令【插入】/【图像】，或者在【插入】/【常用】面板中单击图像按钮组中的 图像 按钮，均弹出【选择图像源文件】对话框，选择需要的图像并单击 确定 按钮，即可将图像插入文档中，如图 4－1 所示。

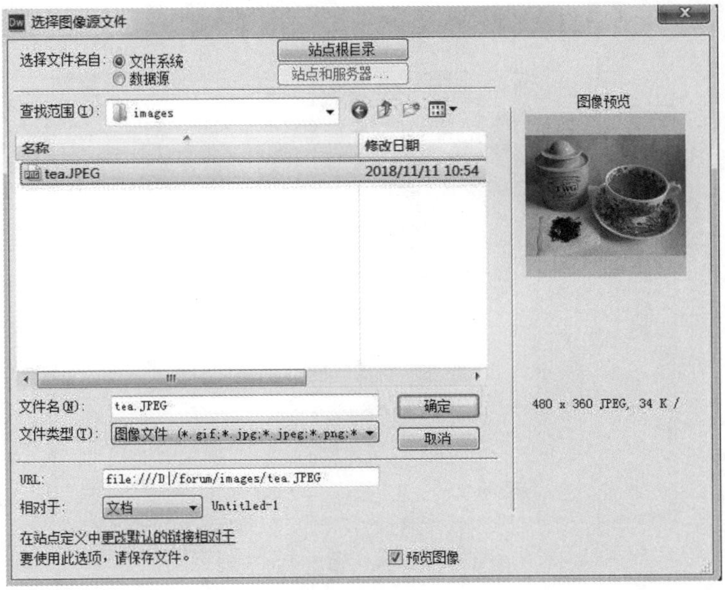

图 4－1　【选择图像源文件】对话框

在【选择图像源文件】对话框中，如果选择【文件系统】单选按钮，可以通过【查找范围】下拉列表来定位图像文件的位置，然后在列表框中选择一个图像文件，这是最常用的插入图像的方式。如果要插入图像的网页文档是一个新建且未保存的文档，那么 Dreamweaver CS6 将弹出一个信息提示框，提示将生成一个对图像文件的“file://”引用，如图 4 – 2 所示。将文档保存在站点中的任意位置后，Dreamweaver CS6 将该引用转换为文档的相对路径。

在插入图像时，有时会弹出【图像标签辅助功能属性】对话框，如图 4 – 3 所示。在【替换文本】下拉列表框中，为图像输入一个名称或一段简短描述，屏幕阅读器会朗读在此处输入的信息。输入的文本长度应限制在 50 个字符左右；对于较长的描述，可以在【详细说明】文本框中提供链接，该链接指向提供有关该图像的详细信息的文件。根据实际需要，可以在其中一个或两个文本框中输入信息，屏幕阅读器会朗读图像的 Alt 属性。单击 

按钮时，图像也将直接插入文档中，但 Dreamweaver CS6 不会将它与辅助功能标签或属性相关联。

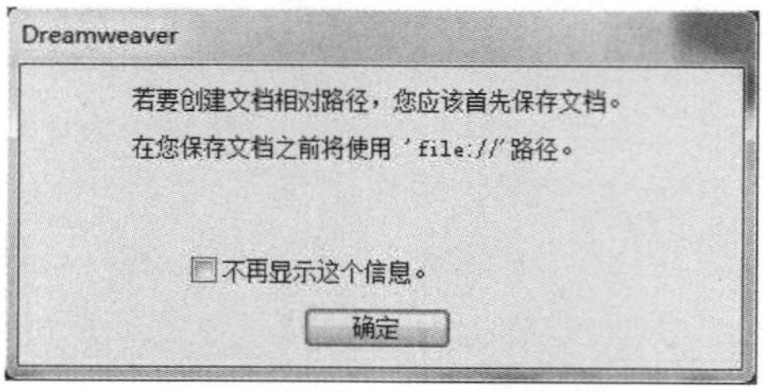

图 4 – 2　提示信息框

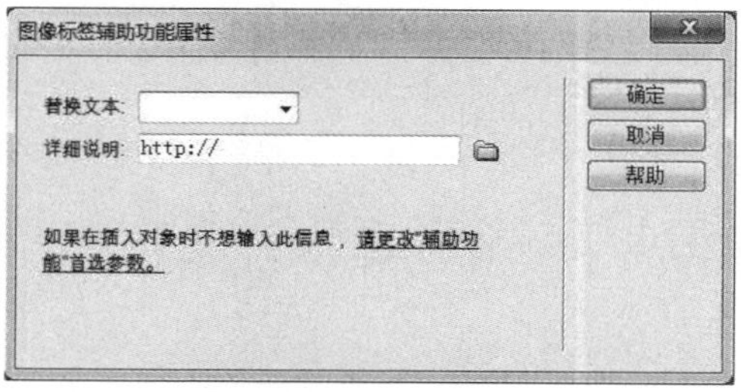

图 4 – 3　【图像标签辅助功能属性】对话框

在【图像标签辅助功能属性】对话框中，单击提示文本中的【请更改“辅助功能”首选参数】链接，打开【首先参数】对话框，取消选中【图像】复选框，如图 4 – 4 所示。这样在插入图像时，就不会再弹出【图像标签辅助功能属性】对话框。当然，如果希望弹出此对话框，以便设置相关信息，就应该选中【图像】复选框。

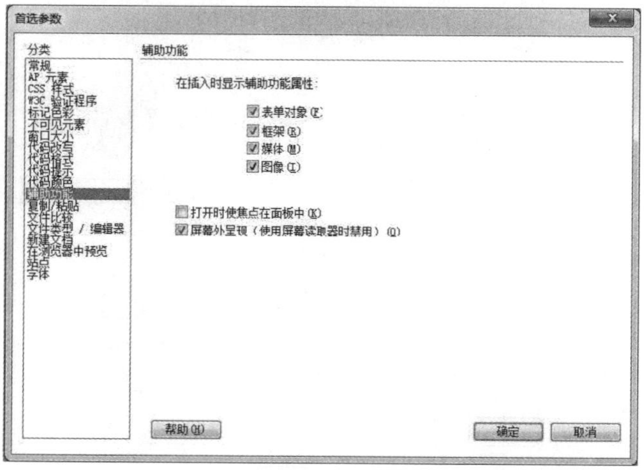

图 4 – 4　【首选参数】对话框

2. 通过【文件】面板拖拽图像

在【文件】面板中选中图像文件，然后将其拖拽到文档中的适当位置，如图 4 – 5 所示。

3. 通过【资源】面板插入图像

在【资源】面板中，单击 按钮切换到图像分类，选中图像文件，然后单击 按钮将图像插入到文档中，如图 4－6 所示。

图 4－5　通过【文件】面板拖拽图像

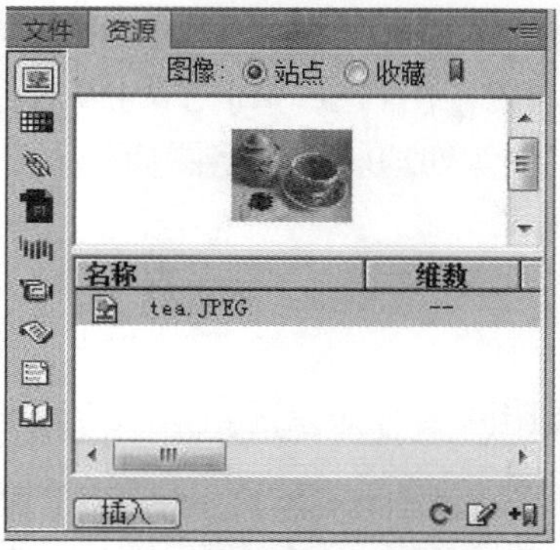

图 4－6　通过【资源】面板插入图像

4.1.3　图像属性

在网页中插入了图像后，有时还需要对图像进行编辑和排版，使其更符合实际需要。可以通过修改图像【属性】面板中的参数来完成。

图 4－7　图像【属性】面板

1. 图像名称和 ID

图像【属性】面板左上方是图像的缩略图，缩略图右侧的【ID】文本框用于设置图像的名称和 ID。

2. 源文件

图形【属性】面板的【源文件】文本框用于显示已插入图像的路径，如果要用新图像替换已插入的图像，可以在【源文件】文本框中输入新图像的文件路径，也可通过单击 按钮来选择图像文件。

3. 替换文本

图像【属性】面板【替换】下拉列表用于设置图像的描述性信息，浏览网页时，当鼠标光标移动到图像上或图像不能正常显示时，插入图像的位置会显示这些信息。

4. 图像的宽度和高度

图像【属性】面板的【宽】和【高】文本框用于设置图像的显示宽度和高度，其后面的 按钮表示约束图像的宽度和高度，即修改了图像的宽度和高度的任一值时，另一值将自动保持等比例改变。单击 按钮，将其变化成 状态，表示不再约束图像的宽度和高度之间的比例关系。在修改了图像的宽度和高度后，单击文本框后面的 按钮将重置图像的原始大小；单击 按钮将提交图像的大小，以及永久性改变图像的实际大小。

5. 图像编辑

图像【属性】面板的【编辑】选项后面共有 7 个按钮，可以通过它们对图像进行简单编辑，也可调用在【首选参数】对话框中设置好的图像处理软件对图像进行编辑。实际上，完全可以在图像处理软件中将图像处理好，再在 Dreamweaver CS6 中使用。

4.1.4 图像占位符

在制作网页时如果还没有需要的图像，可以临时插入图像占位符，等到有适合的图像后再插入图像文件。插入图像占位符的方法是，选择菜单命令【插入】/【图像对象】/【图像占位符】，或者在【插入】/【常用】面板中单击图像按钮组中的 按钮，弹出【图像占位符】对话框，根据需要设置相关参数即可，如图 4－8 所示。

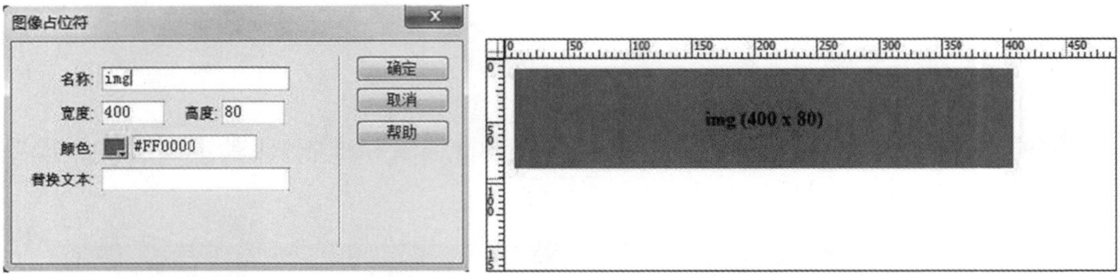

(a) (b)

图 4－8 插入图像占位符

通过【属性】面板还可以修改图像占位符的属性，如图 4－9 所示。

图 4－9 图像占位符【属性】面板

4.1.5 设置背景

在制作网页时，经常需要设置背景图像或背景颜色。设置整个网页的背景图像或背景颜色，可以通过【页面属性】对话框进行，方法是，选择菜单命令【修改】/【页面属性】，或者在【属性】面板中单击 页面属性... 按钮，打开【页面属性】对话框，在【外观(CSS)】分类中，可通过【背景颜色】文本框来设置网页的背景颜色，通过【背景图像】文本框来设置网页的背景图像，通过【重复】下拉列表设置背景图像的重复方式，如图 4－10 所示。

图 4－10　外观(CSS)

在【外观(HTML)】分类中，也可以设置网页的背景图像和背景颜色，如图 4－11 所示。

图 4－11　外观(HTML)

外观(CSS)方式是使用 CSS 方法设置背景图像和背景颜色；而外观(HTML)方式是使用 HTML 方式设置背景图像和背景颜色，但不能设置图像的重复方式。

4.2　媒体类型

在 Dreamweaver CS6 中，媒体的类型包括 SWF、FLV、Shockwave、Applet、ActiveX 和插件等。在使用 Dreamweaver CS6 来插入使用 Adobe Flash 创建的内容之前，应熟悉 FLA、SWF 和 FLV 文件类型之间的关系。

➢ FLA 文件　扩展名为“.fla”，是使用 Flash 软件创建的项目的源文件；此类型的文件只能在 Flash 中打开。因此，在网页中使用时通常在 Flash 中将它发布为 SWF 文件，这样才能在浏览器中浏览。

➢ SWF 文件　扩展名为“. swf”，是 FLA 文件的编译版本，已进行优化，可以在网页上查看。此文件可以在浏览器中播放，并且可以在 Dreamweaver 中预览，但不能在 Flash 中编辑。

➢ FLV　文件名为“. flv”，是一种视频文件，它包含经过编码的音频和视频数据，用于通过 Flash Player 进行传送。FLV 是 Flash Video 的简称，其流媒体格式是随着 Flash MX 的推出发展而来的视频格式。由于它形成的文件极小、加载速度极快，使得网络观看视频文件成为可能。它的出现有效地解决了视频文件导入 Flash 后，使导出的 SWF 文件体积庞大，不能在网络上很好使用等问题。

4.3　添加 Flash 动画

4.3.1　插入 Flash 动画

Flash 动画是在 Flash 软件中完成的，在 Dreamweaver CS6 中只能将现有的 Flash 动画插入文档中。插入 Flash 动画的具体步骤如下：

（1）打开要插入 Flash 动画的网页文档，将插入点置于要插入 Flash 动画的位置。

（2）选择菜单命令【插入】/【媒体】/【SWF】命令，或打开【插入】/【常用】面板的【媒体】按钮组

按钮，弹出【选择 SWF】对话框，当然也可以在【文件】面板中选择 SWF 动画文件直接拖拽到文档中。

（3）在对话框中选择要插入的 SWF 文件，单击

按钮即可插入 Flash。

需要注意的是，在插入 SWF 对象之前，会弹出如图 4 – 12 所示的对话框，要求保存当前文档，请选择

按钮。

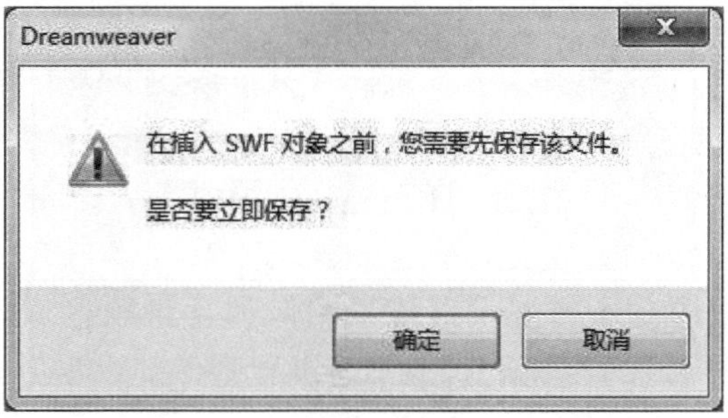

图 4 – 12　保存文档提示

（4）保存网页，按下 F12 键在浏览器中预览。

4.3.2　设置 Flash 动画属性

选中插入的 Flash 动画，在【属性】面板中可设置 Flash 属性，如图 4 – 13 所示。

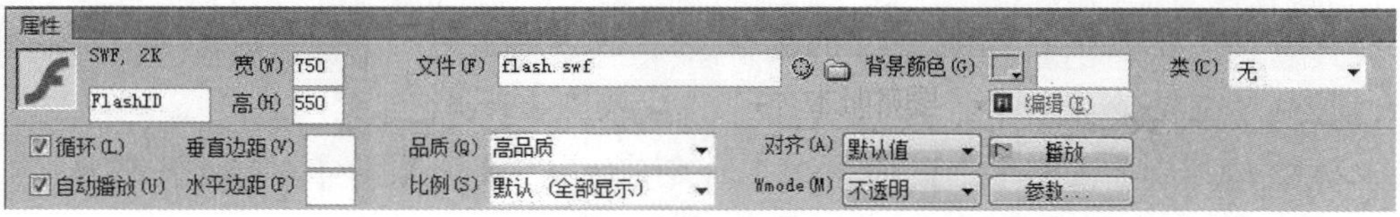

图 4－13　【属性】面板

【FlashID】　为所插入的 SWF 动画文件,可以进行修改。

【宽】和【高】　以像素为单位设置 SWF 动画的宽和高。

【文件】　用于指定 SWF 动画文件的路径。

【背景颜色】　用于设置当前 SWF 动画背景颜色。

【循环】　选择该复选框,动画将在浏览器端循环播放。

【自动播放】　选择该复选框,SWF 动画文档在被浏览器载入时自动播放。

【垂直边距】和【水平边距】　用于定义 SWF 动画边框与该动画周围其他内容之间的距离,以像素为单位。

【品质】　用来设定 SWF 动画在浏览器中的播放质量。

【比例】　用来设定 SWF 动画的显示比例。

【对齐】　设置 SWF 动画与周围内容的对齐方式。

【Wmode】　设置 SWF 动画背景模式。

:单击该按钮,将在 Flash 软件中处理源文件,当然要确保有源文件“.fla”的存在。如果没有安装 Flash 软件,该按钮将不起作用。

:单击该按钮,将在设计视图中播放 SWF 动画。

:单击该按钮,可设置能够使 Flash 顺利运行的附加参数。

4.3.3　设置网页中的 Flash 背景

在网页中插入透明 Flash 动画的具体操作步骤如下:

(1)打开网页文档,选中要插入的 Flash 动画。

(2)打开【属性】面板,在 Wmode 下拉列表中选择【透明】选项,如图 4－14 所示;然后保存并按下 F12 键进行预览。

图 4－14　【属性】面板设置 Wmode 下拉列表

浏览网页过程中不能显示插入的 Flash 动画时需要确认的问题如下:

(1)确认 Flash 动画的名称是否是英文,如果不是则改为英文。

(2)确认插入的 Flash 是否为 SWF 格式的文件。

(3)确认网页文档中指定的 Flash 动画的路径是否与 Flash 动画的实际路径相同。

背景颜色和背景图像经常会用来修饰页面，增强页面效果。背景图像放在网页的最底层，其他网页元素都位于它的上面。

选择菜单命令【修改】/【页面属性】命令，弹出【页面属性】对话框，选择【外观(HTML)】分类后，即可设置页面的背景颜色和背景图像，如图 4 – 15 所示。

图 4 – 15 【页面属性】设置背景

4.4 添加 Java Applet

4.4.1 插入 Java Applet

Applet 可以翻译为小程序应用。在 Java Applet 中，可以实现图形的绘制，字体和颜色的控制，动画和声音的插入，人机交互及网络交流等功能。Applet 还提供了名为抽象窗口工具栏(Abstract Windows Toolkit，AWT)的窗口环境开发工具。AWT 利用用户计算机的 GUI 元素，可以建立标准的图形用户界面，如窗口、按钮和滚动条等。目前，网络上有非常多的 Applet 范例来生动地展现这些功能，读者可以调阅相应的网页以观看它们的效果。

Java Applet 就是用 Java 语言编写的小应用程序，它们可以直接嵌入网页中，并能够产生特殊的效果。包含 Applet 的网页为 Java – powered 页，也可以称其为 Java 支持的网页。

当用户访问这样的网页时，Applet 被下载到用户的计算机执行，但前提是用户使用的是支持 Java 的浏览器。由于 Applet 是在用户的计算机上执行的，因此它的执行速度不受网络带宽或者 Modem 存取速度的限制，用户可以更好地欣赏网页上 Applet 产生的多媒体效果。

可以使用 Dreamweaver 将 Java Applet 插入到网页文档中，具体操作步骤如下：

(1)打开网页文件，将插入点置于要插入 Java Applet 的位置。

(2)执行【插入】/【媒体】/【Applet】命令，弹出【选择 Applet 文件】对话框，如图 4 – 16 和图 4 – 17 所示。

(3)在对话框中选择 Applet 文件，单击 

按钮插入 Applet；在【属性】面板中将【宽】设置为 100，【高】设置为 100；最后保存网页，并按下 F12 键在浏览器中预览。

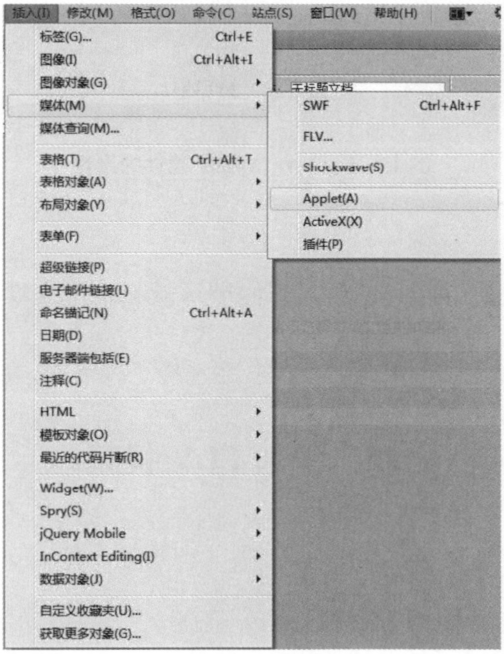

图 4－16　插入【Applet】命令

图 4－17　选择 Applet 文件

4.4.2　设置 Java Applet 属性

插入 Java Applet 后，选中 Java Applet 对象，此时属性检查器如图 4－18 所示。

➢ Applet 名称　指定用来表示 Applet 以进行脚本撰写的名称。在属性检查器最左侧

图 4-18 Java Applet 控件的属性

的末标记域中输入名称。

➢ 代码　指定包含该 Applet 的 Java 代码的文件。单击文件夹图标浏览选择某一文件,或者直接输入文件名。

➢ 基址　标识包含选定 Applet 的文件夹,在选择了一个 Applet 后,此域被自动填充。

4.5 添加 FLV 视频

4.5.1 插入 FLV 视频

在开始向网页中添加 FLV 视频之前,必须有一个经过编码的 FLV 文件。在 Dreamweaver CS6 中向网页中插入 FLV 文件时将首先插入 SWF 组件,当在浏览器中查看时,此组件将显示插入的 FLV 文件和一组播放控件。在 Dreamweaver CS6 中插入 FLV 视频的方法是,选择菜单命令【插入】/【媒体】/【FLV】,打开【插入 FLV】对话框。在【视频类型】下拉列表中选择【累进式下载视频】。Dreamweaver CS6 提供了两种方式用于将 FLV 视频传送给站点浏览者。

【累进式下载视频】　将 FLV 文件下载到站点访问者的硬盘上,然后进行播放。与传统的"下载与播放"视频传送方法不同,累进式下载允许在下载完成之前就开始播放视频文件。

【流视频】　对视频内容进行流式处理,并在一段可确保流畅播放的很短的缓冲时间后在网页上播放该内容。若要在网页上启动流视频,必须具有访问 Adobe® Flash Media ® Server 的权限。

在【URL】文本框中设置 FLV 文件的路径,如"images/lao.flv"。如果 FLV 文件位于当前站点内,可单击 代码 按钮来选定该文件。如果 FLV 文件位于其他站点内,可在文本框内输入该文件的 URL 地址,如"http://www.lao.cn/lao.flv"。在【外观】下拉列表中选择适合的选项,如"Clear Skin(最小宽度:140)"。【外观】选项用来指定视频组件的外观,所选外观的预览会显示在【外观】下拉列表的下方。单击 代码 按钮来检测 FLV 文件的幅面大小并自动填充到【宽度】和【高度】文本框中,如图 4-19 所示。

【宽度】和【高度】选项以像素为单位指定 FLV 文件的宽度和高度。若要让 Dreamweaver CS6 知道 FLV 文件的准确高度和宽度,需单击 检测大小 按钮。如果 Dreamweaver CS6 无法确定宽度和高度,必须输入宽度和高度值。【限制高宽比】用于保持视频组件的宽度和高度之间的比例不变,默认情况下会选择此选项。【包括外观】是 FLV 文件的宽度和高度与所选外观的宽度和高度相加得出的和。【自动播放】用于设置在 Web 页

图 4－19　【插入 FLV】对话框

面打开时是否播放视频。【自动重新播放】用于设置播放控件在视频播放完之后是否返回起始位置。设置完毕后单击 检测大小 按钮关闭对话框，FLV 视频将被添加到网页上，如图 4－20 所示。

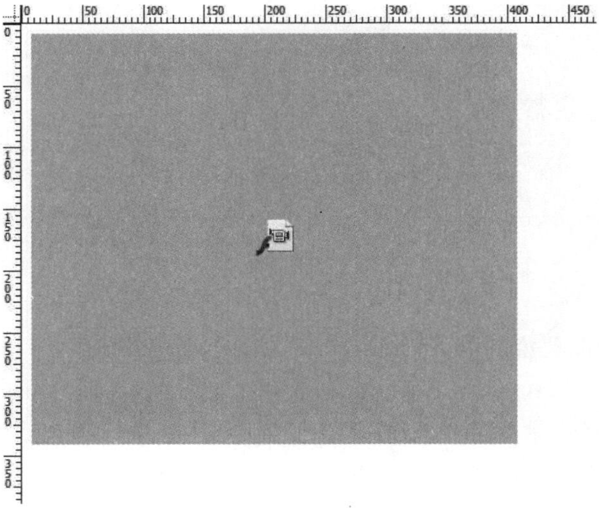

图 4－20　插入 FLV 视频

插入 FLV 视频后将生成一个视频播放器 SWF 文件和一个外观 SWF 文件，它们用于在网页上显示视频内容。这些文件与视频内容所添加到的网页文件在同一文件夹中。当上传包含 FLV 文件的网页时，需要同时上传相关文件。

4.5.2 设置 FLV 视频属性

选中插入的 FLV 视频，其【属性】面板如图 4－21 所示，可以根据需要在【属性】面板中修改相关参数。

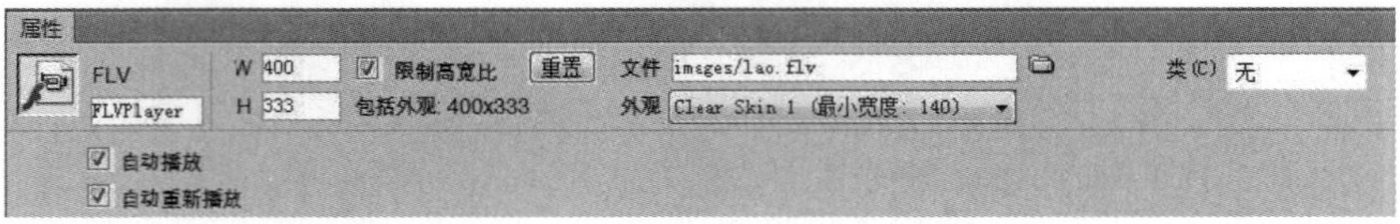

图 4－21 FLV 视频【属性】面板

如果在【插入 FLV】对话框的【视频类型】下拉列表中选择【流视频】，那么【插入 FLV】对话框将变为如图 4－22 所示的形式。

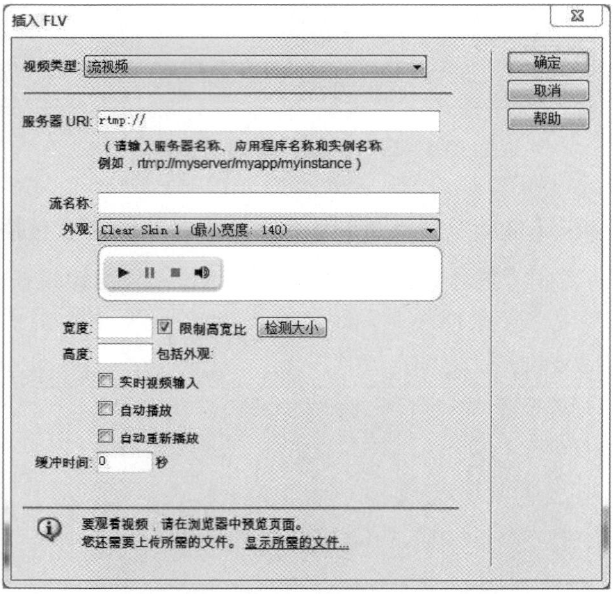

图 4－22 【插入 FLV】对话框

下面对相关选项简要说明如下：

【服务器 URI】 以“rtmp://www.example.com/app_name/instance_name”的格式设置服务器名称、应用程序名称和实例名称。

【流名称】 用于设置要播放的 FLV 文件的名称，如“video.flv”，扩展名“.flv”是可选的。

【实时视频输入】 用于设置视频内容是否是实时的。如果选择了该复选框，则 Flash Player 将播放 Adobe® Flash Media® Server 流入的实时视频流。实时视频输入的名称是在【流名称】文本框中指定的名称。同时，组件的外观上只会显示音量控制，因为用户无法操纵实时视频，而且【自动播放】和【自动重新播放】选项也不起作用。

【缓冲时间】 用于设置在视频开始播放之前进行缓冲处理所需的时间，以秒为单位。

默认的缓冲时间设置为“0”，这样在播放视频时会立即开始播放。如果选择【自动播放】复选框，则在建立与服务器的连接后视频立即开始播放。如果要发送的视频的比特率高于站点访问者的连接速度，或者 Internet 通信可能会导致带宽或连接问题，则可能需要设置缓冲时间。例如，如果要在网页播放视频之前将 15 s 的视频发送到网页，则应将缓冲时间设置为 15 s。

插入流视频格式的 FLV 后，除了生成一个视频播放器 SWF 文件和一个外观 SWF 文件外，还会生成一个“main. asc”文件，必须将该文件上传到 Flash Media Server。如果服务器上已有“main. asc”文件，在上传“main. asc”文件之前需要与服务器管理员进行核实。

如果需要删除 FLV 组件，可在 Dreamweaver CS6 的文档窗口中选择 FLV 组件占位符，然后按 Delete 键即可。

4.6　ActiveX 控件

4.6.1　插入 ActiveX 控件

ActiveX 是 Microsoft 对于一系列策略性面向对象程序技术和工具的称呼，其中主要的技术是组件对象模型（COM）。在有目录和其他支持的网络中，COM 变成了分布式 COM（DCOM）。ActiveX 控件是用于互联网的很小的程序，有时称为插件程序。

Dreamweaver CS6 中的 ActiveX 对象使读者可为浏览器的 ActiveX 控件提供属性和参数。在页面中插入 ActiveX 对象后，可在【属性】面板设置 object 标签的属性和 ActiveX 控件参数，单击 参数... 按钮，可输入未在【属性】面板中显示的属性名称和值。

WMV 和 RM 是网络中常见的两种视频格式。其中，WMV 影片是 Windows 的视频格式，使用的播放器是 Microsoft Media Player。向网页中插入 ActiveX 来播放 WMV 视频格式文件的方法是，选择菜单命令【插入】/【媒体】/【ActiveX】，系统自动在文档中输入一个 ActiveX 占位符，确保 ActiveX 占位符处于选中状态；然后在【属性】面板中设置【宽】和【高】选项，在【ClassID】下拉列表中添加“RealPlayer/clsid：CFCDAA03 – 8BE4 – 11cf – B84B – 0020AFBBCCFA”，并选中【嵌入】复选框。由于在 ActiveX【属性】面板的【ClassID】下拉列表中没有关于 Media Player 的设置，因此需要手动添加。

4.6.2　设置 ActiveX 属性

对【属性】面板的相关选项简要说明如下：

【ActiveX】　用来设置 ActiveX 对象的名称，在【属性】面板最左侧【ActiveX】下面的文本框中输入名称即可。

【宽】和【高】　用来设置对象的宽度和高度，以“像素”为单位。

【ClassID】　用于输入一个值或从弹出的菜单中选择一个值，以便为浏览器表示 ActiveX 控件。在加载页面时，浏览器使用其 ID 来确定与该页面关联的 ActiveX 控件所需的 ActiveX 空间的位置。如果浏览器未找到指定的 ActiveX 控件，则它将尝试从【基址】中设置的位置下载它。

【嵌入】 为该 ActiveX 控件在 object 标签内添加 embed 标签。

【参数】 打开一个用于输入要传递给 ActiveX 对象的其他参数的对话框，许多 ActiveX 控件都受特殊参数的控制。

【源文件】 用于设置在启用了【嵌入】选项时用于 Netscape Navigator 插件的数据文件。如果没有输入值，则 Dreamweaver CS6 将尝试根据已输入的 ActiveX 属性确定该值。

【垂直边距】和【水平边距】 以像素为单位设置对象在上、下、左、右四个方向的空白量。

【基址】 用于设置包含该 ActiveX 控件的 URL。如果在访问者的系统中尚未安装该 ActiveX 控件，则 Internet Explorer 将从该位置下载它。如果没有设置【基址】参数并且访问者尚未安装相应的 ActiveX 控件，则浏览器无法显示 ActiveX 对象。

【替换图像】 用于设置在浏览器不支持 object 标签的情况下要显示的图像，只有在取消选中【嵌入】复选框后此选项才可用。

【数据】 为要加载的 ActiveX 控件指定数据文件，许多 ActiveX 控件（如 Shockwave 和 RealPlayer）不适用此参数。

单击

按钮，打开【参数】对话框添加参数，如图 4－23 所示。参数添加完毕后单击

按钮，关闭对话框。保存文件并预览，会出现如图 4－24 所示的拦截窗口，点击【允许阻止的内容】，出现如图 4－25 所示的安全警告。单击

，出现播放窗口，WMV 视频播放效果如图 4－26 所示。

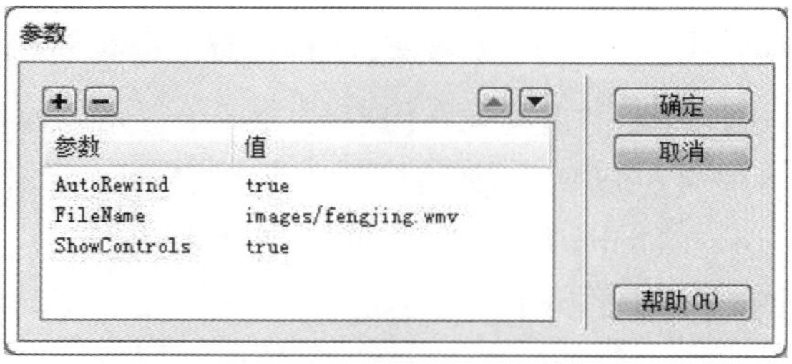

图 4－23 添加参数

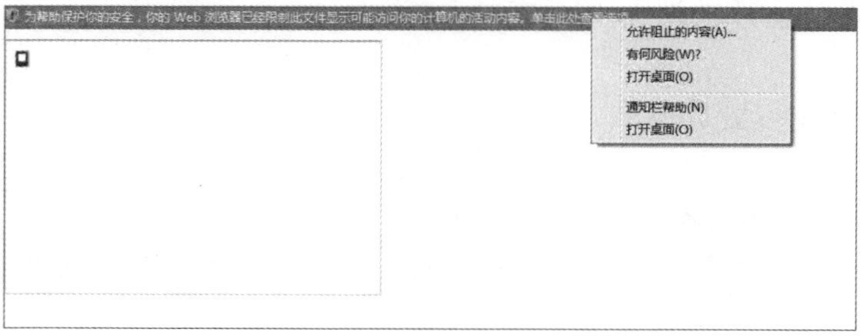

图 4－24 拦截窗口

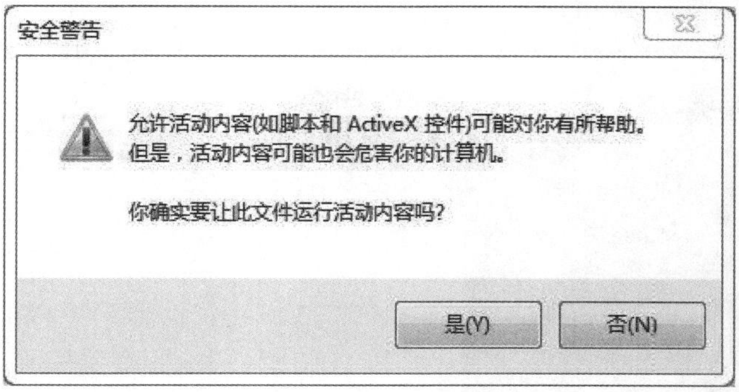
安全警告
允许活动内容(如脚本和 ActiveX 控件)可能对你有所帮助。
但是，活动内容可能也会危害你的计算机。
你确实要让此文件运行活动内容吗?
是(Y)
否(N)

图 4－25　安全警告

图 4－26　WMV 视频播放效果

4.7　实　　例

实例涉及知识:创建. htm 文件;在网页中插入 SWF 文件;为 Flash 动画设置透明背景效果。

4.7.1　插入 SWF 文件(一)

要在网页文件中插入 Flash 动画,需要准备 SWF 文件。下面介绍在页面中插入漂亮的 Flash 动画的方法。其最终效果如图 4－27 所示。

操作步骤如下:

(1)点击菜单命令【文件】/【新建】,在弹出的对话框中点击 创建(R) 按钮,点击【文件】/【另存为】,出现如图 4－28 所示对话框,在文件名处输入“4－10－1. htm”,点击 保存(S) 按钮,创建一个新的“. htm”文档。

(2)在【插入】面板中单击【常用】分类中的【媒体】按钮,然后在弹出的下拉列表中选择【SWF】选项,如图 4－29 所示。

(3)打开【选择 SWF】对话框,在【查找范围】下拉列表中选择 images 文件夹下的“syh.

swf”文件。单击

按钮，如图 4－30 所示。

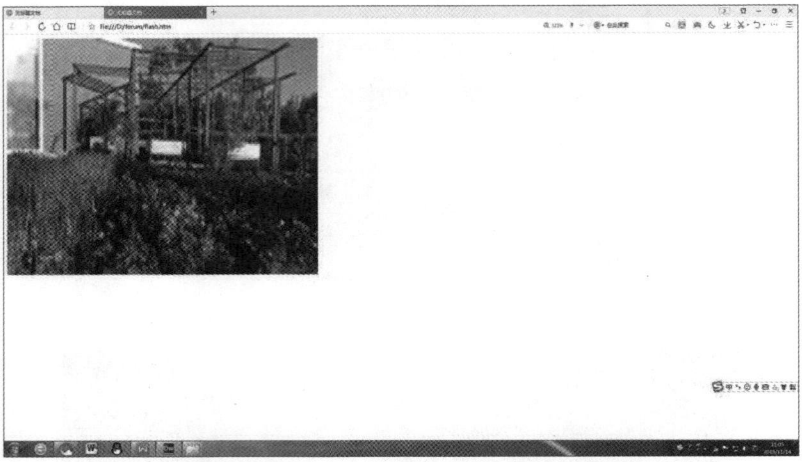

图 4－27　网页中插入 Flash 动画后的最终效果图

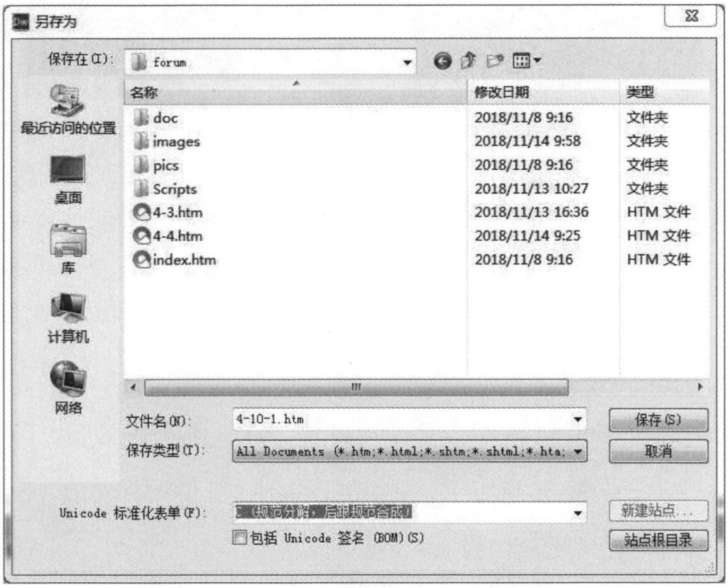

图 4－28　创建新的. htm 文档

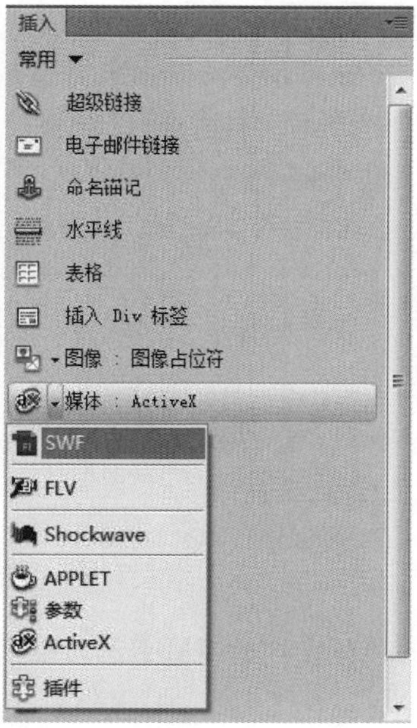

图 4－29　选择 SWF

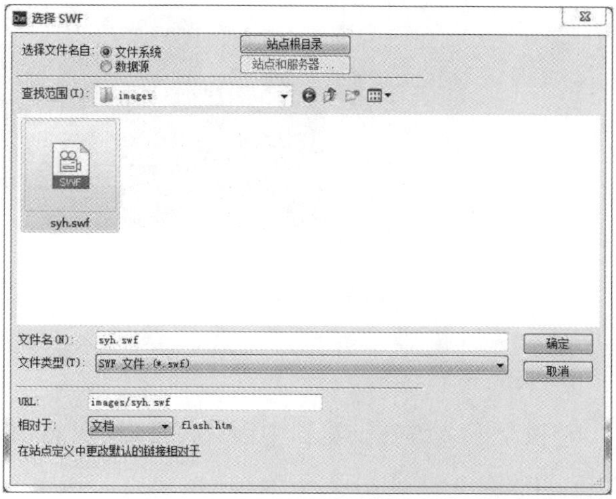

图 4－30　选择 Flash 动画

(4)经过上面的操作,在页面中相应的位置插入 Flash 动画,但这时只能看见插入的 Flash 动画标签,如图 4－31 所示。单击选中 Flash 动画标签,【属性】面板如图 4－32 所示,然后在面板中选择【循环】和【自动循环】复选框。

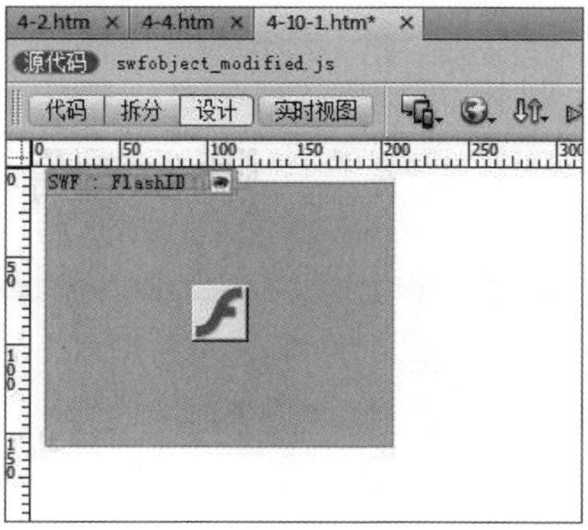

图 4－31　插入 Flash 动画

图 4－32　Flash 动画【属性】面板

(5)单击【属性】面板中的 

按钮,就会在文档窗口中运行 Flash 动画,如图 4－33 所示。

图 4－33　运行 Flash 动画

(6)按下F12键在浏览器中预览,可以发现 Flash 动画背景色在播放时遮盖了页面的背景颜色,如图 4－34 所示。

图 4－34　预览效果

(7)返回 Dreamweaver CS6 中,选择 Flash 动画,然后在【属性】面板的【Wmode】下拉列表中选择“透明”,如图 4－35 所示。

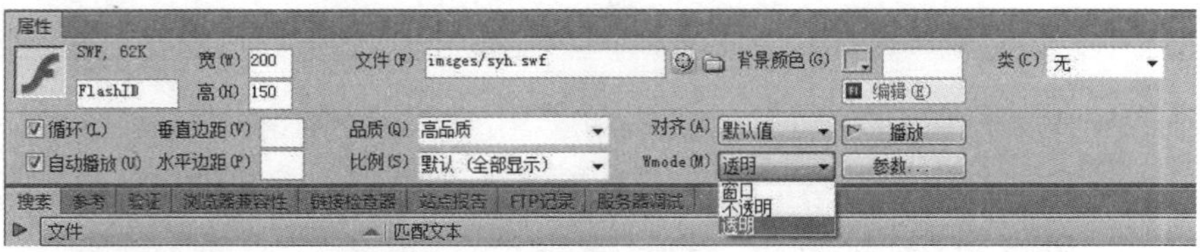

图 4－35　设置透明

(8)保存 flash. htm 文档,再按下F12键,在浏览器中进行确认,这时可以看到 Flash 动画的背景色已经变成透明形式,因为在动画变化时,可以正常显示文档的渐变背景色,如图

4-36 所示。

图 4-36　Wmode 设为透明之后的预览效果

4.7.2　插入 SWF 文件(二)

插入 Flash 最终效果如图 4-37 所示。

图 4-37　插入 Flash 最终效果

(1)创建一个新的“. htm”文档,命名为“4-10-2. htm”,然后选择菜单命令【修改】/【页面属性】,打开【页面属性】对话框,在【外观(CSS)】分类中设置背景图像为“back. jpg”,重复方式设置为“repeat”,如图 4-38 所示。

(2)将鼠标光标置于 SWF 动画插入位置,然后选择菜单命令【插入】/【媒体】/【SWF】,插入 SWF 动画文件“special. swf”。

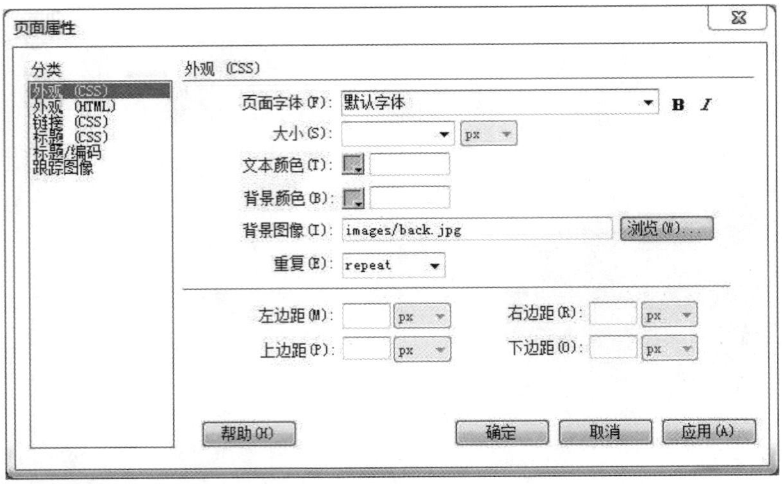

图 4－38　设置背景图像

(3)在【属性】面板中,选择【循环】和【自动循环】复选框,如图 4－39 所示。

图 4－39　设置 SWF 动画属性

4.8　本 章 小 结

本章介绍了图像的格式、图像的插入方法和图像属性的设置方法,同时介绍了如何在网页中插入 Flash 动画、Java Applet 和 ActiveX 控件,以及各属性的设置方法。

第 5 章　超　链　接

【学习目标】

- 了解超链接的基本概念。
- 熟悉网页各种超链接的区别和设置。
- 掌握 Dreamweaver CS6 中使用超链接的方法。

超链接(hyperlink)也称超级链接或链接,它唯一地指向另一个 Web 信息页面。创建超链接是编写网页的一个重要部分,甚至可以说“链接是一个网站的灵魂”。网页中的链接可以分为内部链接、外部链接、文本超链接、电子邮件超链接、图像超链接、图像热点超链接、下载文件超链接和锚点超链接等。本章讲述使用各种超链接建立各个页面之间链接的方法。

5.1　超链接的概念与路径知识

5.1.1　超链接的概念

超链接在本质上属于网页的一部分,它是一种允许我们同其他网页或站点之间进行链接的元素。各个网页链接在一起后,才能真正构成一个网站。所谓的超链接是指从一个网页指向一个目标的连接关系,这个目标可以是另一个网页,也可以是相同网页上的不同位置,还可以是一个图片、一个电子邮件地址、一个文件,甚至是一个应用程序。而在一个网页中用来超链接的对象,可以是一段文本或者一个图片。当浏览者单击已经链接的文字或图片后,链接目标将显示在浏览器上,并且根据目标的类型来打开或运行。

某超文本文档中的元素与另一个超文本、文件或脚本的不同元素之间进行链接,用户可以通过点击被链接的元素来激活这些链接,通常在被链接的元素下有下画线或者以不同的颜色显示来区分。在超文本文档中,超链接用标记语言的标签指出。按照链接路径的不同,网页中超链接一般分为以下三种类型:内部链接、锚点链接和外部链接。

1. 绝对路径

绝对路径是指包括服务器规范在内的完全路径,通常使用“http://”来表示。绝对路径就是网页上的文件或目录在硬盘上真正的路径。采用绝对路径的好处是,它同链接的源端点无关,只要站点的地址不变,无论文档在站点中如何移动,都可以实现正常跳转。另外,如果希望链接到其他同站点上的内容,必须使用绝对路径。

采用绝对路径的缺点在于这种方式的链接不利于测试。如果在站点中使用绝对地址,要想测试链接是否有效,必须在 Internet 服务器端对链接进行测试。

2. 相对路径

相对路径就是相对于当前文件的路径,网页中表示路径一般都使用这种方法。相对路径对于大多数站点的本地链接来说,是最适用的路径。在当前文档与所链接的文档处于同一文件夹内时,文档相对路径特别有用。文档相对路径还可链接到其他文件夹的文档,其方法是利用文件夹层次结构,指定从当前文档到所链接文档的路径。文档相对路径的基本思想是省略掉相对于当前文档和所链接的文档都相同的绝对 URL(uniform resource locator,统一资源定位符)部分,而只提供不同的路径部分。多次实验证明,绝对路径不适用于搜索引擎的查询,而相对路径则在搜索引擎中表现良好。

3. 站点根目录相对路径

站点根目录相对路径描述从站点的根文件夹到文档的路径,站点根目录相对路径以“/”开始,“/”表示站点根文件夹。例如,“/support/dreamweaver/contents. html”是文件“contents. html”的站点根目录相对路径。在处理使用多个服务器的大型站点或者在使用承载多个站点的服务器时,可能需要使用这种路径。如果需要经常在站点的不同文件夹之间移动 HTML 文件,那么使用站点根目录相对路径通常也是最佳方法。

在 Dreamweaver CS6 中,单击【属性(HTML)】面板【链接】列表框后面的按钮,可打开【选择文件】对话框,通过【相对于】下拉列表设置链接的路径类型,如图 5 - 1 所示。

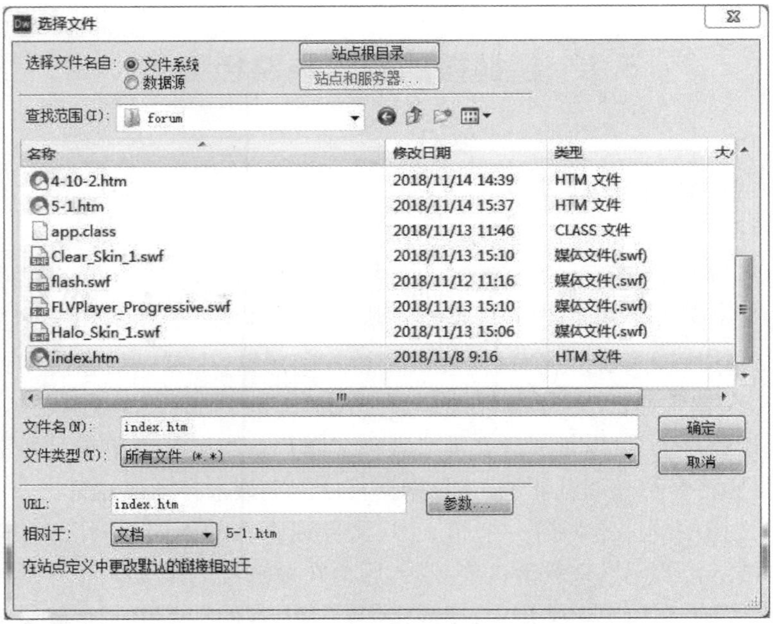

图 5 - 1　创建内部链接

5.1.2　超链接的分类

1. 根据链接载体形式的不同,超链接可分为以下三种:

➢ 文本超链接　以文本作为超链接载体。

➢ 图像超链接　以图像作为超链接载体。

➢ 表单超链接　当填写完表单后，单击相应按钮会自动跳转到目标页。

2. 根据链接目标位置的不同，超链接可分为以下两种：

➢ 内部超链接　链接目标位于同一站点内的超链接形式。

➢ 外部超链接　链接目标位于站点外的超链接形式。外部超链接可以实现网站之间的跳转，从而将浏览范围扩大到整个网络。

3. 根据链接目标形式的不同，超链接可分为以下6种：

➢ 网页超链接　链接到HTML、ASP、PHP等格式的网页文档的链接，是网站最常见的超链接形式。

➢ 下载超链接　链接到图像、影片、音频、DOC、PPT、PDF等资源文件或RAR、ZIP等压缩文件的链接。

➢ 锚记超链接　可以跳转到当前网页或其他网页中的某一指定位置的链接。这个网页可以位于当前站点内，也可以位于其他站点内。

➢ 电子邮件超链接　将会启动邮件客户端程序，可以写邮件并发送到链接的邮箱中。

➢ 空链接　链接目标形式上为“#”，主要用于在对象上附加行为等。

➢ 脚本链接　用于创建执行JavaScript代码的链接。

5.1.3 设置默认的链接相对路径

默认情况下，Dreamweaver CS6使用文档相对路径创建指向站点中其他页面的链接。在创建超级链接时，如果是新建文件最好先保存，再创建相对路径的超级链接。如果在保存文件之前创建文档相对路径的超级链接，Dreamweaver CS6将临时使用以“file://”开头的绝对路径，当保存文件时自动将“file://”路径转换为文档相对路径。

如果要使用站点根目录相对路径创建超链接，必须首先在Dreamweaver CS6中定义一个本地文件夹，作为Web服务器上文档根目录的等效目录，Dreamweaver CS6使用该文件夹确定文件的站点根目录相对路径。同时，在【管理站点】对话框中双击打开要设置的站点，展开【高级设置】选项，然后在【本地信息】类别中选择【站点根目录】单选按钮，如图5-2所示。

更改此处设置将不会转换现有链接的路径，该设置只影响使用Dreamweaver CS6创建的新链接的默认相对路径，而且此处设置并不影响其他站点，其他站点如果也需要使用站点根目录相对路径创建超链接，需要再单独进行设置。

使用本地浏览器预览文档时，除非指定了测试服务器，或在【编辑】/【首选参数】/【在浏览器中预览】中选择【使用临时文件预览】选项，否则文档中用站点根目录相对路径链接的内容将不会被显示。这是因为浏览器无法识别站点根目录，而服务器能够识别。预览站点根目录相对路径所链接内容的快速方法是，将文件上传到远程服务器上，然后选择【文件】/【在浏览器中预览】命令。

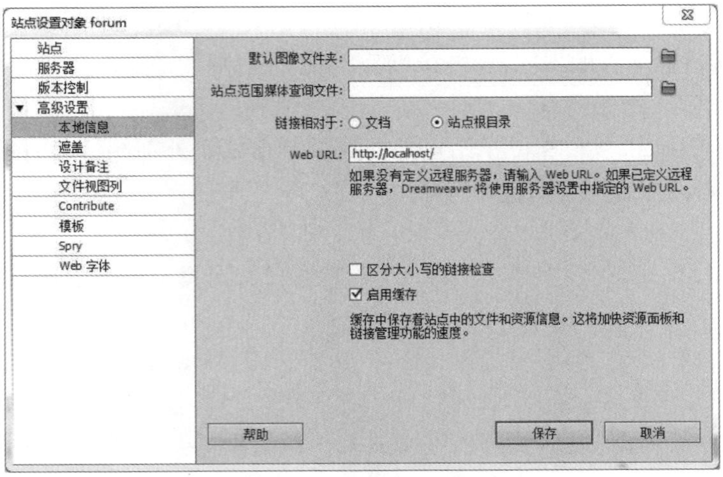

图 5－2　设置链接的相对路径

5.2　文本超链接

5.2.1　创建文本链接

1. 通过【属性(HTML)】面板创建超链接

首先选中文本，然后在【属性(HTML)】面板的【链接】文本框中输入链接目标地址，如果是同一站点内的文件，可以单击文本框后的 按钮，在弹出的【选择文件】对话框中选择目标文件，也可以将【链接】文本框右侧的 图标拖拽到【文件】面板中的目标文件上，最后在【属性(HTML)】面板的【目标】下拉列表中选择窗口打开方式，还可以根据需要在【标题】文本框中输入提示性内容，如图 5－3 所示。

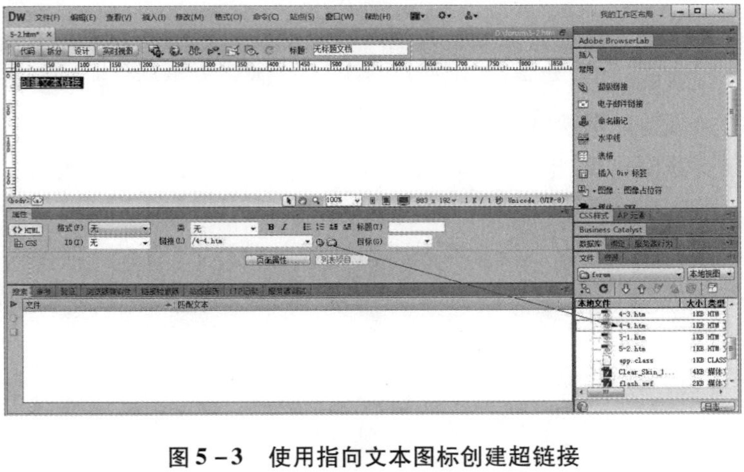

图 5－3　使用指向文本图标创建超链接

【目标】下拉列表中主要有以下选项：

【_blank】　将链接的文档载入一个新的浏览器窗口。

【new】　将链接的文档载入同一个刚创建的窗口中。

【_parent】　将链接的文档载入该链接所在框架的父框架或父窗口。如果包含链接的框架不是嵌套框架,则所链接的文档载入整个浏览器窗口。

【_self】　将链接的文档载入链接所在的同一框架或窗口。此目标是默认的,因此通常不需要特别指定。

【_top】　将链接的文档载入整个浏览器窗口,从而删除所有框架。

2. 通过【超级链接】对话框创建超链接

将鼠标光标置于要插入超链接的位置,然后选择菜单命令【插入】/【超级链接】,或者在【插入】/【常用】面板中单击 

按钮,弹出【超级链接】对话框。在【文本】文本框中输入“创建文本超链接”,在【链接】下拉列表中设置目标地址,在【目标】下拉列表中选择目标窗口打开方式,在【标题】文本框中输入提示性文本,如图 5－4 所示。可以在【访问键】文本框中设置链接的快捷键,也就是按 Alt ＋26 个字母中的一个,将焦点切换至文本链接,还可以在【Tab 键索引】文本框中设置 Tab 键切换顺序。

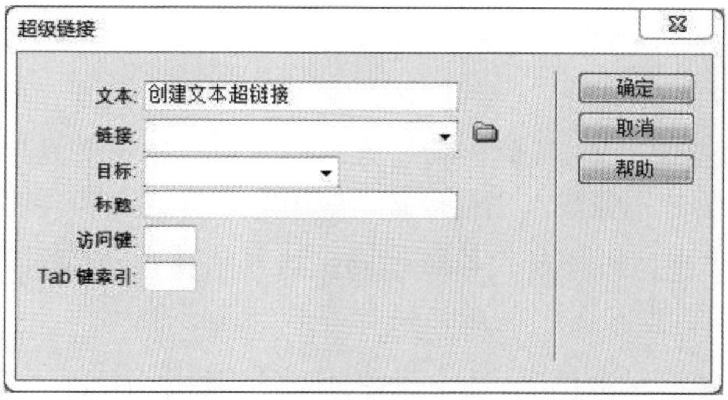

图 5－4　【超级链接】对话框

5.2.2　设置文本超链接的状态

通过【页面属性】对话框的【链接(CSS)】分类,可以设置文本超链接的状态,包括字体、大小、颜色及下画线等,如图 5－5 所示。

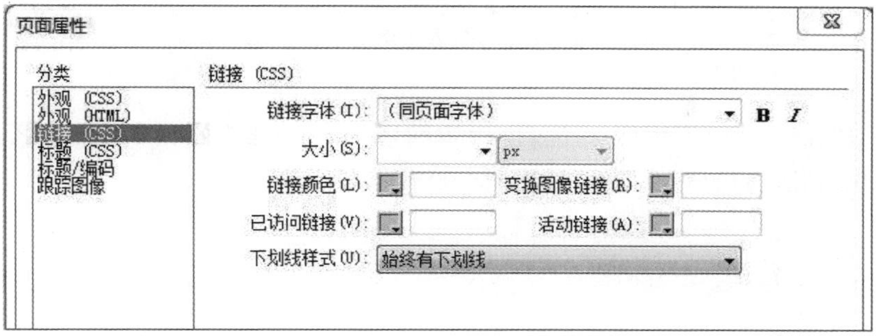

图 5－5　【链接(CSS)】分类

【链接】分类中的相关选项说明如下：

【链接字体】 设置链接文本的字体，还可以对链接的字体进行加粗和斜体的设置。

【大小】 设置链接文本的大小。

【链接颜色】 设置链接没有被单击时的静态文本颜色。

【已访问链接】 设置已被单击过的链接文本颜色。

【变换图像链接】 设置将鼠标光标移到链接上时文本的颜色。

【活动链接】 设置对链接文本进行单击时的颜色。

【下画线样式】 共有 4 种下画线样式。如果不希望链接中有下画线，可以选择【始终无下画线】选项。

5.3 图像超链接

用图像作为链接载体，这就是通常意义上的图像超链接。最简单的设置方法仍然是通过【属性】面板的【链接】文本框进行设置。实际上，了解了创建文本超链接的方法，也就等于了解了创建图像超链接的方法，只是链接载体由文本变成了图像。

5.3.1 图像热点

图像热点也称为图像地图，实际上就是为一副图像绘制一个或几个独立区域，并为这些区域添加超链接。创建图像热点超链接必须使用图像热点工具，它位于图像【属性】面板的左下方，包括 (矩形热点工具)、 (椭圆形热点工具)和 (多边形热点工具)3 种形式。

创建图像热点超链接的方法是，选中图像，单击【属性】面板左下方的热点工具，如 (矩形热点工具)按钮，并将鼠标光标移到图像上，按住鼠标左键并拖拽，绘制一个区域，接着在【属性】面板中设置链接地址、目标窗口和替换文本，如图 5－6 所示。

图 5－6 图像热点超链接

要编辑图像热点，可以单击【属性】面板中的 (指针热点工具)按钮。该工具可以对已经创建好的图像热点进行移动和调整大小等操作。

5.3.2 鼠标经过图像

“鼠标经过图像”是一种常用的互动技术，当鼠标指针经过图像时，图像会随之发生变化。一般，“鼠标经过图像”效果由两种大小相等的图像组成，一张称为主图像，另一张称为此图像。主图像是首次载入图像时显示的图像;此图像是鼠标指针经过时更换的另一张图像。“鼠标经过图像”经常应用于网页中的按钮上。

创建鼠标经过图像的方法是,选择菜单命令【插入】/【图像对象】/【鼠标经过图像】,或在【插入】/【常用】面板的图像按钮组中单击

按钮,弹出【插入鼠标经过图像】对话框,在其中进行参数设置即可,如图5-7所示。

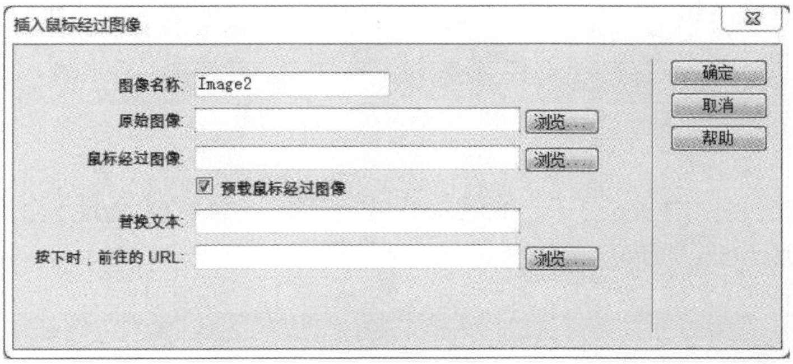

图5-7　【插入鼠标经过图像】对话框

在设置鼠标经过图像时,为了保证显示效果,建议两幅图像的尺寸保持一致。如果这两幅图像大小不同,Dreamweaver CS6 将调整第2幅图像的大小,以与第1幅图像的属性相匹配。

5.4　空链接和下载超链接

空链接是未指派的链接。空链接用于向页面上的对象或文本附加行为。例如:可向空链接附加一个行为,以便在鼠标光标划过该链接时会交换图像或显示绝对定位的元素(AP元素)。设置空链接的方法很简单,选中文本或图像等链接载体后,在【属性(HTML)】面板的【链接】文本框中输入“#”即可。

在实际应用中,链接目标也可以是其他类型的文件,如压缩文件、Word 文件或 PDF 文件等。如果要在网站中提供资料下载,就需要为文件提供下载超级链接,下载超级链接并不是一种特殊的链接,只是下载超级链接所指向的文件是特殊的。

5.5　锚记超链接

锚记链接能够使读者精确地控制访问者在其中单击超链接之后到达的位置。没有命名锚记的链接将把访问者带到目标网页的顶端。当页面中的文章很长时,仅靠上下移动滚动条寻找需要的部分比较麻烦,这时可以创建页面内的超链接,以便迅速找到需要的资料。

使用锚记超链接不仅可以跳转到当前网页中的指定位置,还可以跳转到另一网页中的指定的位置。创建锚记超链接通常需要经过两个环节:在文档中创建命名锚记;链接到命名锚记。

1. 创建命名锚记

将鼠标光标置于要插入锚记的位置,然后选择菜单命令【插入】/【命名锚记】,或者在

【插入】/【常用】面板中单击 按钮，弹出【命名锚记】对话框，在其中进行设置即可，如图 5 - 8 所示。

图 5 - 8　【命名锚记】对话框

如果发现锚记名称输入错了，选中插入的锚记标志，然后在【属性】面板的【名称】文本框中修改即可，如图 5 - 9 所示。

图 5 - 9　锚记【属性】面板

2. 创建锚记超链接

先在文档中输入文本，选中文本，然后在【属性】面板的【链接】下拉列表中输入锚记名称，如“#a”，或者直接将【链接】下拉列表后面的 图标拖拽到锚记名称上。也可以不输入文本，直接选择菜单命令【插入】/【超级链接】，弹出【超级链接】对话框，在【文本】文本框中输入文本，在【链接】下拉列表中选择锚记名称，如图 5 - 10 所示。

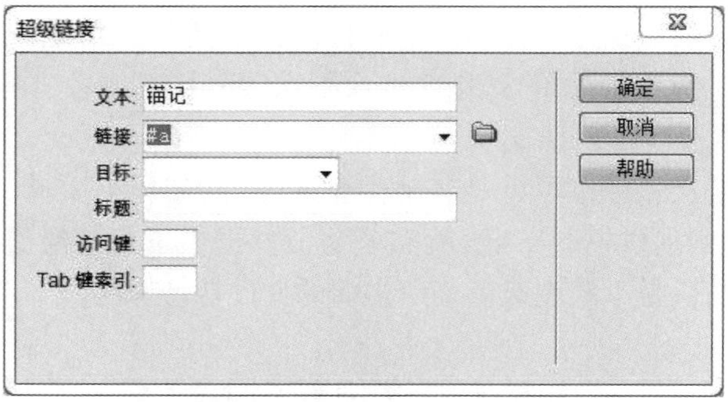

图 5 - 10　【超级链接】对话框

关于锚记超链接目标地址的写法应该注意以下几点：

(1) 如果链接的目标命名锚记位于同一文档中，只需在【链接】文本框中输入一个“#”符号，然后输入链接的锚记名称，如“#a”。

(2) 如果链接的目标命名锚记位于同一站点的其他网页中，则需要先输入该网页的路径和名称，再输入“#”符号和锚记名称，如“maoji. htm#a”“maoji/maoji. htm#a”。

(3) 如果链接的目标命名锚记位于 Internet 上的网页中，则需要先输入该网页的完整地址，再输入“#”符号和锚记名称，如“http://www. ls. com/maoji/maoji. htm#a”。

5.6 电子邮件超链接

电子邮件超链接与一般的文本和图像链接不同,因为电子邮件链接要将浏览者的本地电子邮件管理软件(如 Outlook Express、Foxmail 等)打开,而不是向服务器发出请求。创建电子邮件超链接的方法是,选择菜单命令【插入】/【电子邮件链接】,或在【插入】/【常用】面板中单击

按钮,弹出【电子邮件链接】对话框,在【文本】文本框中输入在文档中显示的链接文本信息,在【电子邮件】文本框中输入电子邮件的完整地址即可,如图 5-11 所示。如果已经预先选中了文本,在【电子邮件链接】对话框的【文本】文本框中会自动出现该文本,这时只需在【电子邮件】文本框中填写电子邮件地址即可。

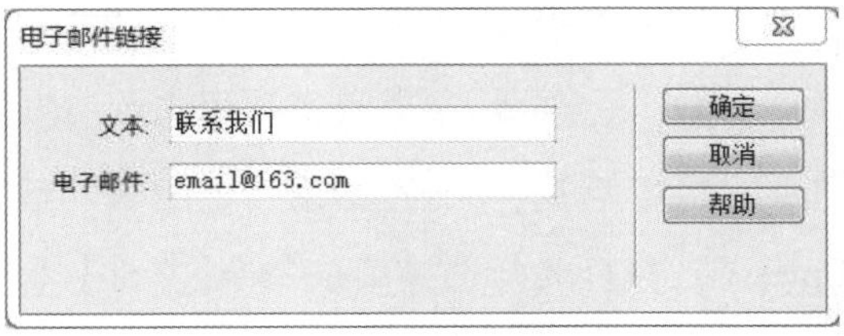

图 5-11 电子邮件链接

如果要修改已经设置的电子邮件链接的 E-mail,可以通过【属性】面板进行重新设置。同时,通过【属性】面板也可以看出,“mailto:”“@”和“.”这 3 个元素在电子邮件链接中是必不可少的。有了它们,才能构成一个正确的电子邮件链接。在创建电子邮件超链接时,为了更快捷,可以先选中需要添加链接的文本或图像,然后在【属性】面板的【链接】文本框中直接输入电子邮件地址,并在其前面加一个前缀“mailto:”,最后按 Enter 键确认即可,如图 5-12 所示。

图 5-12 电子邮件超链接【属性】面板

5.7 脚本超链接

脚本超链接用于执行 JavaScript 代码或调用 JavaScript 函数。脚本超链接能够在不离开当前页面的情况下为访问者提供有关某项的附加信息;还可用于在访问者单击特定项时,执行计算、验证表单和完成其他处理任务。

创建脚本超链接的方法是,首先选定文本或图像,然后在【属性(HTML)】面板的【链接】文本框中输入“javascript:”,后面跟一些 JavaScript 代码或函数调用即可(在冒号与代码或调用之间不能键入空格)。下面对经常用到的 JavaScript 代码进行简要说明。

➢ javascript:alert('字符串') 弹出一个只包含 确定 按钮的对话框,显示"字符串"的内容,整个文档的读取、Script 的运行都会暂停,直到用户单击 确定 按钮为止,如图 5-13 所示。

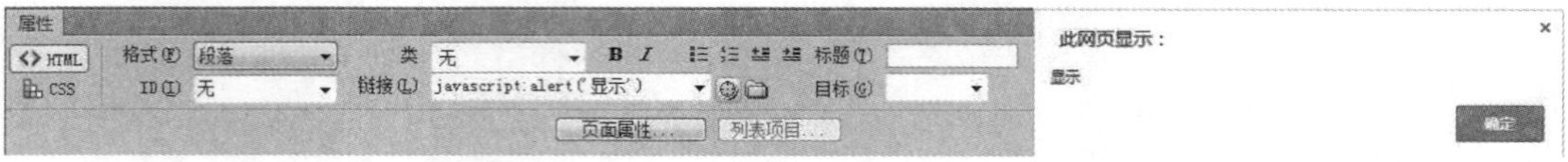

图 5-13 脚本链接设置

➢ javascript:history. go(1) 前进,与浏览器窗口上的 > (前进)按钮是等效的。

➢ javascript:history. go(-1) 后退,与浏览器窗口上的 < (后退)按钮是等效的。

➢ javascript:history. forward(1) 前进,与浏览器窗口上的 > (前进)按钮是等效的。

➢ javascript:history. back(1) 后退,与浏览器窗口上的 < (后退)按钮是等效的。

➢ javascript:history. print() 打印,与选择菜单命令【文件】/【打印】是一样的。

➢ javascript:window. external. AddFavorite('http://www. baidu. com','百度') 收藏指定的网页。

➢ javascript:window. close() 关闭窗口。如果该窗口有状态栏,调用该方法后浏览器会警告"网页正在试图关闭窗口,是否关闭?"然后等待用户选择是否关闭;如果没有状态栏,调用该方法将直接关闭窗口。

5.8 实 例

下面通过一个实例展示文本添加设置与超链接的应用,最终效果如图 5-14 所示。

操作步骤如下:

(1)选择菜单命令【文件】/【新建】,弹出【新建文档】对话框。在对话框中选择【空白页】类别的 HTML 文件,布局【无】,单击 创建(R) 按钮,创建新文档。

(2)切换到【设计】视图,在空白处右击鼠标,在弹出的快捷菜单中执行【页面属性】命令,弹出【页面属性】对话框,如图 5-15 所示。

(3)在【背景颜色】文本框中输入"#E5E5E5"。

(4)单击【分类】列表框中的【标题/编码】选项,在出现的【标题】文本框中输入"李白作品欣赏"。

(5)单击 确定 按钮完成设定网页背景颜色。

(6)在设计视图中输入文字"作者:webdesigner",选中"webdesigner",在属性面板中单击 CSS 按钮,然后从【目标规则】下拉列表中选择"新 CSS 规则",并单击 编辑规则 对话框。

(7)在【选择器类型】下拉列表中选择"类(可应用于任何 HTML 元素)",在【选择器名称】文本框中输入".style1",然后单击 确定 按钮打开对应的规则定义对话框。

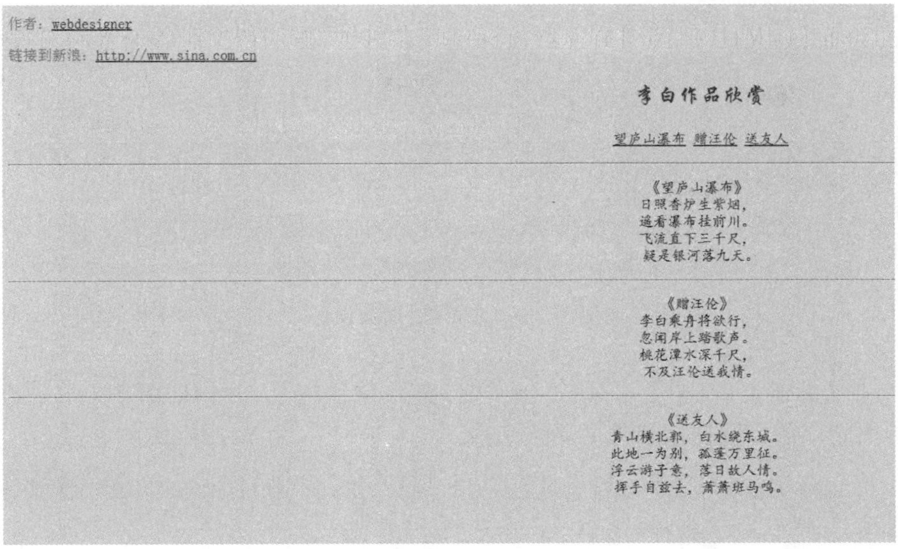

图5-14　实例最终效果图

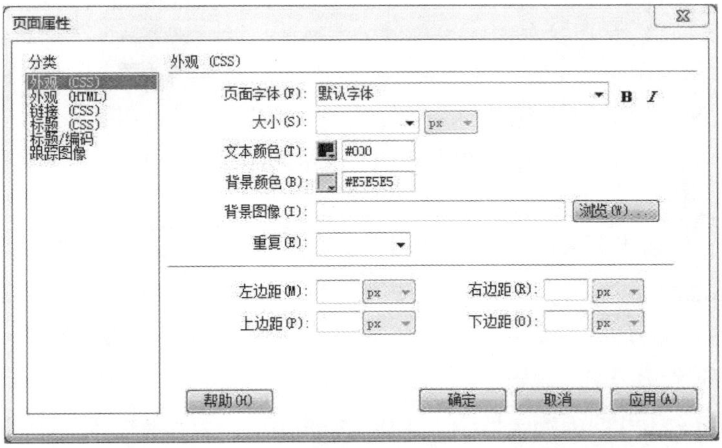

图5-15　【页面属性】对话框

(8)在规则定义对话框中，设置字体为"宋体"，大小为"16 px"，在字体颜色框输入"#F60"，单击按钮之后关闭当前窗口，切换到【属性】面板的，在属性面板上的【链接】文本框中输入"mailto:webdesigner@163.com"，完成邮件链接。

(9)输入文字"链接到新浪:http://www.sina.com.cn"，选中"http://www.sina.com.cn"，然后在属性面板中单击按钮，从【目标规则】下拉列表中选择".style1"，切换到【属性】面板的，在属性面板上的【链接】文本框中输入"http://www.sina.com.cn"，如图5-16所示。

(10)输入标题"李白诗词鉴赏"、页面内超链接地址和诗词具体内容。

(11)选中"李白作品欣赏"，按照(6)至(8)的方法新建CSS规则，字体选"华文行楷"、大小选"24 px"，颜色输入"#663366"，且文本对齐方式为"居中"。

图 5－16　【属性】面板设置

(12)将光标定位到“望庐山瀑布”前,选择菜单命令【插入】/【HTML】/【水平线】,插入水平线。用同样的方法插入另外两条水平线。

(13)将光标定位到“望庐山瀑布”前,单击【插入】/【常用】面板中的 命名锚记 按钮,弹出对话框,如图 5－17 所示。

图 5－17　插入【命名锚记】文本框

(14)在【锚记名称】文本框中输入,“a1”并单击 确定 按钮插入锚记。用同样方法在另两首词标题前插入锚记,锚记名称按从上到下的顺序分别为“a2”“a3”。

(15)选中导航部分的“望庐山瀑布”文字。字体选“楷体”、大小选“16 px”,颜色输入“#F00”,且文本对齐方式为“居中”。保持“望庐山瀑布”文字处于选中状态,在【属性】面板中选中 HTML ,【链接】框中输入“#a1”,用同样的方法设置“赠汪伦”和“送友人” 的页内链接。

(16)执行【文件】/【保存】命令,弹出【另存为】对话框,输入文件名,按 保存 按钮保存文件,按 F12 键用浏览器打开查看效果。

5.9　本 章 小 结

本章介绍了超链接的概念和分类,掌握了文本超链接、图像超链接、空链接、下载超链接、锚记超链接、电子邮件超链接和脚本超链接的设置方法,并通过一个实例来加强知识应用,掌握 Dreamweaver CS6 中设置和使用超链接的方法。

第6章 使用表格

【学习目标】

- 掌握插入表格的方法。
- 对表格进行各种操作。
- 导入、导出表格数据。
- 利用表格技术对页面进行布局。

表格不仅可以有序地排列数据,还可以精确地定位网页元素及网页布局。本章将介绍表格的基本知识。

6.1 表格概述

6.1.1 表格概述

表格可以将数据、文本、图片规范显示在页面上,避免杂乱无章。不过它在制作 Web 页面时的用途远不止于此。它的更大用处在于精准控制页面元素位置。网页制作者常常把整个页面中的内容都放在表格中,用表格来规范它们的位置,然后令表格的边线不可见,这种方法设计出版式漂亮的页面,已经超出表格本身的意义。合并、拆分单元格和嵌套表格的技术可以实现复杂的设计。表格还具有规范、灵活的特点。正是因为这些原因,表格在网页制作过程中扮演着重要的角色。事实上,国内外许多大型网站的页面都应用到了表格定位技术。

使用表格定位技术能使网页变得更加清楚,更加有条理,更加美观。但它的使用有一个小小的缺陷:它会使网页显示的速度变慢。这是因为在浏览器中一般的文字是逐行显示的,即文字从服务器上传过来,尽管不全,但它还是会将传到的部分显示出来以方便浏览。而使用表格就不同了,表格一定要等到整个表格的内容全部传过来之后,才能在客户端的浏览器显示出来,即表格是整块出现的。

6.1.2 表格的基本组成

表格是用于在网页上显示表格式数据及对文本和图像进行布局的强有力的工具。表格可以将文本等内容按特定的行、列规则进行排列。表格是由行和列组成的,行和列又是由单元格组成的,因此单元格是组成表格的最基本单元。一个 4×4 的表格,即 4 行 4 列的表格结构如图 6-1 所示。必须掌握下面几个关于表格的常用术语。

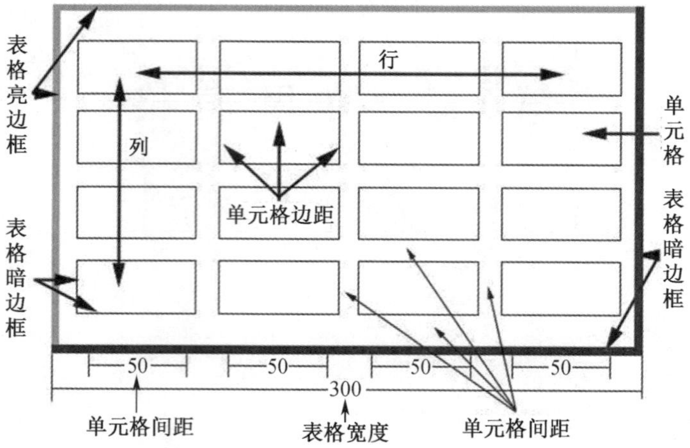

图 6－1 表格结构

➢ 行　水平方向的一组单元格。

➢ 列　垂直方向的一组单元格。

➢ 单元格　表格中一行与一列相交、单元格边框及以内的区域。

➢ 单元格间距　单元格之间的间隔。

➢ 单元格边距（也称填充）　单元格内容与单元格边框之间的间隔。

➢ 表格边框　由两部分组成，一部分是亮边框，另一部分是暗边框，可以设置边框的粗细、颜色等属性。

➢ 单元格边框　包括亮边框和暗边框两部分，粗细不可设置（默认为 1 px），颜色可以设置。

在网页制作中，表格不仅可以组织数据，还可以定位网页元素，甚至还可以用来制作一些特殊效果。组织数据是表格最基本的作用，如成绩单、工资表、销售表等。页面布局是表格组织数据作用的延伸，由简单地组织一些数据发展成定位网页元素；进行版面布局；制作特殊效果，如制作细线边框等，若结合 CSS 样式会制作出更多的效果。

6.2 创建表格

6.2.1 创建表格、单元格

下面以在网页中插入一个 3 行 3 列的表格为例，介绍在网页中创建一个表格的具体操作步骤。

（1）在网页文档中，将鼠标光标置于要插入表格的位置，然后采用以下方式打开【表格】对话框进行参数设置即可，如图 6－2 所示。【表格】对话框中显示的各项参数值是最近一次所设置的数值大小，系统会将最近一次设置的参数保存到下一次打开这个对话框时为止。

➢ 选择菜单命令【插入】/【表格】。

➢ 在【插入】/【常用】面板中单击

按钮。

➢ 在【插入】/【布局】面板中单击

按钮。

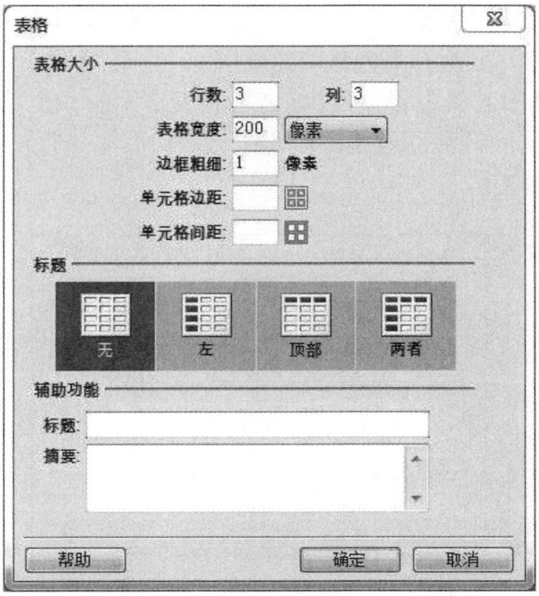

图6－2 【表格】对话框

对话框中各个选项的功能介绍如下：

【行数】 用于设置表格的行数。

【列】 用于设置表格的列数。

【表格宽度】 用于设置表格的宽度。

后面的下拉列表用于设置表格宽度数字的单位有“像素”和“百分比”两种。像素和百分比两种单位的区别在于，以像素为单位设置的表格宽度是表格的实际宽度，是固定的；而用百分比方式设定的表格宽度将随浏览器窗口大小的改变而改变。

【边框粗细】 用于设置表格的边框宽度，以像素为单位。设置为0时将不显示边框。

【单元格边距】 用于设置表格内单元格的内容和边框的间距。

【单元格间距】 用于设置表格内单元格间的距离。

【标题】 用于设置标题显示方式，有4个选项，分别是“无”“左”“顶部”和“两者”，具体效果见相应的图标，可以点击图标选中其一。

【辅助功能】 可以设置整个表格的标题和表格的说明文字。

(2)在【行数】文本框中输入表格的行数“3”，在【列】文本框中输入表格的列数“3”。【标题】选择“顶部”，在【标题】文本框输入“第一张表格”，其余选项保持默认值。

(3)单击按钮完成插入表格。其最终制作结果如图6－3所示。

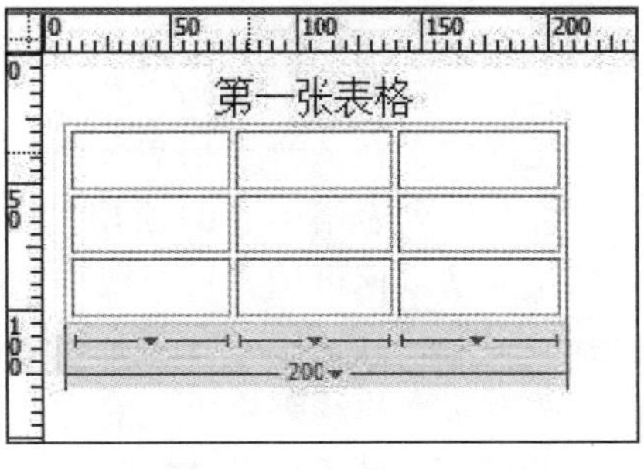

图6－3 插入的表格

6.2.2 创建嵌套表格

嵌套表格是在另一个表格的单元格中的表格，可以像对其他任何表格一样对嵌套表格进行格式设置，但其宽度受它所在单元格的宽度限制。

若要在表格单元格中嵌套表格，可以单击现有表格中的一个单元格，再在单元格中插入表格。例如，在一个 3 行 3 列的表格的中间单元格中插入一个 3 行 3 列的表格就形成一个如图 6－4 所示的嵌套表格。

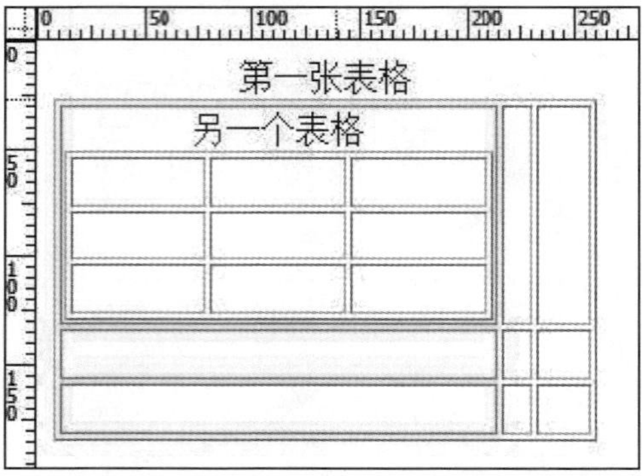

图 6－4　嵌套表格

6.3 操作表格

6.3.1 选定表格对象

在对表格进行操作之前，必须先选中表格元素。可以一次选中整个表格、一行表格单元、一列表格单元或者几个连续的表格单元。

1. 选择整个表格的方法

将光标放置在表格的任一单元格中，然后通过在文档窗口底部的标签选择器中单击 <table> 标记，或选择菜单命令【修改】/【表格】/【选择表格】命令，选中整个表格。选中整个表格的效果如图 6－5 所示。

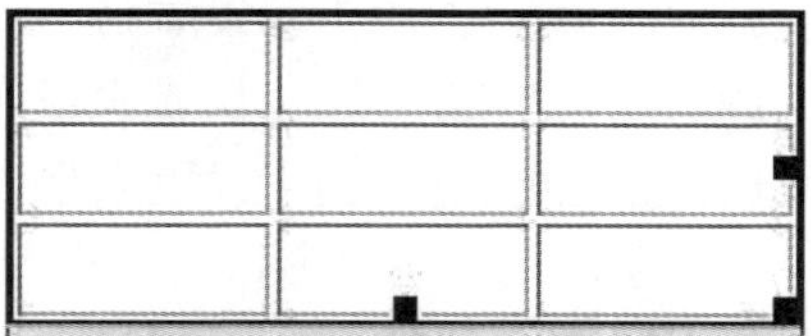

图 6－5　选中表格

2. 选中一行表格单元或一列表格单元的方法

将光标放置在一行表格单元的左边界上，或将光标放置在一列表格单元的顶端。当黑色箭头出现时单击鼠标，或单击一个表格单元，横向或纵向拖动鼠标可选择一行或一列表格单元。选中一行/一列表格单元的情况如图 6－6 所示。

3. 选中多个连续表格单元的方法

单击一个表格单元，横向或纵向拖动鼠标到另一个表格单元，或单击一个表格单元，然

图 6－6　选中一行/一列表格单元

后按住 Shift 键单击另一个表格单元，所有矩形区域内的表格单元都被选中。选中多个连续表格单元的情况如图 6－7 所示。

4. 选中多个不连续表格单元的方法

按住 Ctrl 键，单击多个要选择的表格单元。选中多个不连续表格单元的情况如图 6－8 所示。

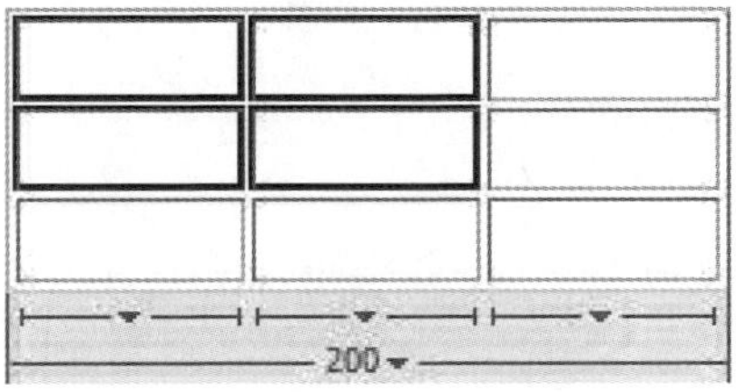

图 6－7　选中多个连续表格单元

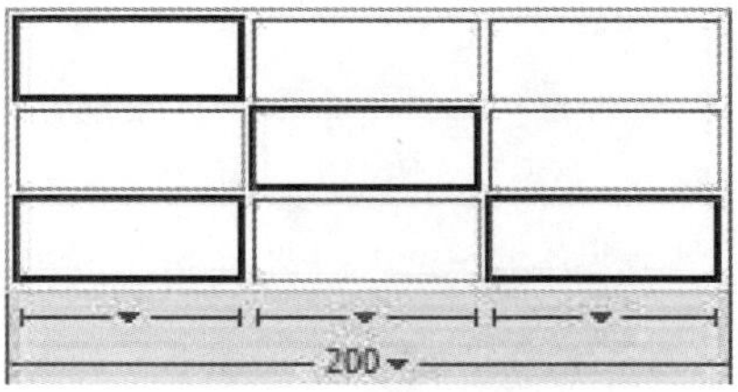

图 6－8　选中多个不连续表格单元

6.3.2　表格、单元格属性面板

1. 表格的属性面板

选中表格，选择菜单命令【窗口】/【属性】，出现表格的属性面板，如图 6－9 所示。

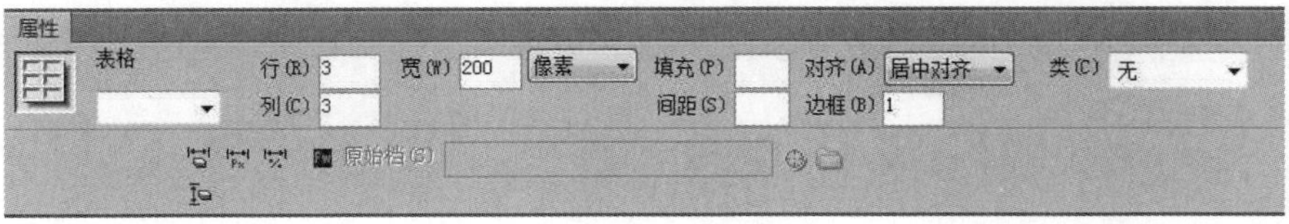

图 6－9　表格【属性面板】

表格【属性面板】的各选项功能如下：

【表格】　用于设置表格的名称。

【行】　用于设置表格的行数。

【列】　用于设置表格的列数。

【宽】　用于设置表格的宽度。

【填充】　用于设置表格内单元格的内容和边框的间距。

【间距】　用于设置表格内单元格间的距离。

【对齐】 用于设置表格在文档中的对齐方式,在下拉列表中有 4 个选项:【左对齐】、【居中对齐】、【右对齐】和【默认】。

【类】 用于设置应用于表格的 CSS 样式。

【边框】 用于设置表格的边框厚度,以像素为单位。设置为“0”时将不显示边框。如果要在【边框】设置为“0”时查看单元格和表格边框,请选择菜单命令【查看】/【可视化助理】/【表格边框】。

 清除列宽,单击此按钮将表格的列宽压缩到最小值,但不影响单元格内元素的显示。图 6 - 10 显示了表格在清除列宽前后的效果。

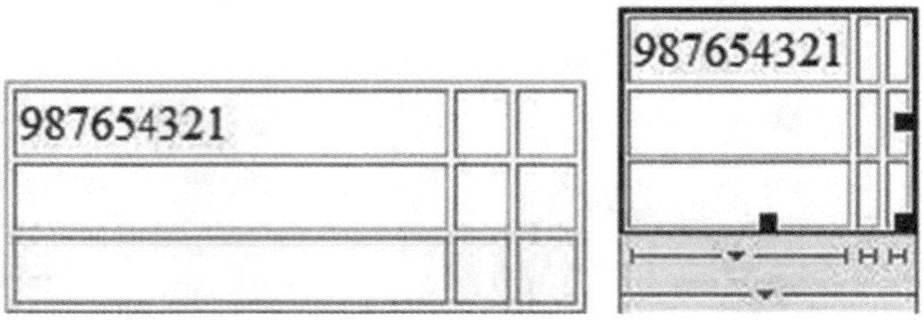

(a) (b)

图 6 - 10 清除列宽前后

 清除行高,单击此按钮将表格的行高压缩到最小值,但不影响单元格内元素的显示。

 表宽单位转化为像素(即固定大小)。

 表宽单位转化为百分比(即相对大小)。

在 Dreamweaver CS6 的表格【属性面板】中不能直接设置表格的背景图像和背景颜色。如果希望将图像设置为表格的背景,或设置表格的背景颜色,需要用表格属性的 CSS 设置面板。有关表格背景图像和背景颜色的具体设置方法,将在介绍单元格的属性时一并介绍。

2. 单元格的【属性面板】

选中单元格,单击命令菜单【窗口】/【属性】,【属性面板】如图 6 - 11 所示。

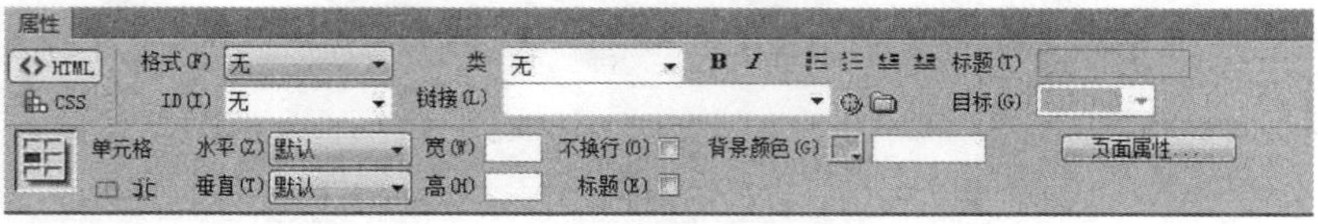

图 6 - 11 单元格【属性面板】

单元格【属性面板】分为上下两部分:上部分用于设置单元格内文本等内容的属性;下部分用于设置单元格的属性。各选项功能说明如下:

【水平】 设置单元格内容的水平对齐,可以将该对齐设置为“左对齐”“居中对齐”“右对齐”或“默认”。

【垂直】 设置单元格内容的垂直对齐,可以将该对齐设置为“顶端”“中间”“底部”“基线”或“默认”。

【宽】 用于设置单元格宽度(以像素为单位)。

【高】　用于设置单元格高度(以像素为单位)。

【不换行】　防止单词换行。选择了此选项后,布局单元格按需要加宽以适应文本,而不是在新的一行上继续该文本。

【标题】　选中【标题】,则单元格为标题单元格,表头单元格内的文字将以加粗黑体显示。

【背景颜色】　用于设置单元格的背景颜色,单击颜色按钮 ,并在弹出的颜色选择器中选择一种颜色,或在旁边的文本框中输入对应于某种颜色的代码。

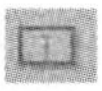　合并单元格,选中多个单元格时可用,作用是将多个单元格合并为一个单元格。

　拆分单元格,将单元格拆分为多行或多列。

与文本的【属性面板】类似,单元格的属性面板也分为【属性面板(HTML)】和【属性面板(CSS)】。图 6－12 所示为 CSS 设置面板。

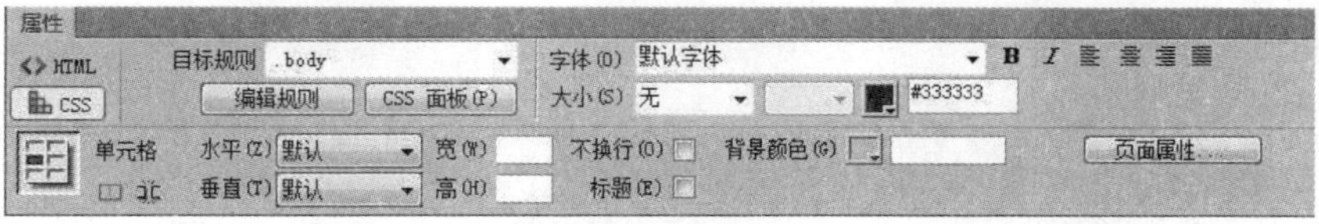

图 6－12　单元格【属性面板(CSS)】设置面板

在这里,Dreamweaver CS6 的单元格【属性面板】中已不能直接设置单元格的背景图像了,而需要定义 CSS 规则进行指定。

下面通过一个简单示例介绍在 Dreamweaver CS6 中通过新建 CSS 规则设置单元格背景图像的一般操作步骤。

(1)选择菜单命令【插入】/【表格】,在弹出的【表格】对话框中设置表格宽度为“300 像素”,行数为“3”,列为“3”,边框粗细为“1”,如图 6－13 所示。

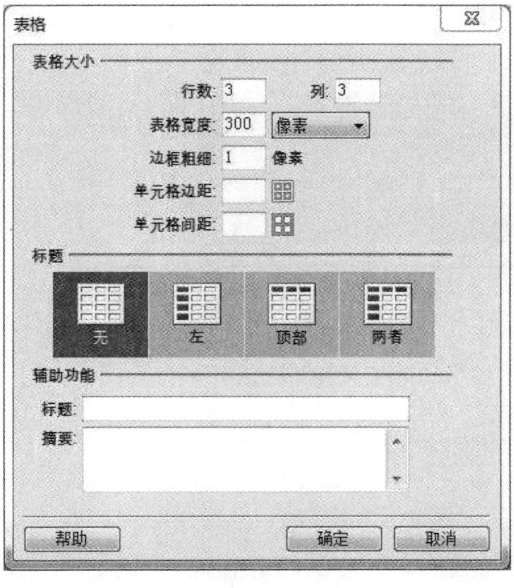

图 6－13　插入表格

(2)将光标置于第 1 行第 1 列的单元格中，然后单击其属性面板左上角的 CSS 按钮，在【目标规则】下拉列表中选择【新建 CSS 规则】，并单击 编辑规则 按钮打开【新建 CSS 规则对话框】。

(3)在【选择器类型】下拉列表中选择“标签”，【选择器名称】选择“td”，【规则定义】选择“仅限该文档”，然后单击 确定 按钮打开对应的规则定义该对话框，如图 6－14 所示。

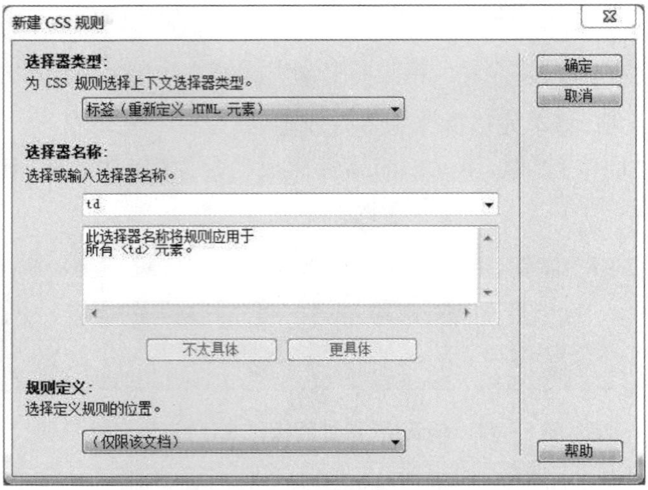

图 6－14　新建 CSS 规则对话框

(4)在对话框左侧的【分类】列表中选择【背景】，然后单击【背景图像】右侧的 浏览... 按钮，在弹出的【选择图像源文件】对话框中选择要用的背景图片，单击 确定 按钮关闭对话框。

此时，在文档窗口中可以看到表格中所有单元格都自动应用了选择的背景图片。其效果如图 6－15 所示。

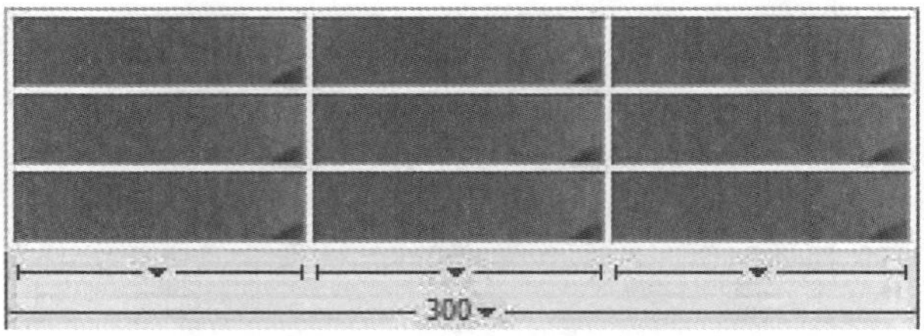

图 6－15　设置单元格背景图像

如果希望不同的单元格应用不同的背景图像，则选中要设置背景图像的单元格之后，在上述步骤中(3)的【选择器类型】下拉列表中选择“类”，然后在【选择器名称】中输入名称，如 background1。其效果如图 6－16 所示。

表格的背景图像或背景颜色设置方法与此相同；不同的是，选择器名称应为 table。

注意：使用属性检查器更改表格和其元素的属性时，需要注意表格格式设置的优先顺序。单元格格式设置优先于行格式设置，行格式设置又优先于表格格式设置，假如将单个

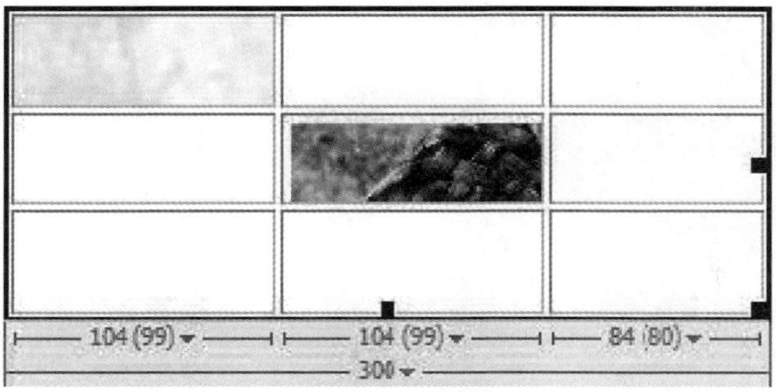

图 6－16　不同单元格设置不同的背景

单元格的背景颜色设置为蓝色，然后将整个表格的背景颜色设置为黄色，则蓝色单元格不会变为黄色，因为单元格格式设置优先于表格格式设置。

6.3.3　增加、删除行或列

在 Dreamweaver CS6 中增加、删除行或列也变得非常简单。下面通过一个简单示例介绍这些操作的具体步骤。例子中，先创建一张表格，然后增加、删除行或列的操作。

(1) 单击【插入】栏上的【常用】标签，切换到常用插入面板，单击插入表格图标 表格 按钮，或选择菜单命令【插入】/【表格】，出现【表格】对话框。

(2) 在对话框的【行数】文本框中输入表格的行数"4"，在【列数】文本框中输入表格列数"5"，其余选项保持默认值。单击 确定 按钮插入表格，并在表格中输入文本，如图 6－17 所示。

1.1	1.2	1.3	1.4	1.5
2.1	2.2	2.3	2.4	2.5
3.1	3.2	3.3	3.4	3.5
4.1	4.2	4.3	4.4	4.5

图 6－17　创建表格

(3) 把光标定位于第 3 行的任一单元格中，通过以下方法之一删除一行：

➢ 选择菜单命令【修改】/【表格】/【删除行】命令，删除表格第 3 行。

➢ 右击此单元格，在弹出的上下文菜单中执行【表格】/【删除行】命令，删除表格第 3 行，如图 6－18 所示。

➢ 将光标放置在第 3 行表格单元的左边界上，当黑色箭头出现时单击鼠标，选中表格第 3 行，然后按 Delete 键删除行。

删除第 3 行后的效果如图 6－19 所示。

(4) 把光标定位于第 2 列的任一单元格中，通过以下方法之一删除一列：

➢ 选择菜单命令【修改】/【表格】/【删除列】命令，删除表格第 2 列。

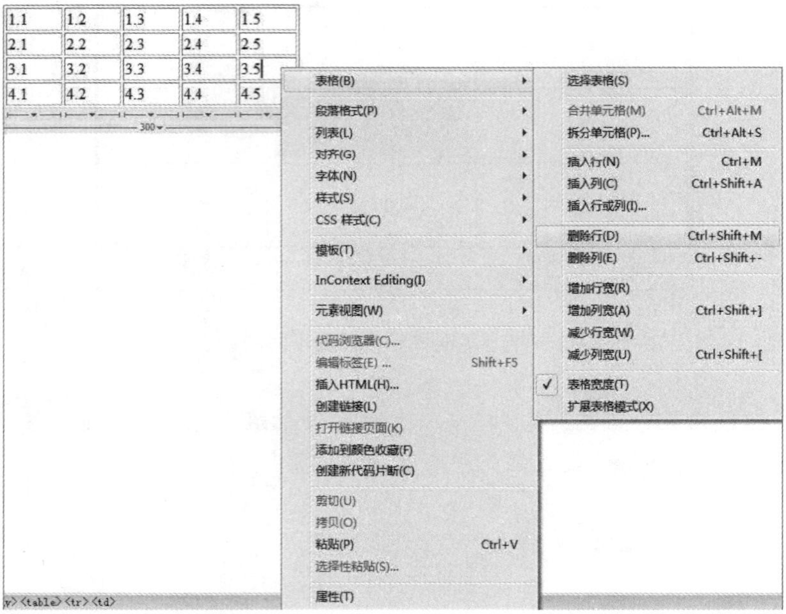

图 6－18　删除行的方法

1.1	1.2	1.3	1.4	1.5
2.1	2.2	2.3	2.4	2.5
4.1	4.2	4.3	4.4	4.5

图 6－19　删除第 3 行

➢ 右击此单元格，在弹出的上下文菜单中执行【表格】/【删除列】命令，删除表格第 2 列。

➢ 将光标放置在第 2 列表格单元的上边界上，当黑色箭头出现时单击鼠标，选中表格第 2 列，然后按 Delete 键删除列。

删除第 2 列后的效果如图 6－20 所示。

1.1	1.3	1.4	1.5
2.1	2.3	2.4	2.5
4.1	4.3	4.4	4.5

图 6－20　删除第 2 列

(5)用上一步同样的方法删除第 3,4 列。此时效果如图 6－21 所示。

(6)将光标定位于数字为 2.5 的单元格，通过以下方法之一增加一行：

➢ 选择菜单命令【修改】/【表格】/【插入行】命令，插入行。

1.1	1.5
2.1	2.5
4.1	4.5

图6－21　删除第3,4列

➢ 选择菜单命令【插入】/【表格对象】/【在上面插入行】命令,插入一行。

➢ 右击此单元格,在弹出的上下文菜单中执行【表格】/【插入行】命令,插入一空行,如图6－22所示。

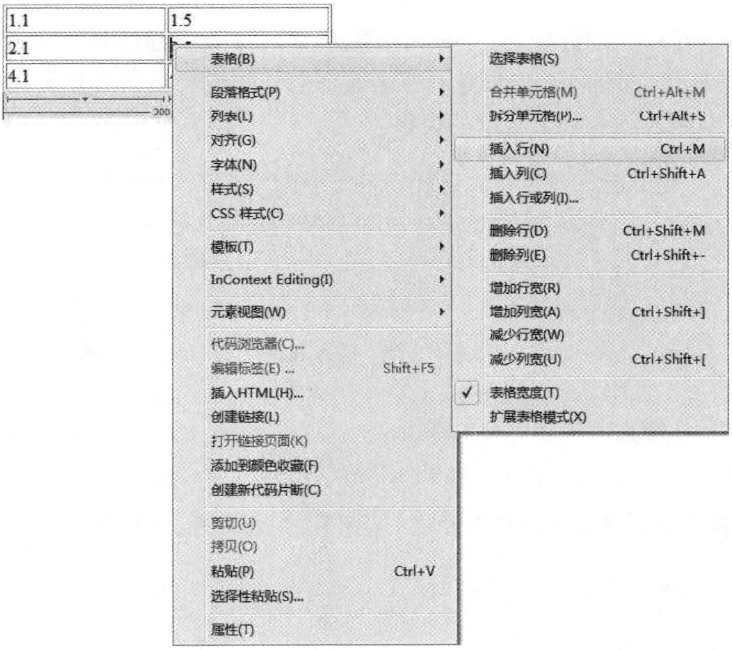

图6－22　插入行的方法

插入空行后的效果如图6－23所示。

1.1	1.5
2.1	2.5
4.1	4.5

图6－23　插入空行

(7)将光标定位于数字为1.5的单元格,通过以下方法之一增加一列:

➢ 选择菜单命令【修改】/【表格】/【插入列】命令,插入列。

➢ 选择菜单命令【插入】/【表格对象】/【在上面插入列】命令,插入一列。

➢ 右击此单元格,在弹出的上下文菜单中执行【表格】/【插入列】命令,插入一空列。

插入空列后的效果如图6－24所示。

1.1		1.5
2.1		2.5
4.1		4.5

图 6－24　插入空列

6.3.4　拆分、合并单元格

在 Dreamweaver CS6 中拆分、合并单元格也非常简单。下面通过一个简单示例来介绍这些操作的具体步骤。例子中，先创建一张表格，然后进行拆分、合并单元格操作。

(1)在文档中插入图 6－25 所示的表格。

1.1	1.2	1.3
2.1	2.2	2.3
3.1	3.2	3.3

图 6－25　插入表格

(2)选中数字分别为 1.1 和 1.2 的单元格。

(3)通过以下方法之一合并这两个单元格：

➢ 单击【属性面板】中的【合并单元格】按钮，合并单元格，如图 6－26 所示。

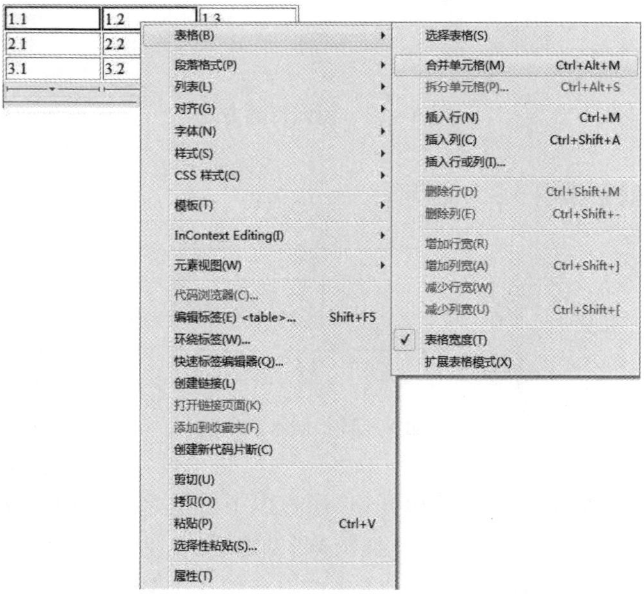

图 6－26　合并单元格

➢ 选中菜单命令【修改】/【表格】/【合并单元格】,合并单元格。

➢ 鼠标右击选中单元格,在弹出的上下文菜单中执行【表格】/【合并单元格】命令,合并单元格。

这时原来的两个单元格就合并为一个了,如图 6－27 所示。

<table>
<tr><td colspan="2">1.11.2</td><td>1.3</td></tr>
<tr><td>2.1</td><td>2.2</td><td>2.3</td></tr>
<tr><td>3.1</td><td>3.2</td><td>3.3</td></tr>
</table>

图 6－27　合并为单元格(1)

(4)同样办法合并数字为 2. 2 和 3. 2 的单元格,操作的结果如图 6－28 所示。

<table>
<tr><td colspan="2">1.11.2</td><td>1.3</td></tr>
<tr><td>2.1</td><td rowspan="2">2.23.2</td><td>2.3</td></tr>
<tr><td>3.1</td><td>3.3</td></tr>
</table>

图 6－28　合并为单元格(2)

(5)光标定位于数字为 1. 3 的单元格,通过以下方法打开【拆分单元格】对话框:

➢ 单击【属性面板】中的【拆分单元格】按钮  ,如图 6－29 所示。

➢ 选中菜单命令【修改】/【表格】/【拆分单元格】。

➢ 鼠标右击选中单元格,在弹出的上下文菜单中执行【表格】/【拆分单元格】命令。

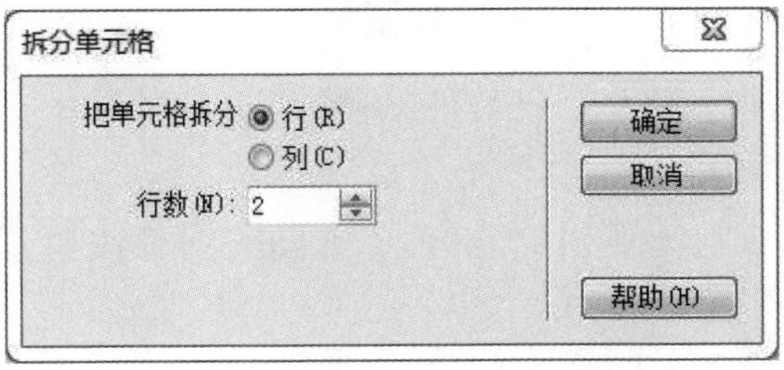

图 6－29　拆分单元格

(6)在对话框中选择【把单元格拆分为行】,在【行数】文本框中输入“2”。单击 

按钮完成单元格拆分。其结果如图 6－30 所示。

<table>
<tr><td colspan="2" rowspan="2">1.11.2</td><td>1.3</td></tr>
<tr><td></td></tr>
<tr><td>2.1</td><td rowspan="2">2.23.2</td><td>2.3</td></tr>
<tr><td>3.1</td><td>3.3</td></tr>
</table>

图 6－30　拆分单元格

6.3.5 在表格中添加内容

在文档中输入表格后，就可以在表格中输入各种数据了。要想将诸如图像、Flash 动画或其他媒体的数据插入到表格单元格中，先单击单元格，将光标放置在需要插入数据的单元格中，从【插入】菜单或【插入】面板中选择选项即可。要插入文本，先将其复制到剪贴板并粘贴到单元格内，或者直接在单元格内输入数据。按 Tab 键可以在单元格间移动。

若要使表格中的数据对齐，应尽量使用单元格属性面板下部分 水平(Z) 居中对齐 和 垂直(T) 默认 域来对齐单元格中的数据。

下面以制作图 6－31 为例，介绍如何在表格中添加内容。

图 6－31　实例效果

(1)单击【插入】面板中的【表格】按钮 表格，插入一张 2 行 2 列的表格。

(2)光标定位在表格第 1 行第 1 列单元格，输入文字“图像”。以同样的方法在第 2 行输入“日期”。

(3)把光标定位在第 2 行第 1 列单元格，单击插入图像按钮 图像，在弹出的对话框中选择图像。

(4)把光标定位在第 2 行第 2 列单元格内，单击插入时间按钮 日期，在弹出的对话框中选择时间格式。

(5)单击 确定 按钮完成本例操作。

6.3.6 复制及粘贴单元格

在 Dreamweaver CS6 中，可以非常灵活地复制及粘贴单元格。可以一次只复制、粘贴一个单元格，也可以一次复制、粘贴 1 行 1 列乃至多行多列单元格。但不能复制不成方形的区域。复制及粘贴单元格的步骤如下：

(1)选择表格中的一个或多个单元格。所选的单元格必须是连续的，并且形状必须为矩形。

(2)鼠标右击选中的单元格，在弹出的上下文菜单中执行【复制】命令。

(3)选择要粘贴单元格的位置。

➢ 若要用在剪贴板的单元格替换现有的单元格，请选择一组与剪贴板上的单元格具有相同布局的现有单元格。例如，如果复制或剪贴了一块 3×2 的单元格，则可以选择另一块 3×2 的单元格通过粘贴进行替换。

➢ 若要在特定单元格所在行粘贴一整行单元格，请单击该单元格。

➢ 若要在特定单元格左侧粘贴一整列单元格，请单击该单元格。

➢ 若要用粘贴的单元格创建一个新表格，请将插入点放置在表格之外。

(4)把光标定位于目标表格中，鼠标右击目标单元格，在弹出的上下文菜单中执行【粘贴】命令，完成粘贴。

例如，要将图6－32 选中的内容粘贴到图6－33 表格的相同位置，可以把选中内容复制到粘贴板，然后把光标定位到目标的第1 行第1 列单元格，执行粘贴命令。

1.1	2.1	1.3
2.1	2.2	2.3
3.1	3.2	3.3

图6－32　源表格

图6－33　目标表格

粘贴后目标表格如图6－34 所示，如果把源单元格的内容复制到目标表格时，目标表格没有足够的列数来容纳源单元格，将弹出出错信息(图6－35)，警告目标表格没有足够的单元格，无法完成粘贴动作。

1.1	2.1	
2.1	2.2	

图6－34　粘贴结果

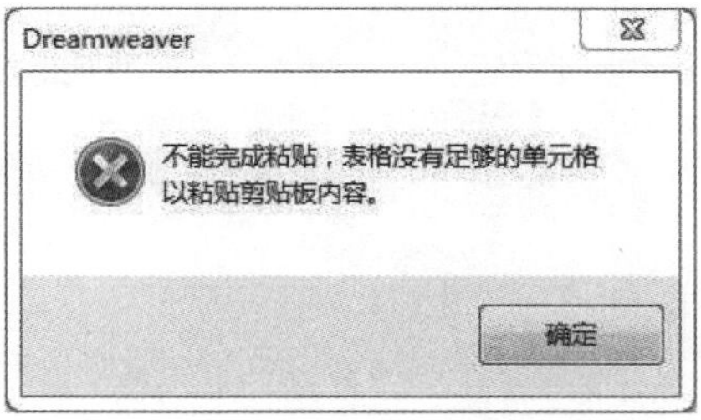

图6－35　出错信息

注意：如果剪贴板中的单元格不到一整行或一整列，并且单击某个单元格然后粘贴剪贴板中的单元格，则所单击的单元格和与它相邻的单元格可能被粘贴的单元格替换(根据它们在表格中的位置)。如果选择了整行或整列，然后选择【编辑】/【剪贴】，则将从表格中删除整行或整列，而不仅仅是单元格的内容。

6.3.7　导入表格数据

在 Dreamweaver CS6 中建立的表格，可以保存到一个文本文件中，需要时再从文件中引入该表格数据。下面对表格的输出和导入分别进行说明。

1. 输出表格数据

将表格数据导出为文本文件的具体操作步骤如下：

(1)在文档窗口中创建一个表格，在表格中输入数据，如图6－36 所示。

名称	定价	数量
信息系统设计与开发	35	48
软件测试技术	21	36
网络规划设计师教程	80	49

图 6－36　创建表格

(2)将光标放置在该表格中或选中该表格。执行【文件】/【导出】/【表格】命令。弹出【导出表格】对话框,如图 6－37 所示。

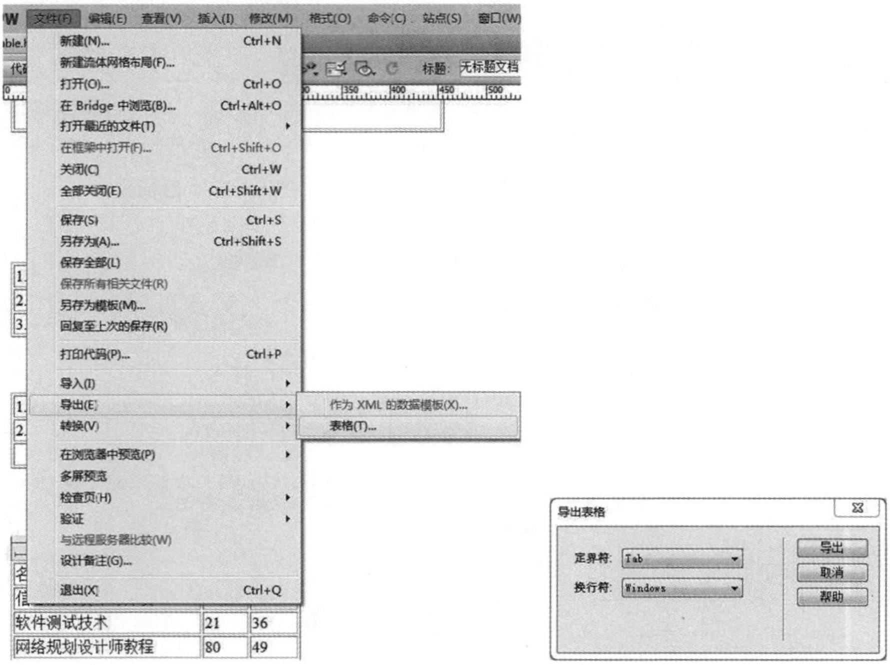

(a)　　　　　　　　　　　　(b)

图 6－37　【导出表格】对话框

(3)在【定界符】下拉列表框中选择一种表格数据输出到文本文件后的分隔符。其中的“Tab”表示使用制表符作为数据的分隔符,该项是默认设置;“空白键”表示实用空格作为数据的分隔符;“逗号”表示使用逗号作为数据的分隔符;“分号”表示使用分号作为数据的分隔符;“冒号”表示使用冒号作为数据的分隔符。

(4)在【换行符】下拉列表框中选择一种表格数据输出到文本文件后的换行方式。其中 Windows 表示按 Windows 系统格式换行;Mac 表示按苹果公司的系统格式换行;UNIX 表示按 UNIX 的系统格式换行。

(5)设置完成之后,单击 导出 按钮,弹出【表格导出为】对话框。

(6)在保存文件窗口中输入一个文件名,可以不使用扩展名,也可以使用一个文本类型的扩展名,然后单击 保存(S) 按钮完成表格数据导出。

使用“记事本”应用程序打开该文件,内容如图 6－38 所示。

2. 导入文本数据

以前保存的表格数据或其他文本数据都可以重新以表格的形式导入文档中。将文本文件数据导入为表格数据的具体操作步骤如下：

(1)在记事本中创建一组带分隔符格式的数据，如图6－39所示。在用记事本创建数据文件时，【编码】选择“UTF－8”，如图6－40所示。

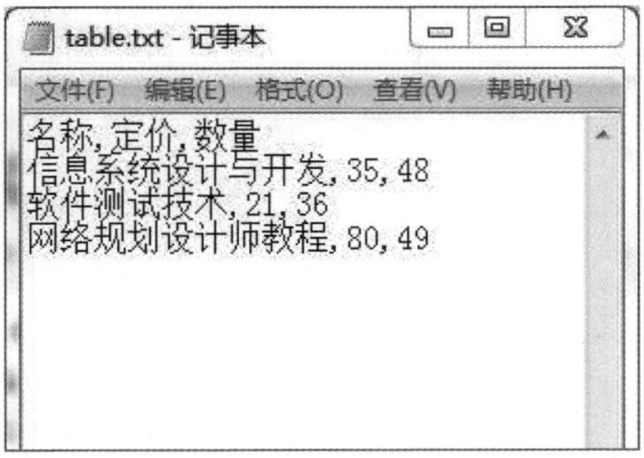

图6－38 表格数据文件

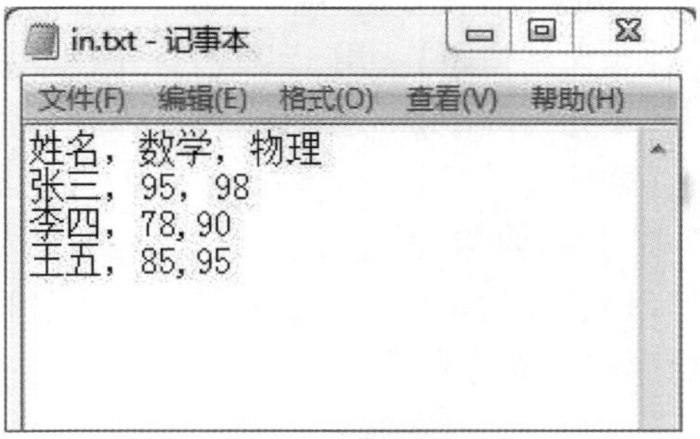

图6－39 要导入的数据文件

图6－40 记事本创建数据文件【编码】选择“UTF－8”

(2)在Dreamweaver文档窗口中选择菜单命令【文件】/【导入】/【表格式数据】。弹出【导入表格式数据】对话框，如图6－41所示。

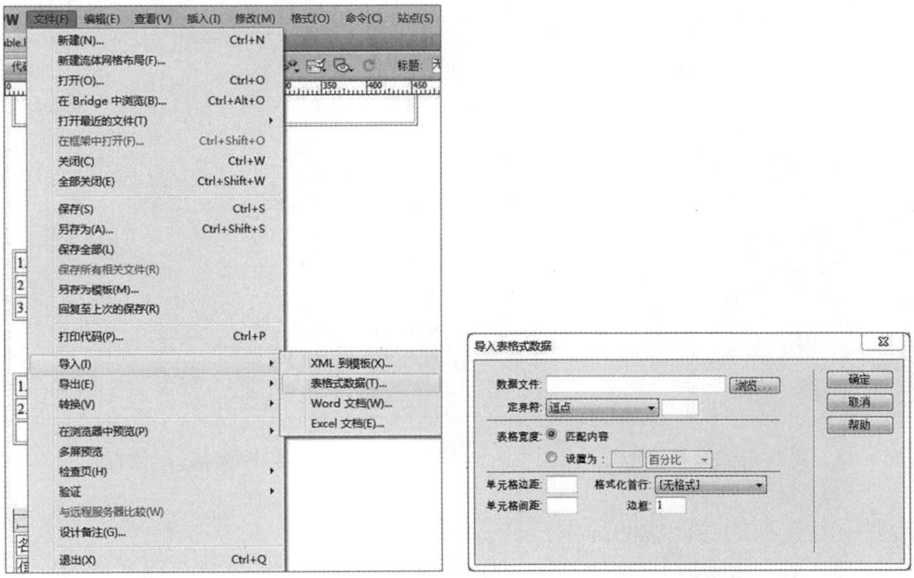

(a) (b)

图6－41 【导入表格式数据】对话框

对话框中各选项的功能介绍如下：

【数据文件】 在数据文件文本框中输入要导入表格的源数据文件地址和文件名，或单击后面的浏览按钮，选择数据源文件。

【定界符】 在右边的下拉列表框中选择数据源文件数据的分隔方式。

【匹配内容】 选中此项，将根据数据长度自动决定表格宽度。

【设置为】 选中此项可设置表格宽度，在后面文本框中输入表格宽度数值，并可在下拉列表中选择“百分比”或“像素”。

【单元格边距】 用于设置表格内单元格的内容和边框的间距。

【单元格间距】 用于设置表格内单元格间的距离。

【格式化首行】 在下拉列表中有“无格式”“粗体”“斜体”和“粗斜体”4 个选项。

(1)在该对话框中设置需要引入数据的位置和输入数据时所用的分隔符类型逗号“,”。

(2)单击 确定 按钮，此时在 Dreamweaver 文档窗口中出现数据表格，如图 6-42 所示。

姓名	数学	物理
张三	93	88
李四	21	36
王五	80	49

图 6-42 导入数据后的效果图

6.3.8 表格排序

在表格中输入内容时，常常需要对这些内容进行排序。Dreamweaver CS6 提供了表格排序的功能，下面以一个示例介绍表格排序的具体步骤。

(1)新建一个表格，效果如图 6-43 所示。

(2)将光标定位在表格内，选择菜单命令【命令】/【排序表格】，弹出【排序表格】对话框，如图 6-44 所示。

姓名	数学	物理
王	95	86
赵	69	78
刘	78	99

图 6-43 排序前的表格

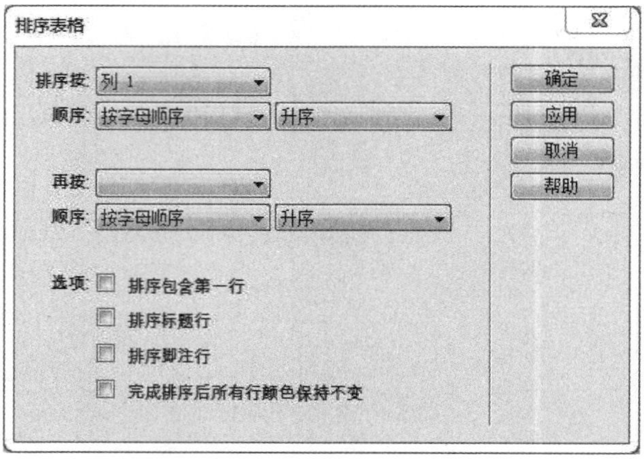

图 6-44 【排序表格】对话框

对话框中各选项的功能说明如下：

【排序按】 在【排序按】下拉列表中列出所有列号，用于确定哪个列的值将用于对表格的行进行排序。

【顺序】 确定是“按字母顺序”还是“按数字顺序”，是以“升序”(A 到 Z，小数字到大数字)还是“降序”对列进行排序。

【再按】/【顺序】 确定在不同列上第二种顺序方法的排序顺序。在【再按】弹出式菜单中指定应用第二种排序方法的列,并在【顺序】弹出式菜单中指定第二种排序方法的顺序。

【排序包含第一行】 指定表格的第一行应该包括在排序中。如果第一行是标题,不应移动,则不选择此选项。

【排序标题行】 指定使用与 body 行相同的条件对表格 thead 部分(如果存在)中的所有行进行排序。(请注意,即使在排序后 thead 行仍将保留在 thead 部分中,并仍显示在表格的顶部)

【排序脚注行】 指定使用与 body 行相同的条件对表格 tfoot 部分(如果存在)中的所有行进行排序。(请注意,即使在排序后 tfoot 行仍将保留在 tfoot 部分中,并仍显示在表格的底部)

【完成排序后所有行颜色保持不变】 指定排序后表格行的颜色,保持与排序前表格行的颜色一致。如果表格行使用两种交替的颜色,则取消选择此项以确保排序后的表格仍具有颜色交替的行。

(3)在【排序按】下拉列表框选择需要进行排序的列。本例按数学成绩排序,各项具体设置如图 6-45 所示。

(4)单击 确定 按钮,完成操作。排序后的表格如图 6-46 所示。

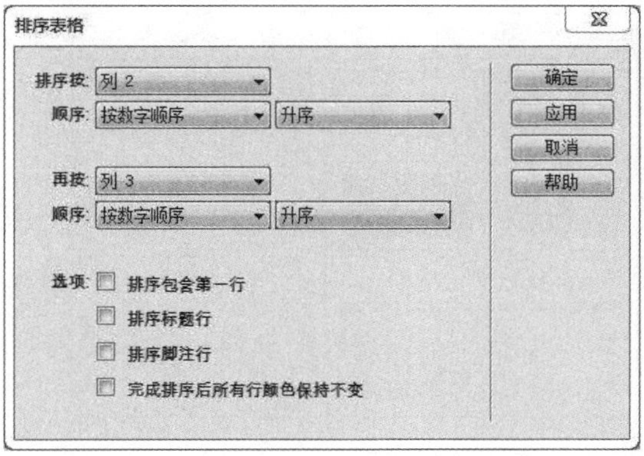

图 6-45 【排序表格】对话框

姓名	数学	物理
赵	69	78
刘	78	99
王	95	86

图 6-46 排序后的表格

6.4 扩展表格模式

通常表格是在“标准”模式下直接插入的,其最初的用途是显示表格式数据,虽然它也能任意改变大小和行列,但在页面中编辑表格和表格中的数据并不方便。

在本节中,我们将介绍 Dreamweaver CS6 中的扩展表格模式。“扩展表格”模式临时向文档中的所有表格添加单元格边距和间距,并且增加表格的边框以使编辑操作更加容易。

下面通过一个简单示例介绍切换到表格“扩展”模式下的具体操作步骤。

(1)因为在【代码】视图下无法切换到表格“扩展”模式,所以应先将当前文档窗口的视图切换到【设计】视图或【拆分】视图。

(2)在文档窗口插入一个表格，如图 6－47 所示。

(3)执行以下操作之一：

➢ 选择菜单命令【查看】/【表格模式】/【扩展表格模式】。

➢ 按下 Alt + F6 快捷组合键。

➢ 在【插入】面板的【布局】类别中，单击 扩展 按钮，如图 6－48 所示。

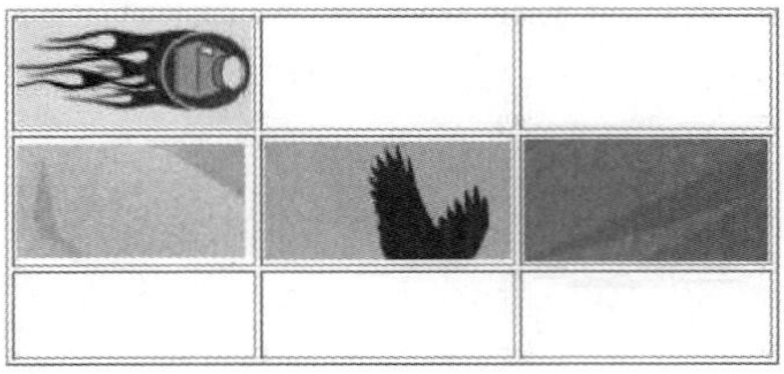

图 6－47　标准模式下的表格

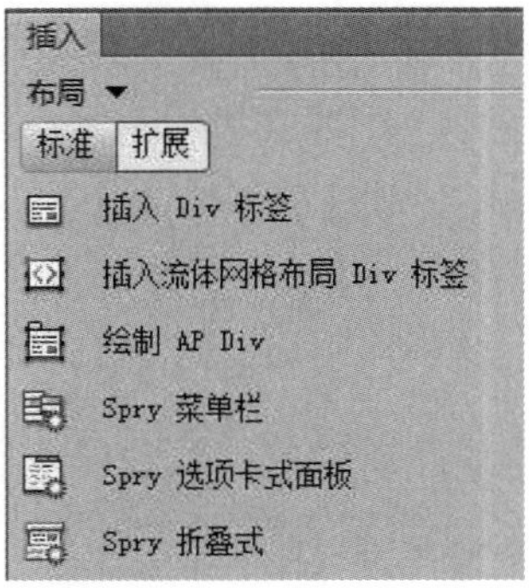

图 6－48　切换到扩展模式

此时，文档窗口的顶部会出现标有“扩展表格模式”的条，且文档窗口工作区中的所有表格自动添加了单元格边距与间距，并增加了表格边框，如图 6－49 所示。

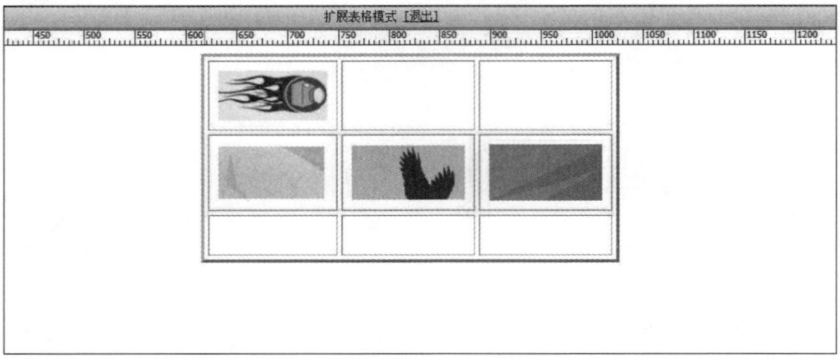

图 6－49　表格的扩展模式

利用扩展表格模式，用户可以选择表格中的项目或者精确地放置插入点。例如，用户可以将插入点放置在图像的左边或右边，从而避免无意中选中该图像或表格单元格。

注意：一旦做出选择或放置插入点，就应该回到【设计】视图的“标准”模式下进行编辑。诸如调整大小之类的一些可视操作在“扩展表格”模式中不会产生预期结果。

如果要退出扩展表格模式，可以执行以下操作之一：

➢ 单击文档窗口顶部“扩展表格模式”右侧的“退出”。

➢ 选择菜单命令【查看】/【表格模式】/【标准模式】。

➢ 在【插入】面板的【布局】类别中，单击 标准 按钮。

➢ 按下 Alt + F6 快捷组合键。

6.5　实　　例

Dreamweaver CS6 提供了多种对 Web 页面进行布局的方法，利用表格设计网页布局是其中常用的一种。

本节将通过一个例子介绍使用表格进行页面布局的方法。

(1)新建一个 HTML 页面。

(2)打开【插入】面板中的【常用】类别，单击表格图标  ，在弹出的对话框中设置表格的行为 1、列为 2，表格宽度为 850 像素，然后单击  插入表格。

(3)选中表格，在【属性面板】中的【对齐】下拉列表中选择“居中对齐”，使表格在页面中居中。

(4)选中第 1 行第 2 列的单元格，在【属性面板】中设置其宽度为 300 px，然后选择菜单命令【插入】/【图像】，再次插入一张图片，效果如图 6－50 所示。

图 6－50　在单元格中插入图片

(5)将光标定位在第 1 行第 1 列的单元格中，单击【属性面板】中的拆分单元格按钮  ，在弹出的对话框中将单元格拆分为 5 行 1 列，如图 6－51 所示。

(6)将光标定位在拆分后的第一行单元格中，输入文本“Welcome”。切换到【属性面板】的  ，新建一个 CSS 规则，【选择器类型】为“标签”，【选择器名称】为“h1”。在【属性面板(HTML)】中设置格式为“标题 1”，如  ，然后切换到【属性面板(CSS)】。【属性面板(CSS)】显示结果如图 6－52 所示。

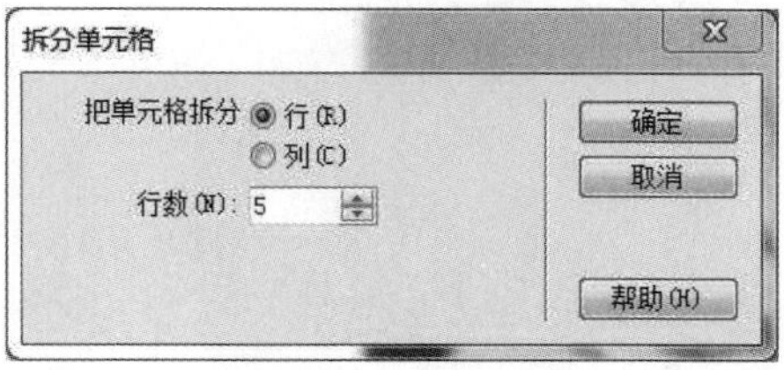

图 6－51　将表格拆分为 5 行 1 列

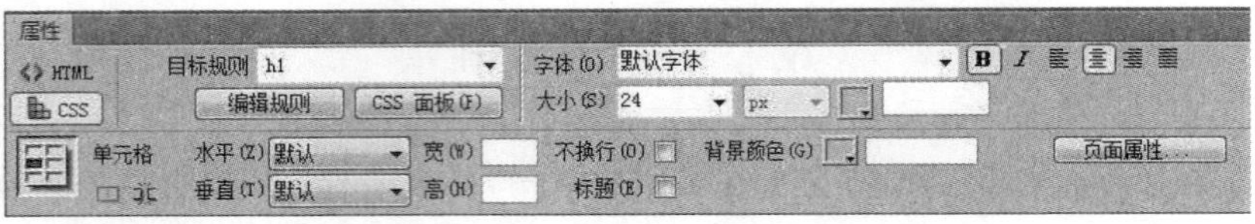

图 6－52 【属性面板(CSS)】显示结果

(7)将光标定位在拆分后的第 2 行单元格中,输入文本“财经”;然后在【属性面板】上设置其单元格水平对齐方式为“左对齐”。

(8)将光标定位在拆分后的第 3 行单元格中,单击【属性面板】上的拆分单元格按钮  ,在弹出的对话框中将单元格拆分为两列。在拆分后的第 1 列的单元格中插入一幅图片。此时的效果如图 6－53 所示。

图 6－53 在单元格中插入图片

(9)将光标定位在拆分后的第 3 行第 2 列的单元格中,选择菜单命令【插入】/【表格】,插入一个 7 行 4 列的表格,并在【属性面板】中设置其宽度为 100%,边框粗细为 0。

(10)将嵌套表格的第 3 行单元格合并为一行,然后在其中输入文本,并添加链接,此时的效果如图 6－54 所示。

(11)同理,在其他两行单元格中插入相应的内容。页面最终效果如图 6－55 所示。

(12)保存此“. htm”文档,按 F12 键即可在浏览器中预览页面效果。

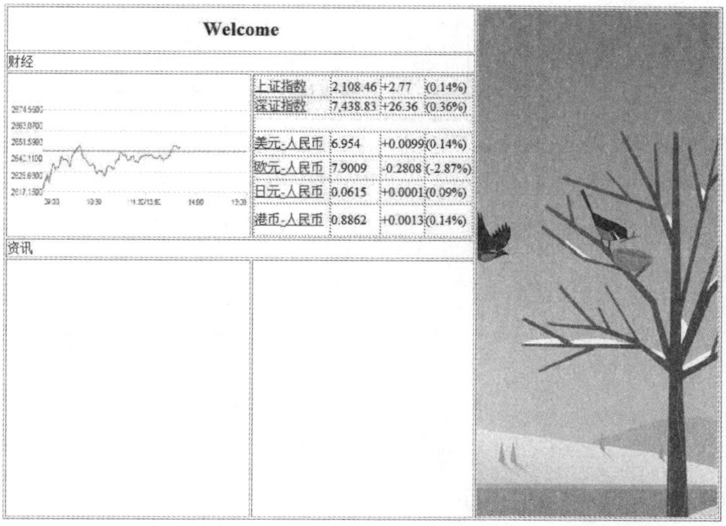

图 6-54　页面效果图

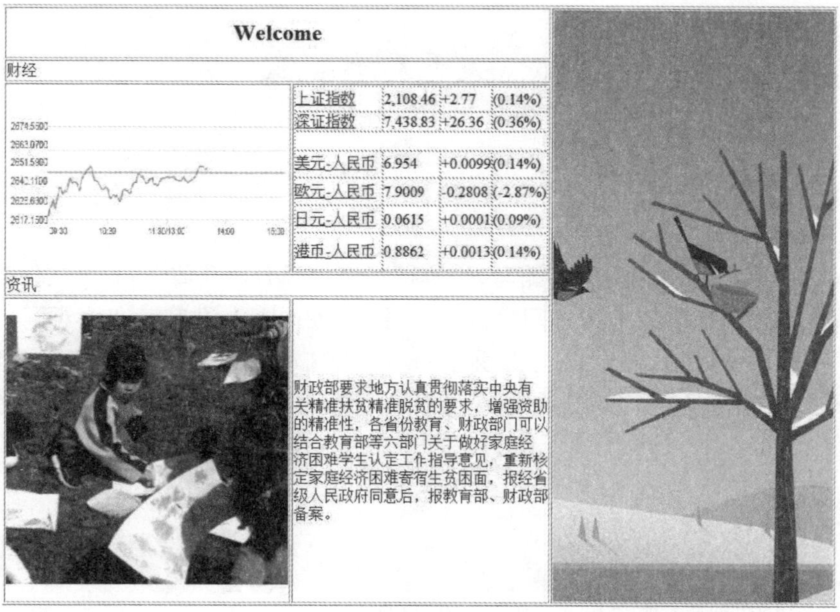

图 6-55　页面最终效果图

6.6　本章小结

本章介绍了表格的作用及使用方法，内容包括有关表格的操作，如插入表格、格式化表格、拆分与合并单元格、剪切和粘贴单元格、删除行列和插入行列等；表格和单元格属性的设置；以及导入文本数据到表格和输出表格数据到文本文件等，并将以上知识结合起来实现一个最终页面。

第 7 章　CSS 样式

【学习目标】

- 掌握 CSS 样式的概念。
- 熟悉 CSS 样式的基本属性。
- 掌握创建 CSS 样式的方法。
- 掌握编辑 CSS 样式的方法。
- 掌握应用 CSS 样式的方法。

CSS 样式技术是当前网页设计中非常流行的样式定义技术，主要用于控制网页中的元素或区域的外观格式。

7.1　关于 CSS 样式

7.1.1　CSS 概念

CSS 是 cascading style sheets 的缩写，是一种用来表现 HTML 或 XML 等文件样式的计算机语言。CSS 不仅可以静态地修饰网页，还可以配合各种脚本语言动态地对网页各元素进行格式化。CSS 为 HTML 标记语言提供了一种样式描述，定义了其中元素的显示方式。CSS 在 Web 设计领域是一个突破，利用它可以实现修改一个小的样式，更新与之相关的所有页面元素。

7.1.2　CSS 产生背景

HTML 的初衷是用于定义网页内容，即通过使用 <h1>、<p>、<table> 等标签来表达“这是标题”“这是段落”“这是表格”等信息。至于网页布局则是由浏览器来完成，而不使用任何格式标签。由于当时盛行的两种浏览器 Netscape 和 Internet Explorer 不断地将新的 HTML 标签和属性（如字体标签和颜色属性）添加到 HTML 规范中，致使创建网页内容清晰地独立于网页表现层的站点变得越来越困难。

为了解决这个问题，非营利的标准化联盟 W3C（the World Wide Web Construction，万维网联盟）肩负起了 HTML 标准化的使命，并在 HTML 4.0 之外创造了样式（Style），现在所有的主流浏览器均支持 CSS 层叠式样式。

7.1.3　CSS 特点

精美的网页离不开 CSS 技术，使用该技术可对页面的布局、字体、颜色和背景等进行更加精确的控制。不同浏览器之间的不兼容性导致了文档结构与现实的混合。为了将显示描述独立于文档之外，让网页在各种浏览器中正常显示，W3C 标准化组织开始为 HTML 制定样式表机制，即 CSS 样式表。Dreamweaver 是最早支持 CSS 界面的网页制作工具之一。W3C 把动态 HTML(Dynamic HTML)分为 3 个部分来实现：脚本语言（如 javascript、Vbscript 等）、支持动态效果的浏览器（如 IE）和 CSS 样式表。

如果仅使用 HTML 设计网页，网页不仅缺乏动感，而且内容的布局也十分困难，在网页设计过程中需要大量的测试，才能够很好地实现布局排版，这对于专业的设计人员来说也是一项需要有耐性的工作。在这种情况下，样式表应运而生，它首先要做的是为网页上的元素精确定位，可以让网页设计者轻松地控制文字和图片，将它们放在需要的位置。其次，CSS 将网页内容和网页格式控制相分离，将内容结构和格式控制相分离，使得网页可以只包含内容构成，而将所有网页的格式控制指向某个 CSS 样式表文件，这样不仅简化了网页的格式代码，使外部的样式表被浏览器保存在 BUFFER 中，加快了下载显示的速度；而且减少了需要上传的代码数量（只需下载或上传一次）；同时在改变网站的格式时，只需修改 CSS 样式表就可以改变整个站点的风格，在网站页面数量庞大时，这点显得特别好用。

7.1.4　CSS 层叠次序

CSS 允许以多种方式设置样式信息，CSS 样式可以设置在单个的 HTML 标签元素中，也可以设置在 HTML 页的头元素内，或者设置在外部 CSS 文件中，甚至可以在同一个网页文档内引用多个外部样式表。当同一个 HTML 元素被不止一个样式定义时，会使用哪个样式呢？一般而言，所有的样式会根据下面的规则层叠于一个新的虚拟样式表中，其中内联样式（在 HTML 元素内部）拥有最高的优先权，然后依次是内部样式表（位于 <head> 标签内部）、外部样式表、浏览器默认设置。因此，这意味着内联样式（在 HTML 元素内部）将优先于以下的样式声明：<head> 标签中的样式声明、外部样式表中的样式声明或者浏览器中的样式声明（默认值）。

7.1.5　CSS 速记格式

CSS 规范支持使用速记 CSS 的简略语法格式创建 CSS 样式，可以用一个声明指定多个属性的值。例如，font 属性可以在同一行中设置 font-size、font-variant、font-weight、font-size、line-height 和 font-family 等多个属性。但使用速记 CSS 的问题是速记 CSS 属性省略的值会被指定为属性的默认值。当两个或多个 CSS 规则指定给同一标签时，可能会导致页面无法正确显示。例如，下面显示的“h1”规则使用了普通的 CSS 语法格式，其中已经为 font-variant、font-style、font-stretch 和 font-size-adjust 属性分配了默认值。

```
h1{
font-weight:bold;
```

```
font-size:16pt;
line-height:18pt;
font-family:Arial;
font-variant:normal;
font-style:normal;
font-stretch:normal;
font-size-adjust:none
}
```

下面使用一个速记属性重写这一规则,可能的形式如下:

```
h1{font:bold 16pt/18pt Arial}
```

上述速记示例省略了 font-variant、font-style、font-stretch 和 font-size-adjust 标签,CSS 会自动将省略的值指定为它们的默认值。在 Dreamweaver CS6 中,通过【首选参数】对话框可以设置在定义 CSS 规则时是否使用速记的形式,如图 7-1 所示。

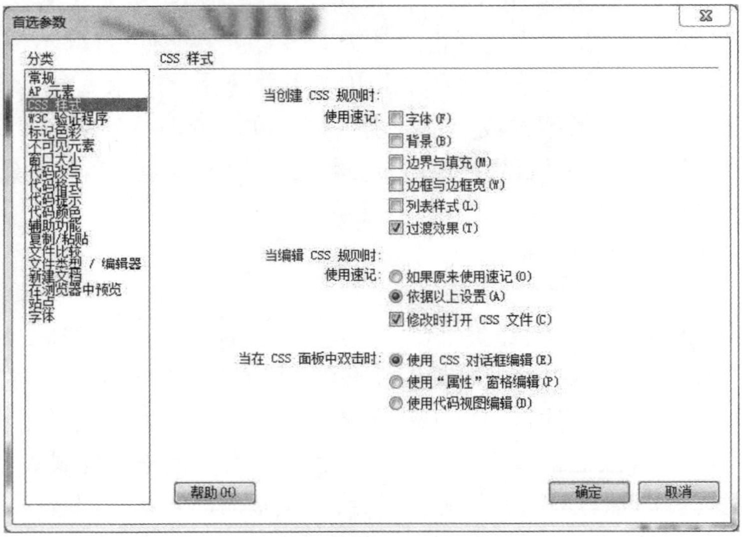

图 7-1 【首选参数】对话框

如果需要 CSS 速记,可以直接在【首选参数】对话框中选择要应用的 CSS 样式选项。

➢ 在【当创建 CSS 规则时】选项中,可以设置【使用速记】的几种情况,包括字体、背景、边界与填充、边框与边框宽、列表样式、过渡效果。当选中相应选项后,Dreamweaver CS6 将以速记形式编写 CSS 样式属性。

➢ 在【当编辑 CSS 规则时】选项中,可以设置重新编写现有样式时【使用速记】的几种情形。选择【如果原来使用速记】单选按钮,在重新编写现有样式时仍然保留原样。选择【根据以上设置】单选按钮,将根据在【使用速记】中选择的属性重新编写样式。当选中【修改时打开 CSS 文件】复选框时,如果使用的是外部样式表文件,在修改 CSS 样式时将打开该样式表文件;否则不打开。

➢ 在【当在 CSS 面板中双击时】选项中,可以设置用于编辑 CSS 规则的工具,包括【CSS】对话框、【属性】面板和【代码】视图 3 种。

如果使用 CSS 语法的速记格式和普通格式在多个位置定义了样式，例如，在 HTML 页面中嵌入样式，并从外部样式表中导入样式，那么速记规则中省略的属性可能会覆盖其他规则中明确设置的属性。同时，速记这种形式使用起来虽然感觉比较方便，但某些较旧版本的浏览器通常不能正常解释。因此，Dreamweaver CS6 默认情况下使用 CSS 语法的普通格式，同时也建议读者在初学时使用 CSS 语法的普通格式创建 CSS 样式。

注意：建议读者在一个站点中设计 CSS 样式时，要么使用速记格式，要么使用普通格式，做到 CSS 样式的格式统一；同时尽量不要在多个位置定义 CSS 样式并同时加以引用。

7.2　CSS 语法

CSS 规则由两个主要的部分构成：选择器，以及一条或多条声明。

selector {declaration1; declaration2; ... declarationN }

选择器通常是需要改变样式的 HTML 元素。每条声明由一个属性和一个值组成。

属性(property)是希望设置的样式属性(style attribute)。每个属性有一个值，属性和值被冒号分开。

selector {property: value}

这行代码的作用是将 h1 元素内的文字颜色定义为红色，同时将字体大小设置为 14 px。

h1 {color:red; font - size:14 px;}

在如图 7 - 2 所示的例子中，h1 是选择器，color 和 font - size 是属性，red 和 14 px 是值。

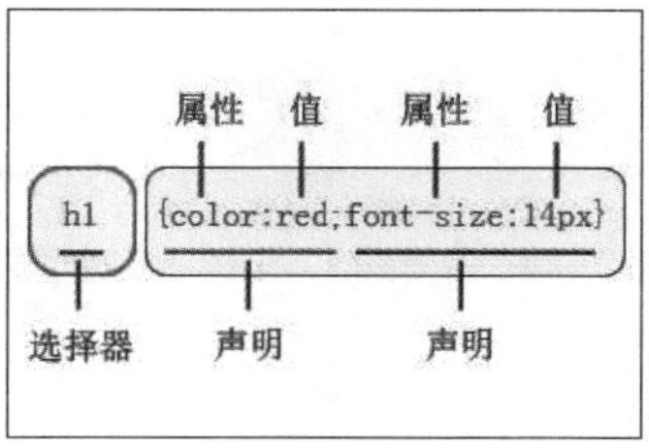

图 7 - 2　例子

7.3　创建 CSS 样式

使用 CSS 样式，可将页面的内容与表现形式分离。页面内容存放在 HTML 文档中，而用于定义表现形式的 CSS 规则存放在另一个独立的样式表文件中或 HTML 文档的某一部分，通常为文件头部分。下面介绍通过【CSS 样式】面板创建 CSS 样式的方法。

(1)选择菜单命令【窗口】/【CSS 样式】，打开【CSS 样式】面板，如图 7 - 3 所示。

在【所有规则】列表框中，每选择一种规则，在【属性】列表框中将显示相应的属性和属性值。单击 全部 按钮，将显示文档所涉及的全部 CSS 样式；单击 当前 按钮，将显示文档中鼠标光标所处位置正在使用的 CSS 样式。

(2)单击【CSS 样式】面板底部的  按钮，打开【新建 CSS 规则】对话框，如图 7 - 4 所示，在【选择器类型】下拉列表中选择要创建的 CSS 样式类型。

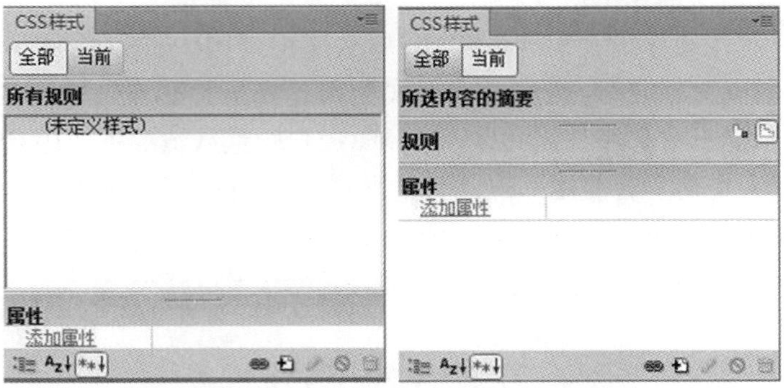

(a) (b)

图 7－3 【CSS 样式】面板

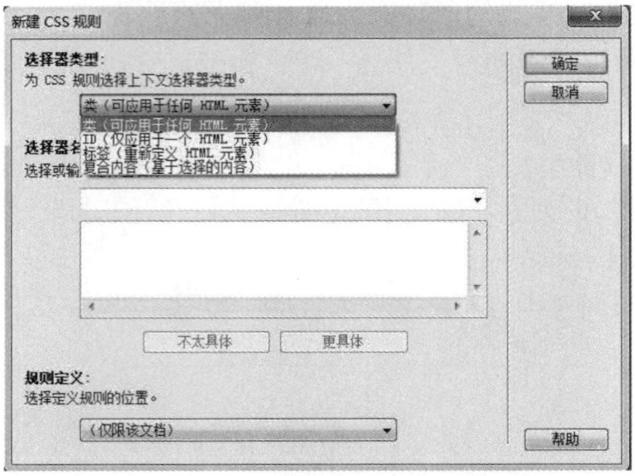

图 7－4 【新建 CSS 规则】对话框

【类(可应用于任何 HTML 元素)】

利用该类选择器可创建自定义名称的 CSS 样式,能够应用于网页中的任何 HTML 标签上。例如,可以在样式表中加入名为“. pstyle”的类样式,代码如下:

```
<style type = "text/css" >
. pstyle{
font-family:"宋体";
font-size:14 px;
line-height:20 px;
margin-top:5 px;
margin-bottom:5 px;
}
</style >
```

在网页文档中可以使用 class 属性引用“. pstyle”类,凡是含有 class =“. pstyle”的标签都引用该样式,例子如下:

```
<p class = ". pstyle" >… </p >
```

【ID(仅应用于一个 HTML 元素)】

利用该类选择器可以为网页中特定的 HTML 标签定义样式，即通过标签的 ID 编号来实现，如以下 CSS 规则：

```
<style type = "text/css" >
#mytable{
font - family:"宋体";
font - size:14 px;
color:#F00;
}
</style >
```

可以通过 ID 属性应用到 HTML 中。

```
<table width = "180"  id = "mytable" >… </table >
```

【标签(重新定义 HTML 元素)】

利用该类选择器可对 HTML 标签进行重新定义、规范或者扩展其属性。例如，当创建或修改“h2”(标题 2)标签的 CSS 样式时，所有用“h2”标签进行格式化的文本都将被立即更新，如下面的代码：

```
<style type = "text/css" >
h2{
font-family:"黑体";
font-size:24 px;
color:#FF0000;
text-align:center;
}
</style >
```

因此，重定义标签时应多加注意，因为这样做有可能会改变许多页面的布局。例如，对“table”标签进行重新定义，就会影响到其他使用表格的页面布局。

【复合内容(基于选择的内容)】

利用该选择器可以创建复杂的选择器。例如，“td h2”表示所有在单元格中出现“h2”的标题；而“#myStyle a:visited,#myStyle2 a:link,#myStyle3…”表示可以一次性定义相同属性的多个 CSS 样式，具体示例如下：

```
<style type = "text/css" >
#mytable tr td hr{
color:#F00;
}
</style >
```

(3)在【选择器类型】下拉列表中选择一种类型后，需要在【选择器名称】文本框中选择或输入相应的选择器名称。

类样式的名称需要在【选择器名称】文本框中输入，以点(“.”)开头，如果没有输入点，Dreamweaver 将自动添加。ID 样式名称也需要在【选择器名称】文本框中输入，以“#”开头，如果没有输入“#”，Dreamweaver 将自动添加。标签样式名称直接在文本框中选择即可。复合内容样式名称在选择内容后将自动出现在文本框中；也可手动输入，如“body table tr td”。

(4)最后需要在【规则定义】下拉列表中选择所定义规则的位置,如图 7－5 所示,共有【(仅限该文档)】和【(新建样式表文件)】两个选项。

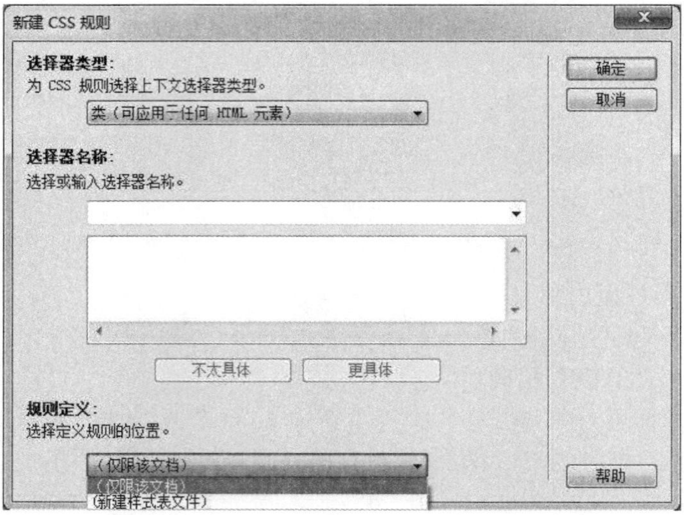

图 7－5 【规则定义】选择所定义规则的位置

如果选择【(仅限该文档)】选项,单击 确定 按钮后将打开【规则定义】对话框,利用该对话框进行规则定义;如果选择【(新建样式表文件)】选项,单击 确定 按钮后将打开【将样式表文件另存为】对话框。此时需要在【文件名】文本框中输入文件名,样式表文件的扩展名为“. css”,如图 7－6 所示。单击 保存(S) 按钮后将打开【规则定义】对话框,利用该对话框进行规则定义。

图 7－6 【将样式表文件另存为】对话框

7.4　设置 CSS 属性

Dreamweaver CS6 将 CSS 属性分为 9 大类(图 7 - 7):类型、背景、区块、方框、边框、列表、定位、扩展和过渡。读者可以在 CSS 规则定义对话框中进行设置。

图 7 - 7　CSS 属性分类

7.4.1　类型

类型属性主要用于定义网页中文本的字体、大小、颜色、样式、行高及文本链接的修饰效果等,如图 7 - 8 所示。

图 7 - 8　【类型】分类

【类型】分类包含了9种CSS属性,全部是针对网页中的文本的。下面对其中的部分选项进行介绍。

【行高】 英文分别为line-height,用于设置行与行之间的垂直距离,有【正常】normal和【(值)】(value,常用单位为"像素(px)")两个选项。

【文本修饰】 英文为text-decoration,用于控制链接文本的显示形态,有【下画线】(underline)、【上画线】(overline)、【删除线】(line-through)、【闪烁】(blink)和【无】(none,使上述效果都不会发生)5种修饰方式可供选择。

7.4.2 背景

背景属性主要用于设置背景颜色或背景图像,如图7-9所示。

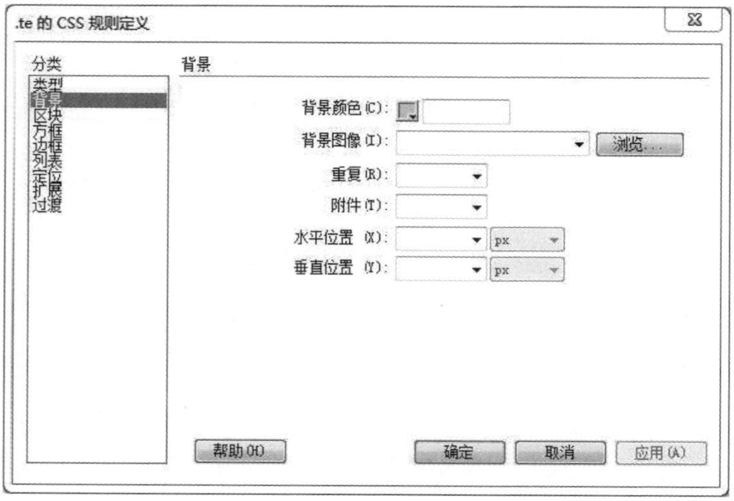

图7-9 【背景】分类

下面对【背景】分类中的选项进行介绍。

【背景颜色】 英文为background-color,用于设置背景颜色。

【背景图像】 英文为background-image,用于设置背景图像。

【背景重复】 英文为background-repeat,用于设置背景图像的平铺方式,有【不重复】(no-repeat)、【重复】(repeat,图像沿水平、垂直方向平铺)、【横向重复】(repeat-x,图像沿水平方向平铺)和【纵向重复】(repeat-y,图像沿垂直方向平铺)4个选项,默认选项是【重复】。

【附件】 英文为background-attachment,用于控制背景图像是否会随页面的滚动而一起滚动,有【固定】(fixed,文字滚动时背景图像保持固定)和【滚动】(scroll,背景图像随文字内容一起滚动)两个选项,默认选项是【固定】。

【水平位置】和【垂直位置】 英文为background-position,用来确定背景图像的水平/垂直位置。选项有【左对齐】(left,将背景图像与前景图像左对齐)、【右对齐】(right)、【顶部】(top)、【底部】(bottom)、【居中】(center)和【值】(value,自定义背景图像的起点位置,可对背景图像的位置做出更精确的控制)6个选项。

7.4.3　区块

区块属性主要用于控制网页元素的间距、对齐方式等,如图 7 - 10 所示。

图 7 - 10　【区块】分类

下面对【区块】分类中的部分选项进行介绍。

【文本对齐】　英文为 text-align,用于设置区块的水平对齐方式,选项有【左对齐】(left)、【右对齐】(right)、【居中】(center)和【两端对齐】(justify)4 个选项。

【文字缩进】　英文为 text-indent,用于控制区块的缩进程度。

【空格】　英文为 white-space。在 HTML 中,空格是被省略的,也就是说,在一个段落标签的开头无论输入多少个空格都是无效的。要输入空格有两种方法:一是直接输入空格的代码“ ”;二是使用“<pre>”标签。在 CSS 中则使用属性“white-space”控制空格的输入。该属性有【正常】(normal)、【保留】(pre)和【不换行】(nowrap)3 个选项。

【显示】　英文为 display,用于设置区块的显示方式,共有 19 种方式。初学者在使用该选项时,其中的【块】(block)可能经常用到。

7.4.4　方框

CSS 将网页中所有的块元素都看作包含在一个方框中的。【方框】分类如图 7 - 11 所示,该分类中包含以下 6 种 CSS 属性。

【宽】和【高】　英文为 width 和 height,用于设置方框本身的宽度和高度。

【浮动】　英文为 float,用于设置块元素的对齐方式。

【清除】　英文为 clear,用于清除设置的浮动效果。

【填充】　英文为 padding,用于设置围绕块元素的空白大小,包含了【上】(padding-top,控制上空白的宽度)、【右】(padding-right,控制右空白的宽度)、【下】(padding-bottom,控制下空白的宽度)和【左】(padding-left,控制左空白的宽度)4 个选项。

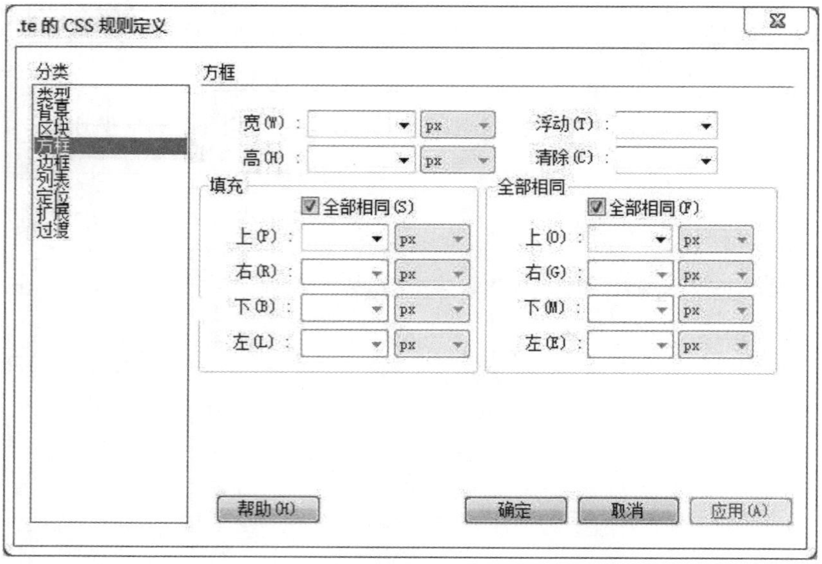

图 7－11 【方框】分类

【边界】 英文为 margin,用于设置围绕边框的边距大小,包含了【上】(margin-top,控制上边距的宽度)、【右】(margin-right,控制右边距的宽度)、【下】(margin-bottom,控制下边距的宽度)、【左】(margin-left,控制左边距的宽度)4 个选项。如果将对象的左右边界均设置为"自动",可使对象居中显示。

7.4.5 边框

网页元素边框的效果是在【边框】分类中进行设置的,如图 7－12 所示。

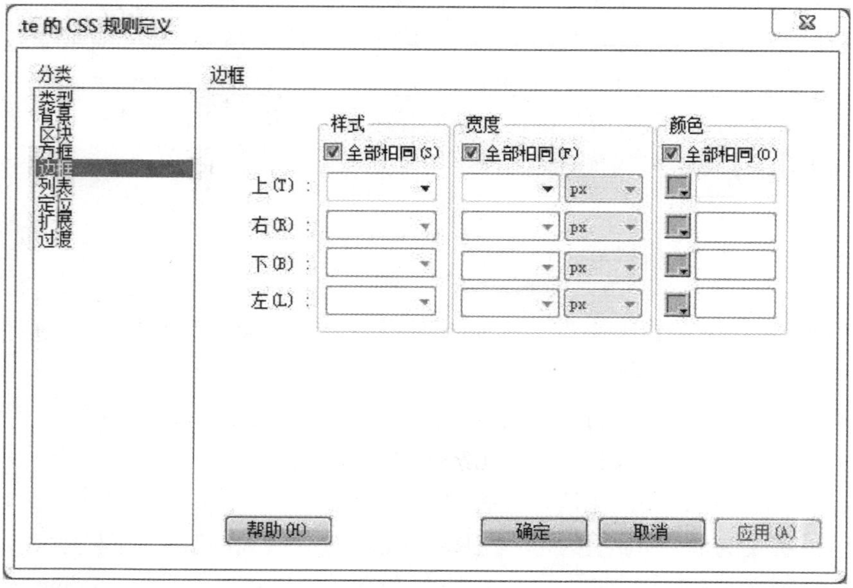

图 7－12 【边框】分类

【边框】分类中共包括 3 种 CSS 属性。

【样式】　英文为 style，用于设置边框线的样式，共有【无】(none)、【虚线】(dotted)、【点画线】(dashed)、【实线】(solid)、【双线】(double)、【槽状】(groove)、【脊状】(ridge)、【凹陷】(insert)和【凸出】(outset)9 个选项。

【宽度】　英文为 width，用于设置边框的宽度，包括【细】(thin)、【中】(mediun)、【粗】(thick)和【(值)】(value)4 个选项。

【颜色】　英文为 color，用于设置各边框的颜色。

7.4.6　列表

【列表】属性用于设置列表内的各项元素，如图 7－13 所示。列表属性不仅可以修改列表符号的类型，还可以使用自定义的图像来代替项目列表符号，这就使得文档中的列表格式有了更多的外观选择。使用【定位】(list-style-position)选项可以定义列表符号的显示位置，有【外】(outside，在方框之外显示)和【内】(inside，在方框之内显示)两个选项，如图 7－14 所示。

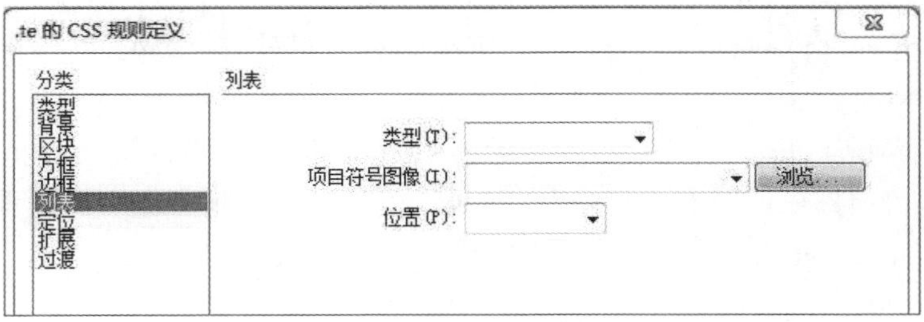

图 7－13　【列表】分类

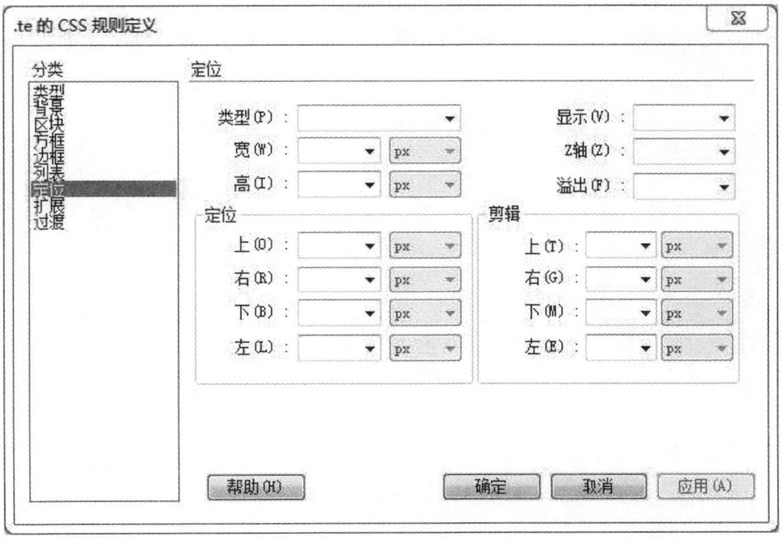

图 7－14　【定位】分类

7.4.7 定位

【定位】分类中主要包含以下 8 种 CSS 属性。

【类型】 英文为 postion，用于确定定位的类型，共有【绝对】(absolute，使用坐标来定位元素，坐标原点为页面左上角)、【相对】(relative，使用坐标来定位元素，坐标原点为当前位置)、【静态】(static，不使用坐标，只使用当前位置)和【固定】(fixed)4 个选项。

【显示】 英文为 visibility，用于设置网页中的元素显示方式，共有【继承】(inherit，继承母体要素的可视性设置)、【可见】(visible)和【隐藏】(hidden)3 个选项。

【宽】和【高】 英文分别为 width 和 height，用于设置元素的宽度和高度。

【Z 轴】 英文为 Z-index，用于控制网页中块元素的叠放顺序，可以为元素设置重叠效果。该属性的参数值使用纯整数，数值大的在上，数值小的在下。

【溢出】 英文为 overflow。在确定了元素的高度和宽度后，如果元素的面积不能全部显示元素中的内容时，该属性才起作用。该属性的下拉列表中共有【可见】(visible，扩大面积以显示所有内容)、【隐藏】(hidden，隐藏超出范围的内容)、【滚动】(scroll，在元素的右边显示一个滚动条)和【自动】(auto，当内容超过元素面积时，自动显示滚动条)4 个选项。

【定位】 英文为 placement。为元素确定了绝对和相对定位类型后，该组属性决定元素在网页中的具体位置。

【剪辑】 英文为 clip。当元素被指定为绝对定位类型后，该属性可以把元素区域剪切成各种形状，但目前提供的只有方形一种，其属性值为"rect(top right bottom left)"，即"clip：rect(top right bottom left)"。属性值的单位为任何一种长度单位。

7.4.8 扩展

【扩展】分类包含两部分，如图 7－15 所示，【分页】选项组中两个属性的作用是为打印的页面设置分页符。【视觉效果】选项组中两个属性的作用是为网页中的元素施加特殊效果。

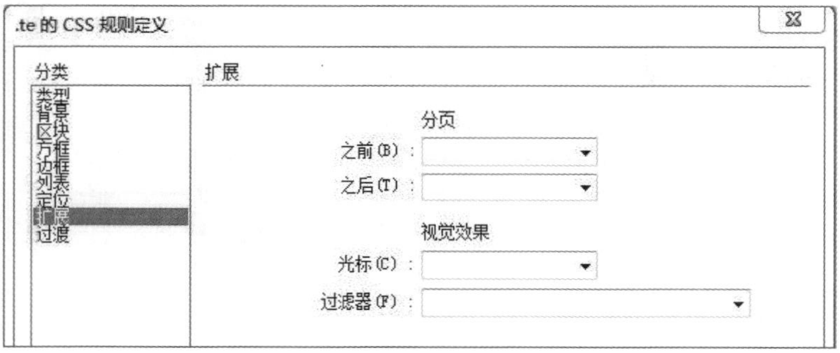

图 7－15 【扩展】分类

7.4.9　过渡

【过渡】分类如图 7 – 16 所示，主要用于创建所有可动画属性。

图 7 – 16　【过渡】分类

【过渡】分类中主要包含以下几种 CSS 属性：

【所有可动画属性】　用于设置所有可动画属性。

【属性】　用于为 CSS 过渡效果添加属性。

【持续时间】　用于设置 CSS 过渡效果的持续时间。

【延迟】　用于设置 CSS 过渡效果的延迟时间。

【计时功能】　用于设置动画的计时方式。

7.5　自动应用的 CSS 样式

在已经创建好的 CSS 样式中，标签 CSS 样式、ID 名称 CSS 样式和复合 CSS 样式基本上都是自动应用的。重新定义了标签的 CSS 样式，凡是使用该标签的内容将自动应用该标签 CSS 样式。例如，重新定义了段落标签 < p > 的 CSS 样式，凡是使用该标签 < p > 的内容都将应用其样式；定义了 ID 名称 CSS 样式，拥有该 ID 名称的对象将应用该样式。复合内容 CSS 样式将自动应用到所选择的内容上。

7.6　单个 CSS 类的应用

通常所说的 CSS 类的应用主要是指单个 CSS 类的应用，需要进行手动设置，方法有以下几种。

7.6.1　通过【属性】面板

首先选中要应用 CSS 样式的内容，然后在【属性(HTML)】面板的【类】下拉列表中选择已经创建好的样式，或者在【属性(CSS)】面板的【目标规则】下拉列表中选择已经创建好的样式，如图 7 – 17 所示。

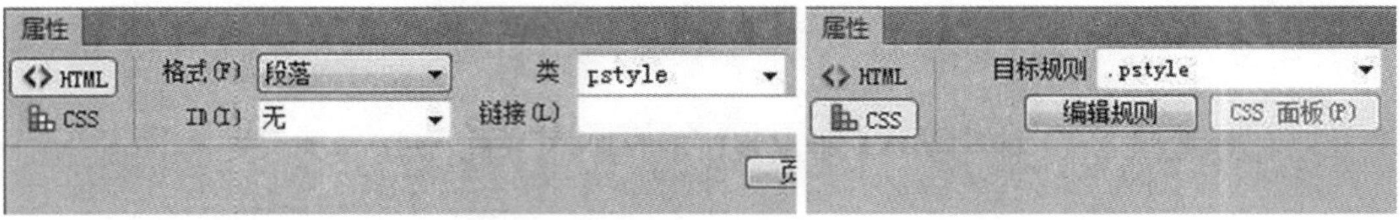

(a) (b)

图 7－17　通过【属性】面板应用样式

7.6.2　通过菜单命令【格式】/【CSS 样式】

首先选中要应用 CSS 样式的内容，然后选择菜单命令【格式】/【CSS 样式】，从下拉菜单中选择预先设置好的样式名称，这样就可以使选择的样式应用到所选的内容上，如图 7－18 所示。

7.6.3　通过【CSS 样式】面板下拉菜单中的【套用】命令

首先选中要应用 CSS 样式的内容，然后在【CSS 样式】面板中选中要应用的样式，再在面板的右上角单击按钮，或者直接单击鼠标右键，从弹出的快捷菜单中选择【应用】命令即可应用样式，如图 7－19 所示。

图 7－18　【格式】/【CSS 样式】应用 CSS 样式

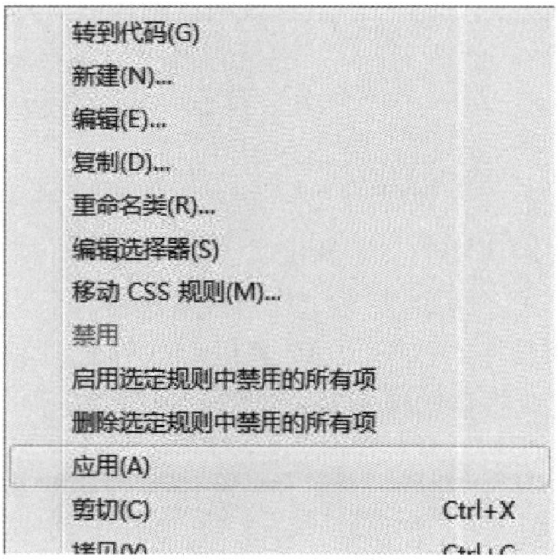

图 7－19　通过【应用】命令

7.7　多个 CSS 类的应用

在 Dreamweaver CS6 中，可以将多个 CSS 类应用于单个元素，方法如下：

（1）首先选中一个要应用多个类的 HTML 标签元素，如 <p>。

（2）使用以下任意一种方法打开【多类选区】对话框，并选择需要应用的类，如图 7－20

所示。

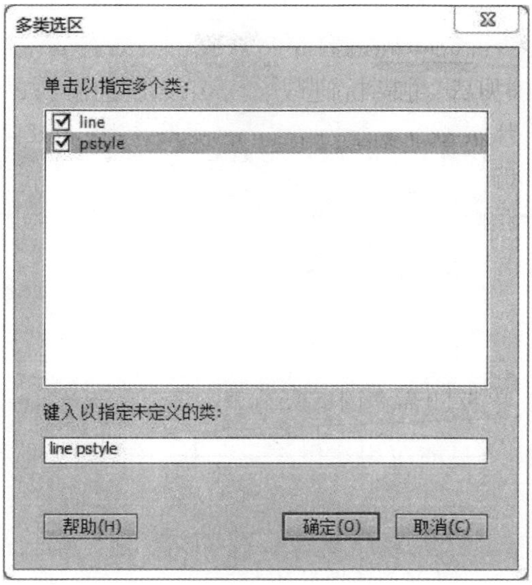

图 7－20　【多类选区】对话框

➢ 在【属性(HTML)】面板的【类】下拉列表或【属性(CSS)】面板的【目标规则】下拉列表中选择【应用多个类】选项。

➢ 用鼠标右键单击文档窗口底部要应用类的标签选择器,在弹出的快捷菜单中选择【设置类】/【应用多个类】命令,如图 7－21 所示。

图 7－21　鼠标右键单击标签选择器

(3)单击 确定(O) 按钮,将对选择的 HTML 标签 <p> 应用多个类,此时的 <p> 变成了 <p. line. pstyle>,如图 7－22 所示。

7.8　使用 CSS

1. 外联样式表

将网页的外观样式定义到一个单独的 CSS 文件中,通过在网页 HTML 文件中的 <head> </head> 标签之间添加 <link> 标签,便可将当前网页和应用的样式文件进行关联。这样

图 7－22　应用多个类

做的优点是可以将网页显示内容和显示样式分开，方便网页设计人员集中管理网站风格，进行网页维护。

2. 内嵌样式表

内嵌样式是将 CSS 代码混合在 HTML 代码中，一般会内嵌在网页头部的 <style> </style> 之间。该样式内容只能应用在当前网页中，不能被其他网页共享使用。

7.9　CSS 过渡效果

除了可以使用【CSS 规则定义】对话框来定义过渡效果外，还可以使用新增的【CSS 过渡效果】面板，将平滑属性变化更改应用于基于 CSS 的页面元素，以响应触发器事件，如悬停、单击和聚焦。比较常见的实例是，当用户悬停在一个菜单栏项上时，它会逐渐从一种颜色变成另一种颜色。

可以使用【CSS 过渡效果】面板创建、修改和删除 CSS 过渡效果。要创建 CSS 过渡效果，需要通过为元素的过渡效果属性指定值来创建过渡效果类。如果在创建过渡效果类之前已选择元素，则过渡效果类会自动应用于选定的元素，可以选择将生成的 CSS 代码添加到当前文档中，也可选择将其保存到指定的外部 CSS 文件中。

7.9.1　创建并应用 CSS 过渡效果

创建并应用 CSS 过渡效果的操作过程如下：

（1）选择要应用过渡效果的元素，如段落、标题等；也可以先创建过渡效果，然后再将其应用到元素上。

图 7－23　【CSS 过渡效果】面板

（2）选择菜单命令【窗口】/【CSS 过渡效果】，打开【CSS 过渡效果】面板，利用该面板来创建和编辑 CSS 过渡效果，如图 7－23 所示。

（3）在【CSS 过渡效果】面板中，单击 + 按钮，打开【新建过渡效果】对话框，如图 7－24 所示。

CSS 过渡效果是 Dreamweaver CS6 的新增功能，也是 HTML 5 的一个重要特色，在使用该功能时，建议创建的网页文档类型为 HTML 5，以保证功能的完美应用。

（4）使用【新建过渡效果】对话框中的选项创建过渡效果类。

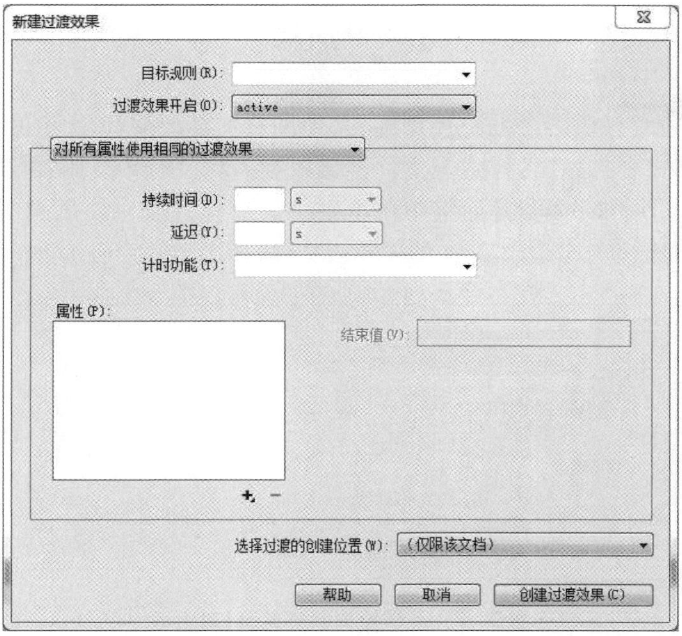

图 7－24　【新建过渡效果】对话框

➢ 在【目标规则】下拉列表中输入目标规则名称。目标规则名称可以是任意 CSS 选择器,包括标签、规则、ID 或复合选择器等。例如,如果将过渡效果应用到所有 < hr > 标记,需要输入 hr。

➢ 在【过渡效果开启】下拉列表中选择要应用过渡效果的条件或状态。例如,如果要在鼠标光标移至元素上时应用过渡效果,需要选择【hover(悬停)】选项。

➢ 如果希望【对所有属性使用相同的过渡效果】,即相同的"持续时间""延迟"和"计时功能",请选择此选项;如果希望【对每个属性使用不同的过渡效果】,即过渡的每个 CSS 属性指定不同的"持续时间""延迟"和"计时功能",请选择此选项。

➢ 在【属性】列表框下侧单击 + 按钮,在打开的菜单中选择相应的选项以向过渡添加 CSS 属性。持续时间和延迟时间以 s 或 ms 为单位。过渡效果的结束值是指过渡效果结束后的属性值。例如,如果想要字体大小在过渡效果的结尾增加到 40 px,需要在【属性】列表框中添加"font－size",在【结束值】文本框中输入"40 px"。

➢ 如果要在当前文档中嵌入样式,需要在【选择过渡的创建位置】下拉列表中选择【(仅限该文档)】,如果要为 CSS 代码创建外部样式表,需要选择【(新建样式表文件)】。单击 创建过渡效果(C) 按钮,系统会提示提供一个位置来保存新的 CSS 文件。在创建样式表之后,它将被添加到"选择过渡的创建位置"菜单中。

7.9.2　编辑 CSS 过渡效果

在【CSS 过渡效果】面板中,选择想要编辑的过渡效果。单击 按钮,打开【编辑过渡效果】对话框,利用该对话框来更改以前为过渡效果输入的值。

7.10 附加样式表

外部样式表通常是供多个网页使用的，其他网页文档要想使用已创建的外部样式表，必须通过【附加样式表】命令将样式表文件链接或导入到文档中。附加样式表通常有链接和导入两种途径。在【CSS 样式】面板中单击（附加样式表）按钮，打开【链接外部样式表】对话框，在该对话框中选择要附加的样式表文件，如图 7－25 所示。

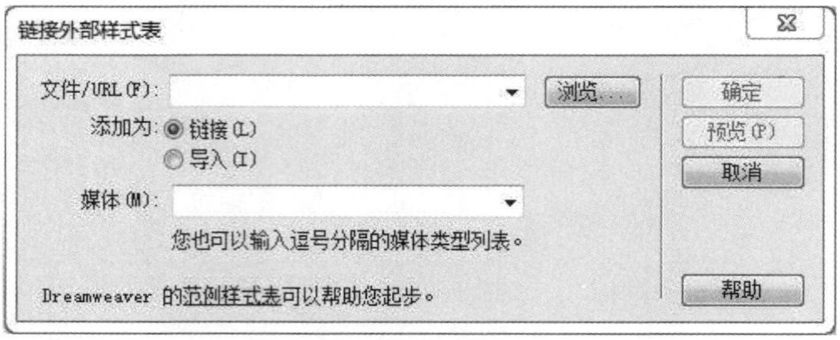

图 7－25 【链接外部样式表】对话框

选择【链接】单选按钮，单击 确定 按钮将文件导入。通过查看网页的源代码可以发现，在文档的“<head>…</head>”标签之间有如下代码：

<link herf ="main. css" rel ="stylesheet" type ="text/css">

如果选择【导入】单选按钮，则代码如下：

@ import url(“main. css”)；

将 CSS 样式表引用到文档中，既可以选择【链接】方式，也可以选择【导入】方式。如果要将一个 CSS 样式文件引用到另一个 CSS 样式文件当中，只能使用【导入】方式。

7.11 实　例

利用 CSS 样式控制网页外观，通过【CSS 样式】面板创建 CSS 样式“body”来设置网页的背景图像，创建类 CSS 样式“. title”来设置第 1 行单元格的文本字体、大小和背景图像，创建 ID 名称 CSS 样式“#mytable”来设置表格的边框样式、宽度、颜色和居中显示，创建复合内容的 CSS 样式“#mytable tr td p”来设置第 2 行单元格文本的字体、大小、行距和段前段后距离。具体操作步骤如下：

(1) 创建一个“. htm”文档，插入一个 2×2 的表格，选中表格，将表格的【间距】和【边框】都设为“0”，如图 7－26 所示。

图 7－26 设置表格的间距和边框

(2)选择菜单命令【窗口】/【CSS 样式】,打开【CSS 样式】面板,单击按钮,打开【新建 CSS 规则】对话框重新定义标签“body”的 CSS 样式,如图 7－27 所示。

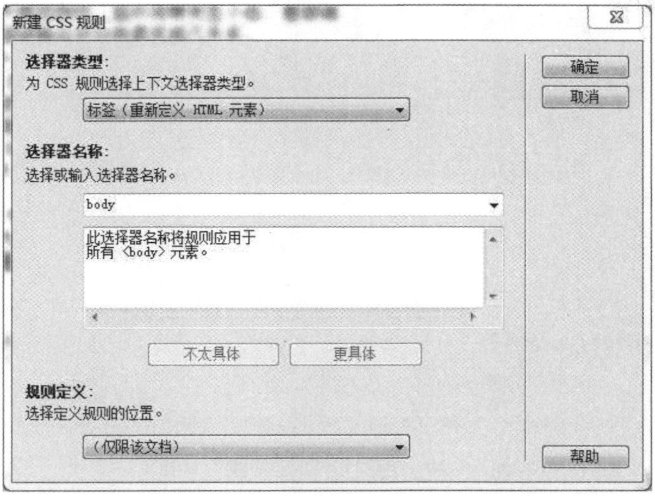

图 7－27　【新建 CSS 规则】对话框

(3)单击 确定 按钮,打开【body 的 CSS 规则定义】对话框,参数设置如图 7－28 所示。

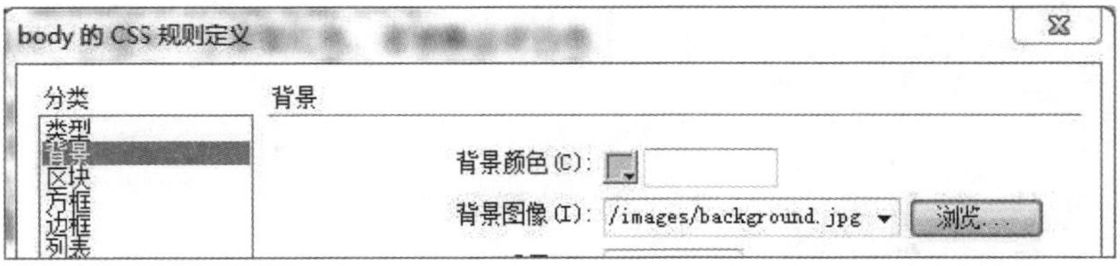

图 7－28　定义标签“body”的 CSS 样式

(4)在【CSS 样式】面板单击按钮,打开【新建 CSS 规则】对话框,创建类 CSS 样式“.title”,如图 7－29 所示。

(5)单击 确定 按钮,打开【.title 的 CSS 规则定义】对话框。参数设置如图 7－30 所示。

(6)选中标题“蒲公英”所在单元格,然后在【属性】面板的【类】下拉列表中选择类名称“title”,如图 7－31 所示。

(7)选中文档中的表格,在【属性】面板中设置表格的 ID 名称为“mytable”。

(8)在【CSS 样式】面板中单击按钮,打开【新建 CSS 规则】对话框,创建 ID 名称 CSS 样式“#mytable”,如图 7－32 所示。

(9)单击 确定 按钮,打开【#mytable 的 CSS 规则定义】对话框。参数设置如图 7－33 所示。

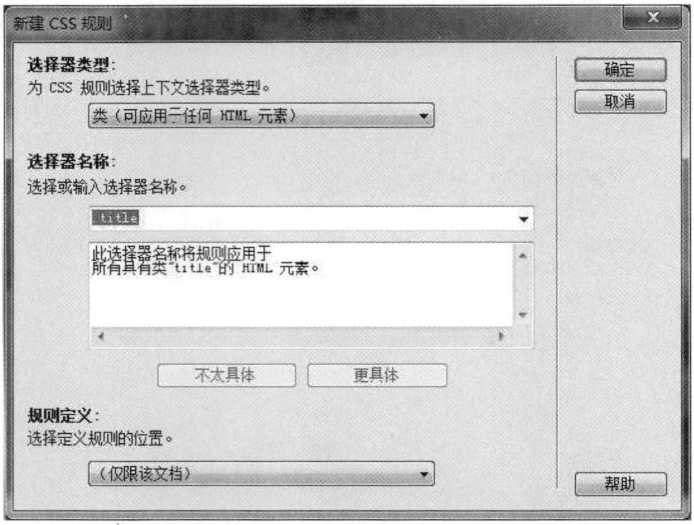

图 7－29　创建类 CSS 样式“. title”

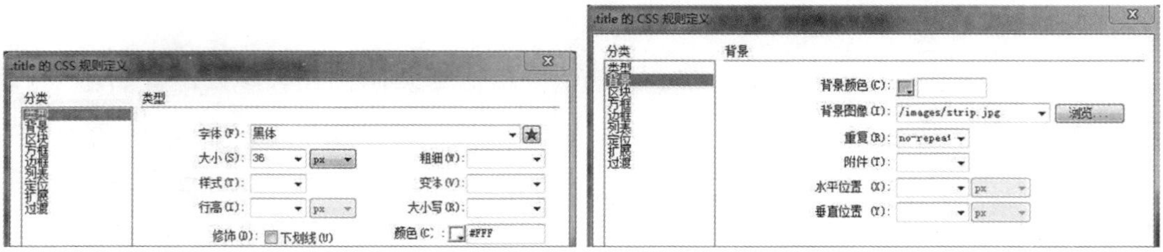

(a)　　(b)

图 7－30　【. title 的 CSS 规则定义】对话框

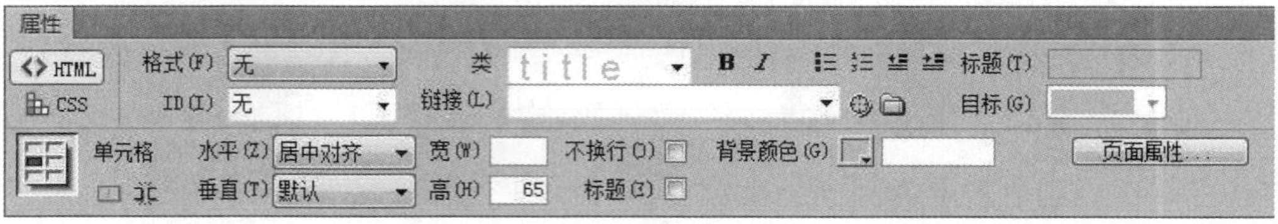

图 7－31　应用类样式

(10)将鼠标光标置于正文文本所在段落,并在【CSS 样式】面板中单击 按钮,打开【新建 CSS 规则】对话框,创建复合内容的 CSS 样式“#mytable tr td p”,如图 7－34 所示。

(11)单击 确定 按钮,打开【#mytable tr td p 的 CSS 规则定义】对话框,参数设置如图 7－35 所示。

(12)保存文件,按 F12 键运行。其最终效果如图 7－36 所示。

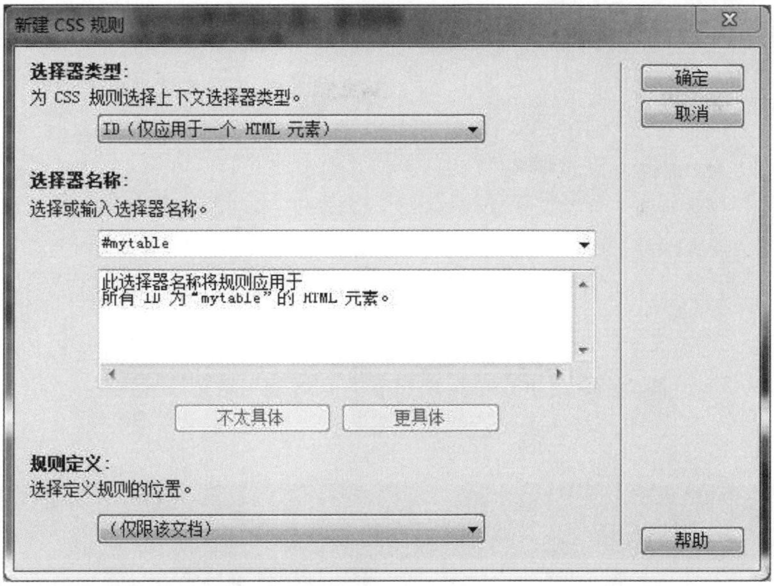

图 7 – 32　创建 ID 名称 CSS 样式“#mytable”

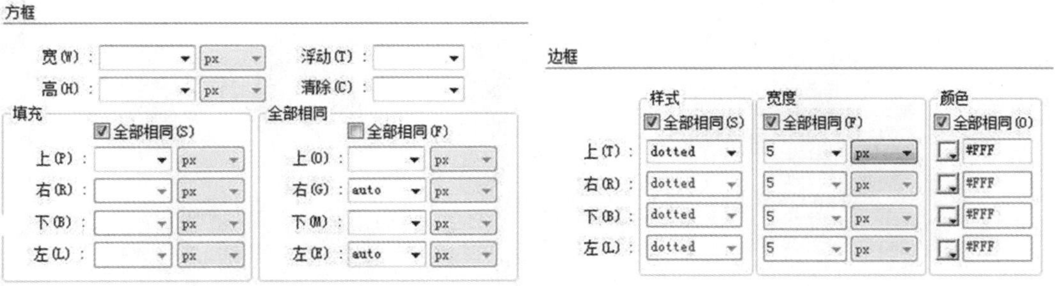

(a)　　　　　　　　　　　　　　　　　　(b)

图 7 – 33　【#mytable 的 CSS 规则定义】对话框

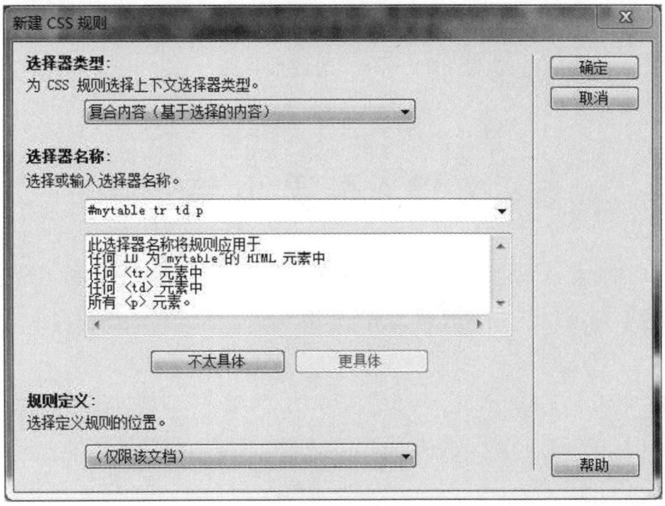

图 7 – 34　创建复合内容的 CSS 样式“#mytable tr td p”

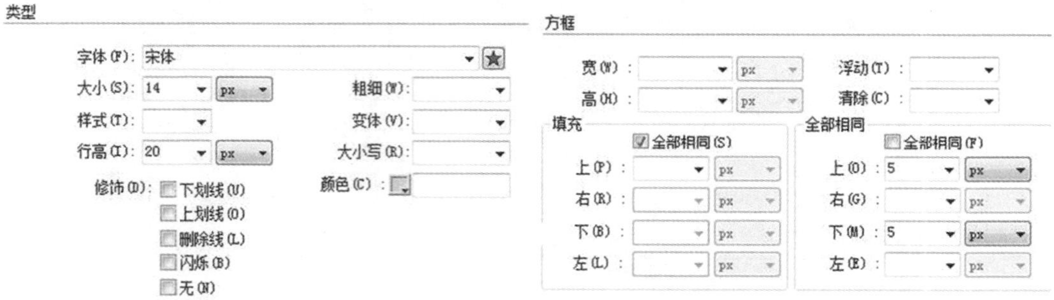
类型
字体(F): 宋体
大小(S): 14 px
粗细(W):
样式(T):
变体(V):
行高(I): 20 px
大小写(R):
修饰(D): 下划线(U)
上划线(O)
删除线(L)
闪烁(B)
无(N)
颜色(C):
方框
宽(W): px
浮动(T):
高(H): px
清除(C):
填充
全部相同(S)
上(P): px
右(R): px
下(B): px
左(L): px
全部相同
全部相同(F)
上(O): 5 px
右(G): px
下(M): 5 px
左(E): px

(a) (b)

图 7－35 【#mytable tr td p 的 CSS 规则定义】对话框

蒲公英
多年生草本。根略呈圆锥状，弯曲，长4~10厘米，表面棕褐色，皱缩，根头部有棕色或黄白色的毛茸。
叶成倒卵状披针形、倒披针形或长圆状披针形，长4~20厘米，宽1-5厘米，先端钝或急尖，边缘有时具波状齿或羽状深裂，有时倒向羽状深裂或大头羽状深裂，顶端裂片较大，三角形或三角状戟形，全缘或具齿，每侧裂片3~5片，裂片三角形或三角状披针形，通常具齿，平展或倒向，裂片间常夹生小齿，基部渐狭成叶柄，叶柄及主脉常带红紫色，疏被蛛丝状白色柔毛或几无毛。
花葶1至数个，与叶等长或稍长，高10~25厘米，上部紫红色，密被蛛丝状白色长柔毛；头状花序直径约30-40毫米；总苞钟状，长12~14毫米，淡绿色；总苞片2~3层，外层总苞片卵状披针形或披针形，长8~10毫米，宽1-2毫米，边缘宽膜质，基部淡绿色，上部紫红色，先端增厚或具小到中等的角状突起；内层总苞片线状披针形，长10-16毫米，宽2-3毫米，先端紫红色，具小角状突起；舌状花黄色，舌片长约8毫米，宽约1.5毫米，边缘花舌片背面具紫红色条纹，花药和柱头暗绿色。
瘦果倒卵状披针形，暗褐色，长约4~5毫米，宽约1~1.5毫米，上部具小刺，下部具成行排列的小瘤，顶端逐渐收缩为长约1毫米的圆锥至圆柱形喙基，喙长6~10毫米，纤细；冠毛白色，长约6毫米。花期4~9月，果期5-10月。
Bai百科

图 7－36 最终效果图

7.12 本章小结

本章通过对 CSS 概念、CSS 产生背景、CSS 特点、CSS 层叠次序和 CSS 语法的介绍，了解了 CSS 样式的基本类型，熟悉了 CSS 样式的基本属性，掌握了创建和应用 CSS 样式的方法。

第 8 章　模 板 和 库

【学习目标】

- 了解模板和库的概念。
- 了解“资源”控制面板。
- 掌握创建和应用模板的方法。
- 掌握创建和应用库的方法。

每个网站都是由多个整齐、规范、流畅的网页组成的。为了保持站点中网页风格的统一,需要在每个网页中制作一些内容,如相同栏目下的导航条、各类图标等,因此网站制作者需要花费大量的时间和精力在重复性的工作上。为了减轻网页制作者的工作量,提高他们的工作效率,将他们从大量重复性工作中解脱出来,Dreamweaver CS6 提供了模板和库的功能。

8.1　【资源】控制面板

【资源】控制面板用于管理和使用制作网站的各种元素,如图像或影片文件等。选择菜单命令【窗口】/【资源】或按 F11 键,启用【资源】控制面板,如图 8 - 1 所示。

【资源】控制面板提供了【站点】和【收藏】两种查看资源的方式:【站点】列表显示站点的所有资源;【收藏】列表仅显示用户曾明确选择的资源。在这两个列表中,资源被分成图像、颜色、URLs、SWF、Shockwave、影片、脚本、模板、库 9 种类别,显示在【资源】控制面板的左侧。【图像】列表中只显示 GIF、JPEG 或 PNG 格式的图像文件;【颜色】列表显示站点的文档和样式表中使用的颜色,包括文本颜色、背景颜色和链接颜色;【URLs】列表显示当前站点文档中的外部链接,包括 FTP、gopher、HTTP、HTTPS、JavaScript、电子邮件(mailto)和本地文件(file://)类型的链接;【SWF】列表显示任意版本的“ * . shockwave”格式文件;【影片】列表显示“ * . quicktime”或“ * . mpeg”格式文件;【脚本】列表显示独立的 JavaScript 或 VBScript 文件;【模板】列表显示模板文件,方便用户在多个页面上重复使用同一页面布局;【库】列表显示定义的库项目。

在模板列表中,控制面板底部排列 5 个按钮,分别是【应用】按钮、【刷新站点列表】按钮、【新建模板】按钮、【编辑】按钮、【删除】按钮。【应用】按钮用于将【资源】控制面板中选定的元素直接应用到文档中;【刷新站点列表】按钮用于刷新站点列表;【新建模板】按钮用于建立新的模板;【编辑】按钮用于编辑当前选定的元素;【删除】按钮用于删除当前选定的元素。单击控制面板右上方的菜单按钮,弹出一个菜单,菜单中包括【资源】控制面板中的一些常用命令,如图 8 - 2 所示。

图 8－1 【资源】控制面板

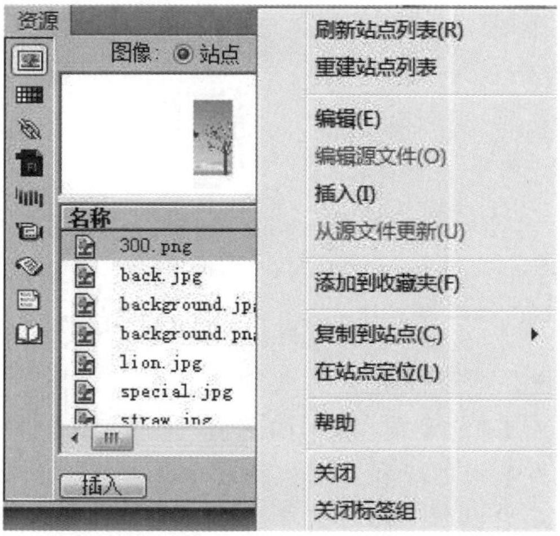

图 8－2 【资源】控制面板菜单按钮

8.2 模　　板

模板可理解成模具，当需要制作相同的东西时只需将原始素材放入模板即可实现，既省时又省力。Dreamweaver CS6 提供的模板也是基于此目的，如果要制作大量相同或相似的网页，只需在页面布局设计好之后将它保存为模板页面，然后利用模板创建相同布局的网页，并且在修改模板的同时修改附加该模板的所有页面上的布局。这样，就能大大提高设计者的工作效率。

当将文档另存为模板时，Dreamweaver CS6 自动锁定文档的大部分区域。模板创作者需指定模板文档中的哪些区域可编辑；哪些网页元素应长期保留，不可编辑。

Dreamweaver CS6 中共有以下 4 种类型的模板区域：

➢ 可编辑区域　是基于模板的文档中的未锁定区域，是模板用户可以编辑的部分。模板创作者可以将模板的任何区域指定为可编辑的。要使模板生效，它应该至少包含一个可编辑区域，否则将无法编辑基于该模板的页面。

➢ 重复区域　是文档中设置为重复的布局部分。例如，可以设置重复一个表格行。通常重复区域是可编辑的，这样模板用户可以编辑重复元素的内容，同时使设计本身处于模板创作者的控制之下。在基于模板的文档中，模板用户可以根据需要使用重复区域控制选项添加或删除重复区域的副本。可在模板中插入两种类型的重复区域，即重复区域和重复表格。

➢ 可选区域　是在模板中指定为可选的部分，用于保存有可能在基于模板的文档中出现的内容，如可选文本或图像。在基于模板的页面上，模板用户通常控制是否显示内容。

➢ 可编辑标签属性　在模板中解锁标签属性，以便该属性可以在基于模板的页面中编辑。

8.2.1　模板面板

选择菜单命令【窗口】/【资源】，调出【资源】控制面板，用鼠标在【资源】控制面板中单击【模板】的

按钮，切换到【资源】控制面板，如图 8－3 所示，可以看到右边上半部分显示当前选择模板的具体内容，下半部分则是所有模板的列表。

图 8－3　模板面板

8.2.2　建立模板

模板的制作方法与普通网页类似，只是在制作完成后应定义可编辑区域、重复区域等。下面简单介绍创建一个新的模板文件的 3 种方法。

方法 1：

(1)选择菜单命令【文件】/【新建】，弹出【新建文档】对话框。

(2)在【类别】栏选中【空模板】，在【模板类型】中选择需要的模板类型，在【布局】中选择模板的页面布局，单击【创建】按钮。

(3)选择菜单命令【文件】/【保存】，保存空模板文件，这时会弹出图 8－4 所示对话框，提醒本模板没有可编辑区域。若选中“不再警告我。”复选框，那么下次保存没有可编辑区域模板文件时不再弹出此对话框。

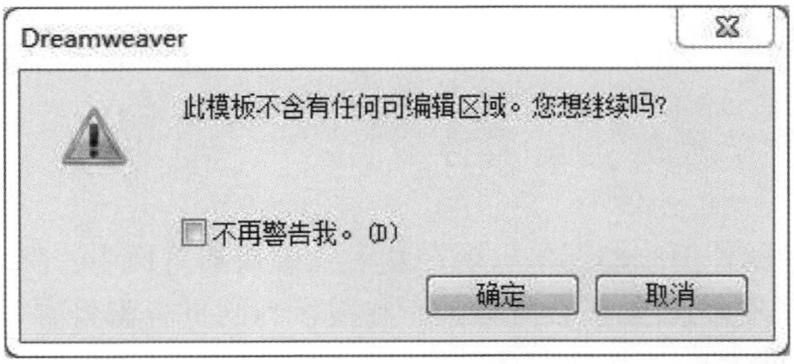

图 8－4　提示对话框

(4)单击

按钮完成存档。

方法 2：

（1）在 Dreamweaver CS6 界面中选择菜单命令【窗口】/【资源】命令，调出【资源】面板，单击【模板】图标按钮，切换到模板面板。

（2）单击【模板】面板底部的【新建模板】按钮，然后编辑模板文件名，如图 8－5 所示。

（3）保存文件，一个简单的模板文件就制作完成了。

方法 3：

（1）在 Dreamweaver CS6 中打开一个普通文档。

（2）选择菜单命令【文件】/【另存为模板】，弹出【另存为模板】对话框，如图 8－6 所示。

（3）选择保存模板文件的站点，输入模板文件名，之后单击 保存 按钮完成模板文件保存。

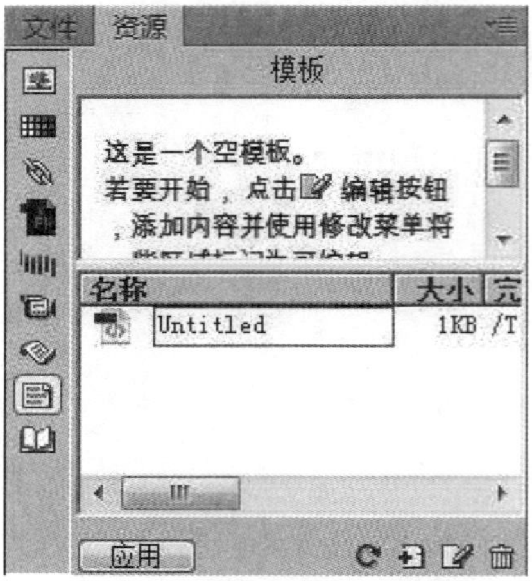

图 8－5　编辑模板文件名

图 8－6　【另存模板】对话框

Dreamweaver CS6 将模板文件保存在站点的本地根文件夹的 Templates 文件夹中，使用文件扩展名“.dwt”。如果该 Templates 文件夹在站点中尚不存在，Dreamweaver 将在保存新建模板时自动创建该文件夹。不要将该模板移动到 Templates 文件夹之外或者将任何非模板文件放在 Templates 文件夹中，也不要将 Templates 文件夹移动到本地根文件夹之外，否则将在模板的路径中引起错误。

8.2.3　设置模板的页面属性

对模板文件所做的任何改动都将出现在基于此模板的页面中。例如，如果打开了模板文件并将链接颜色更改为紫色，那么所有基于此模板的网页也都将有紫色的链接。对于其他属性也一样，如网页标题、边距和背景图像等。

在创建模板时，可右击【设计】视图空白处，在弹出的上下文菜单中执行【页面属性】命令，指定链接颜色、网页标题和背景图像等。

8.2.4 定义模板的可编辑区域

可编辑区域包含了在根据模板创建的每个 HTML 网页中可以改变的信息。这个信息可能是文本、图像或其他媒体,如 Flash 动画或 Java 小程序。没有标记为可编辑的区域在使用此模板创建新文件时将被锁定。

当创建一个基于模板的网页时,可以激活可编辑区域并添加新的数据,然后将网页保存为独立的 HTML 文件。文件中没有标记为可编辑区域的域在所有基于模板的网页中都将保持完全相同的状态,并且不可以任何方式进行更改。

如果想要对模板中某处不可编辑区域进行更改,必须打开原始的模板文件操作,只要是在模板文件中进行操作,就可以做出改动。不过,如果是对由模板创建的页面进行操作,就不可更改没有标记为可编辑的域。应牢记,在模板中对非可编辑的域所做的任何更改都将影响站点中每一个基于此模板的网页。

选中可编辑区域,可以看到属性检查面板中可编辑区域只有一个属性【名称】,在这里可以修改可编辑区域的名称。

下面以一个简单示例介绍创建一个新的模板文件的具体操作。其最终效果如图 8-7 所示。

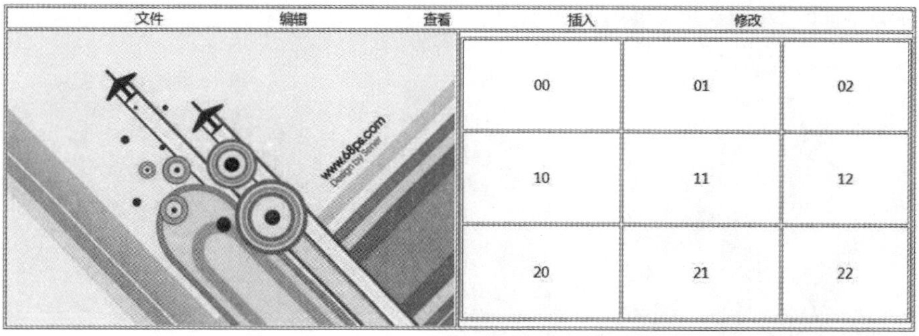

图 8-7 模板文件最终效果图

(1)新建一个模板文件。在【设计】视图中插入一个 4 行 2 列的表格,选中第 1 行单元格,单击属性面板上的“合并单元格”按钮合并为 1 行,设置单元格内容水平和垂直对齐方式均为“居中”,然后插入一个 1 行 5 列的表格,输入导航文本,如图 8-8 所示。

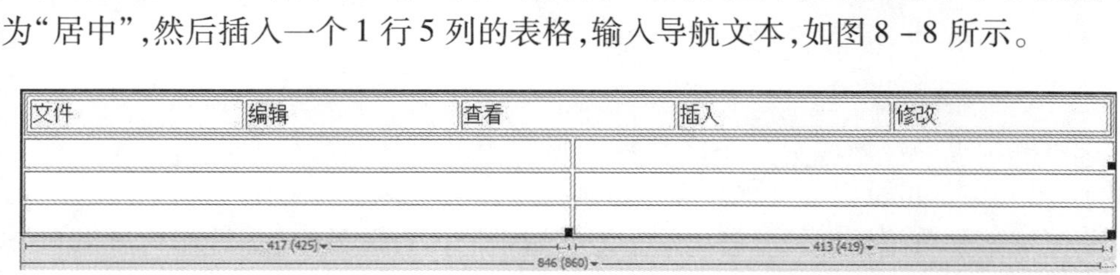

图 8-8 输入导航文本的效果图

(2)选中第 1 列中的第 2 行至第 4 行,然后合并,插入 1 张图片。在剩下的单元格中插入一个 3 行 3 列的表格,然后输入文字并调整表格和图像的大小。

(3)选中上一步插入的 3 行 3 列表格。

(4)选择菜单命令【插入】/【模板对象】/【可编辑区域】命令，或单击【插入】栏【常用】面板上 模板 图标中的下拉箭头，在弹出菜单中单击 可编辑区域 菜单项，弹出【新可编辑区域】对话框，如图 8－9 所示。

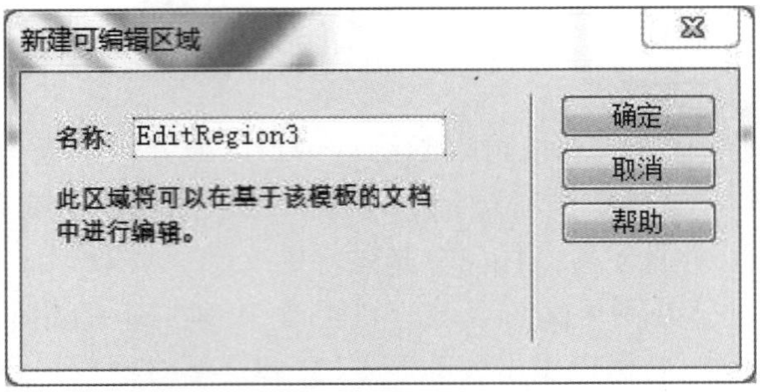

图 8－9 【新可编辑区域】对话框

(5)在【名称】文本框中输入要增加的新可编辑区域的名字，单击 确定 按钮，完成在文档中加入一个可编辑区域。可编辑区域在模板文件中用彩色(默认颜色为绿色)高亮度显示，在顶端有一个描述性的文字(在图 8－9 所示对话框中输入)。插入可编辑区域后在 Dreamweaver CS6 中的效果如图 8－10 所示。

(6)保存文件，按 F12 键运行，查看效果。

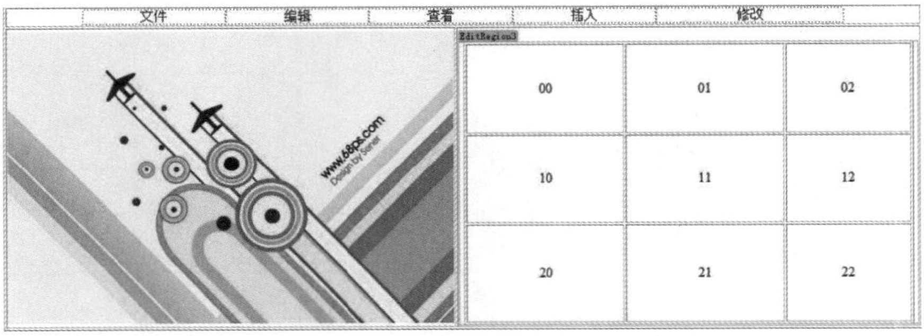

图 8－10 插入可编辑区域后在 Dreamweaver CS6 中的效果图

8.2.5 定义模板的重复区域

重复区域是可以根据需要在基于模板的页面中复制任意次数的模板部分。重复区域通常用于表格，但是也可以为其他页面元素定义重复区域。

重复区域不是可编辑区域。若要使重复区域中的内容可编辑(如让用户可以在表格单元输入各种文本)，必须在重复区域内输入可编辑区域。

(1)在文档窗口中选择想要设置为重复区域的文本或内容，或者将插入点放入文档中想要插入重复区域的地方。

(2)创建重复区域可以选择菜单命令【插入】/【模板对象】/【重复区域】；也可以单击【插入】栏【常用】面板上 模板 图标中的下拉箭头，在弹出的上下文菜单中单击重复区域菜单项；还可以鼠标右击文档窗口，然后在上下文菜单中执行【模板对象】/【重复区域】命令。

（3）弹出的【新建重复区域】对话框如图 8－11 所示，在对话框的【名称】文本框中输入新重复区域的唯一的名称（不能对一个模板中的多个重复区域使用相同的名称）。命名区域时，不要使用特殊字符。

（4）单击 确定 按钮，重复区域插入到文档中。

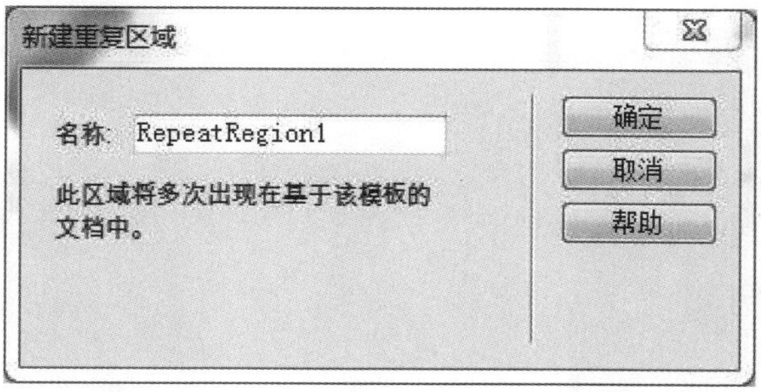

图 8－11　【新建重复区域】对话框

8.2.6　定义模板的可选区域

【可选区域】是在模板中指定可选的部分，用于保存有可能在基于模板的文档中出现的内容（如可选文本或图像）。可将其设置为在基于模板的文档中显示或隐藏。当想为在文档中显示内容设置条件时，使用可选区域，可以为模板参数设置特定值，或在模板中定义条件语句。根据在模板中定义的条件，可以在创建的文档中编辑参数，并控制可选区域是否显示。

可编辑的可选区域让模板用户可以在可选区域内编辑内容。例如，如果可选区域中包括图像或文本，模板用户可设置该内容是否显示，并根据需要对该内容进行编辑。可编辑区域是由条件语句控制的，可以在新建可选区域对话框中创建模板参数和表达式，或通过在代码视图中键入参数和条件语句来创建。

下面以一个示例介绍在模板文档中插入可选区域的具体步骤：

（1）新建一个 HTML 模板文件，在【设计】视图中，插入一张图像，效果如图 8－12 所示。

（2）选中图像，选择菜单命令【插入】/【模板对象】/【可选区域】，或单击【插入】栏【常用】面板上 模板 图标中的下拉箭头，在弹出菜单中单击 可选区域，弹出【新建可选区域】对话框。对话框中各选项介绍如下：

【名称】　用于设定新可选区域模板参数的名称。

【默认显示】　选中该规则，可选区域默认为显示，否则隐藏。

（3）取消选中【默认显示】，即默认状态下将要创建的可选区域在网页中是不可见的，【名称】采用默认值 OptionalRegion1。单击【高级】标签，显示对话框。该对话框中各选项功能介绍如下：

【使用参数】　用于设置控制本可选区域是否隐藏所使用的参数，在右边的下拉列表框中可选择要将所选内容链接到的现有参数。

【输入表达式】 用于输入控制本可选区域是否隐藏所使用的表达式，表达式值为真，显示可选区内容；表达式值为假，则隐藏可选区内容。Dreamweaver 自动在输入的文本两侧插入双引号。

(4)单击 确定 按钮，完成可选区域的插入。最终制作效果如图 8－13 所示。

图 8－12 插入图像

图 8－13 最终效果图

使可选区域可编辑的操作如下：

(1)在文档窗口中，将光标放在想要插入可选区域的地方。

(2)打开【新可选区域】对话框，对各选项进行设置。

(3)单击 确定 按钮，完成插入可选区域。

(4)把光标定位于可选区域内部，插入可编辑区。

可选区域内的编辑区和可选区一样显示和隐藏。当可选区隐藏时，因为看不到它，内部的可编辑区是不可编辑的。

另外，可直接单击【插入】栏【常用】面板 模板 图标中的下拉箭头，在弹出的菜单中单击 可编辑的可选区域 插入【可编辑的可选区域】。

8.2.7 修改可选区域

在模板中插入可选区域后，可以编辑该区域的设置。例如，可以对是否显示内容默认值的设置进行更改，将参数链接到现有可选区域，或者修改模板表达式。要修改可选区域，可以重新打开【新建可选区域】对话框。

(1)如果属性检查器尚未打开，选择菜单命令【窗口】/【属性】将其打开。

(2)在【设计】视图中，单击想要修改的可编辑区域的模板选项卡，或在【设计】视图中，单击模板区域的内容，然后在标签选择器中单击模板标记 <mmtemplate:if>；还可以在【代码】视图中，单击想要修改的模板区域的注释标记。

(3)在属性检查器中单击 编辑(E)... 按钮，弹出【新建可选区域】对话框。

(4)进行修改，然后单击 确定 按钮。

8.3　应用模板

创建模板的目的在于应用,通过模板生成网页的方式有以下两种。

1. 从模板新建网页

选择菜单命令【文件】/【新建】,打开【新建文档】对话框,选择【模板中的页】选项,然后在【站点】列表框中选择站点,在模板列表框中选择模板,并选择【当模板改变时更新页面】复选框,以确保模板改变是更新基于该模板的页面,然后单击 创建(R) 按钮来创建基于模板的网页文档,如图 8－14 所示。

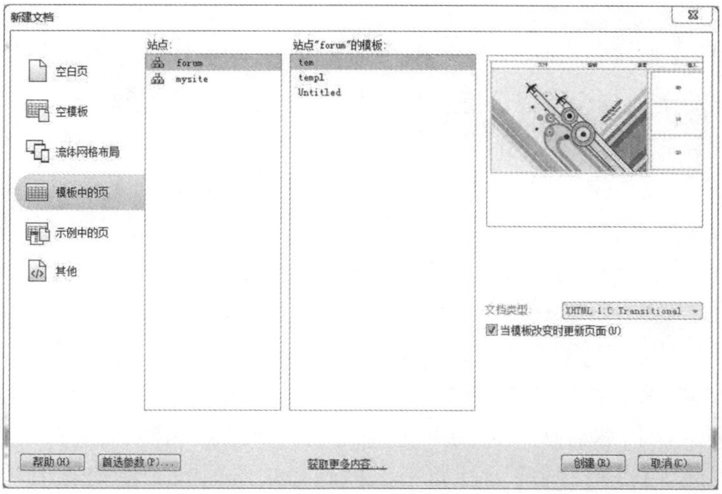

图 8－14　从模板新建网页

2. 将现有页面应用模板

首先打开要应用模板的网页文档,然后选择菜单命令【修改】/【模板】/【应用模板到页】,或在【资源】面板的模板列表框中选中要应用的模板,再单击面板底部的 应用 按钮,即可应用模板。如果已打开的文档是一个空白文档,文档将直接应用模板;如果打开的文档是一个有内容的文档,这时通常会打开一个【不一致的区域名称】对话框,该对话框会提示用户将文档中的已有内容移到模板的相应区域。

8.4　维护模板

1. 打开附加模板

在一个网站中,在模板较少的情况下,在【资源】面板中可方便地打开模板进行编辑。但是如果模板很多,使用模板的网页也很多,该如何快速地打开当前网页文档所使用的模板呢?

打开网页文档所使用的模板的快速方法是,首先打开使用模板的网页文档,然后选择菜单命令【修改】/【模板】/【打开附件模板】,这样就可根据需要快速地编辑模板了。

2. 重命名模板

重命名模板的方法是，在【资源】面板的【模板】类别中单击模板的名称，以选择该模板，再次单击模板的名称，以便使文本可选，然后输入一个新名称，按 Enter 键使更改生效。这种重命名方式与 Windows 资源管理器中对文件进行重命名的方式相同。

3. 删除模板

对于站点中不需要的模板文件可以删除，方法是，在【资源】面板的【模板】类别中选择要删除的模板，单击面板底部的 确定 按钮或按 Delete 键，然后确认删除该模板。

删除模板后，该模板文件将被从站点中删除。基于已删除模板的文档不会与此模板分离，它们仍保留该模板文件在被删除前所具有的结构和可编辑区域。可以将这样的文档转换为没有可编辑区域或锁定区域的网页文档。

4. 更新应用了模板的文档

从模板创建的文档与该模板保持连接状态（除非以后分离该文档），可以修改模板并立即更新基于该模板的所有文档中的设计。修改模板后，Dreamweaver CS6 会提示更新基于该模板的文档，用户可以根据需要手动更新当前文档或整个站点。手动更新基于模板的文档与重新应用模板相同。将模板更改应用于基于模板的当前文档的方法是，在文档窗口中打开要更新的网页文档，然后选择菜单命令【修改】/【模板】/【更新当前页】，Dreamweaver CS6 基于模板的更改来更新该网页文档。用户可以更新站点的所有页面，也可以只更新特定模板的页面。选择菜单命令【修改】/【模板】/【更新页面】，打开【更新页面】对话框。在【查看】下拉列表中根据需要执行下列操作之一：如果要按相应模板更新所选站点中的所有文件，请选择【整个站点】，然后从后面的下拉列表中选择站点名称，如图 8－15 所示；如果要针对特定模板更新文件，请选择【文件使用…】，然后从后面的下拉列表中选择模板名称，如图 8－16 所示。

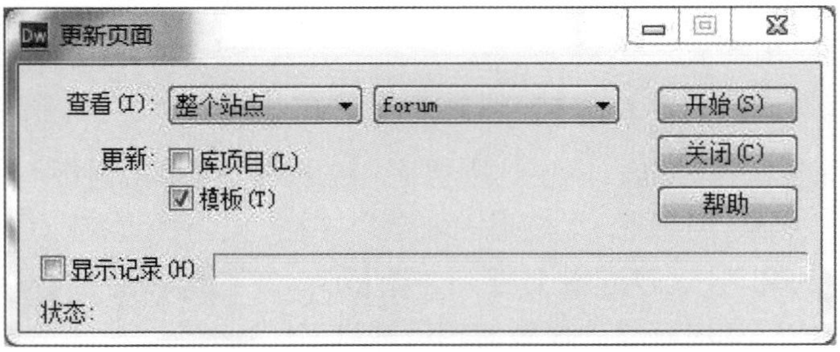

图 8－15　更新站点

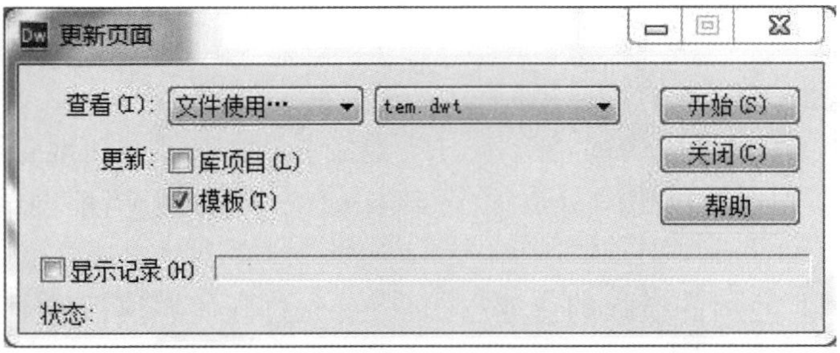

图 8－16　更新文件

确保在【更新】选项中选中了【模板】。如果不想查看更新文件的记录，可取消选择【显示记录】复选框；否则，可让该复选框处于选中状态。单击 开始(S) 按钮更新文件，如果选择了【显示记录】复选框，将提供关于它试图更新的文件的信息，包括它们是否成功更新信息。

5. 将网页从模板中分离

若要更改基于模板的文档的锁定区域，必须将该文档从模板中分离。将文档分离之后，整个文档都将变为可编辑的。将网页从模板中分离的方法是，首先打开想要分离的基于模板的文档，然后选择菜单命令【修改】/【模板】/【从模板中分离】。

文档被从模板中分离，所有模板代码都被删除，网页文档脱离模板后，模板中的内容将自动变成网页中的内容，网页与模板不再有关联，用户可以在文档中的任意区域进行编辑。

8.5　创建库项目

创建库项目既可以创建空白库项目，也可以创建基于选定内容的库项目。

1. 创建空白库项目

创建空白库项目的方法是，选择菜单命令【窗口】/【资源】，打开【资源】面板，单击 (库)按钮切换至【库】分类，单击【资源】面板右下角的 (新建库项目)按钮，新建一个库项目，然后在列表框中输入库项目的新名称并按 Enter 键确认，如图 8－17 所示。此时它还是一个空白库项目，还需要通过单击面板底部的 (编辑)按钮或双击库项目名称来打开库项目并添加内容，这样库项目才有实际意义。也可以选择菜单命令【文件】/【新建】，打开【新建文档】对话框，选择【空白页】/【库项目】选项来创建空白库项目。此时的库项目是打开的，添加内容后保存即可。

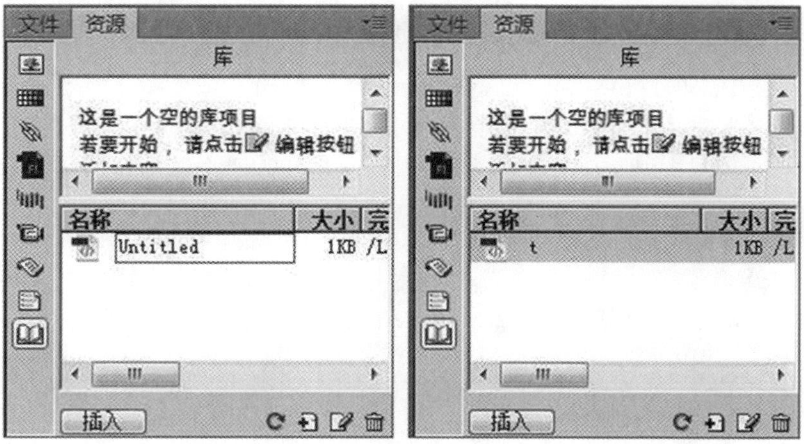

(a)　(b)

图 8－17　创建空白库项目

2. 创建基于选定内容的库项目

用户也可以将网页中现有的对象元素转换为库文件。其方法是，在页面中选择要转换的内容，然后选择菜单命令【修改】/【库】/【增加对象到库】，即可将选中的内容转换为库项目，并显示在【库】列表中，最后输入库名称并确认即可，如图 8 - 18 所示。

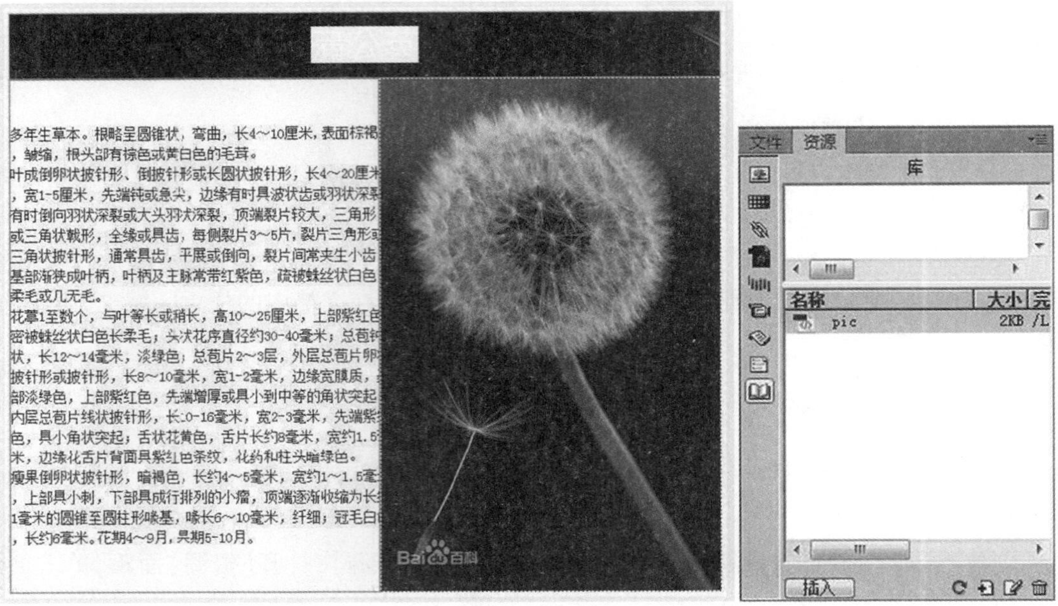

(a) (b)

图 8 - 18 创建基于选定内容的库项目

8.6 应用库项目

1. 插入库项目

库项目是可以在多个页面中重复使用的页面元素。在网页中插入库项目的方法是，在【资源】面板中选中库项目，然后单击底部的 插入 按钮，或者单击鼠标右键，在弹出的快捷菜单中选择【插入】命令，将库项目插入到当前网页文档中。在使用库项目时，Dreamweaver CS6 不是向网页中直接插入库项目，而是插入一个库项目链接，通过【属性】面板中的"源文件/Library/pic. lbi"可以清楚地说明这一点，如图 8 - 19 所示。

图 8 - 19 库项目【属性】面板

2. 修改库项目

库项目创建以后，根据需要适时地修改其内容是不可避免的。如果要修改库项目，需要直接打开库项目进行修改。其方法是，在【资源】面板的库项目列表中双击库项目，或先选中库项目，然后单击面板底部的 按钮打开库项目；也可以在引用库项目的网页中选中库项目,然后在【属性】面板中单击 打开 按钮打开库项目。

3. 更新库项目

在库项目被修改保存后,引用该库项目的网页会自动更新;如果没有自动更新,可以选择菜单命令【修改】/【库】/【更新当前页】,对应用库项目的当前页进行更新;也可以选择菜单命令【修改】/【库】/【更新页面】,打开【更新页面】对话框,进行参数设置后更新相关页面。如果在【更新页面】对话框的【查看】下拉列表中选择【整个站点】选项,然后从其右侧的下拉列表中选择站点的名称,将会使用当前版本的库项目更新所选站点中的所有页面,如图 8－20 所示。如果选择【文件使用…】选项,然后从其右侧的下拉列表中选择库项目名称,将会更新当前站点中所有应用了该库项目的文档,如图 8－21 所示。

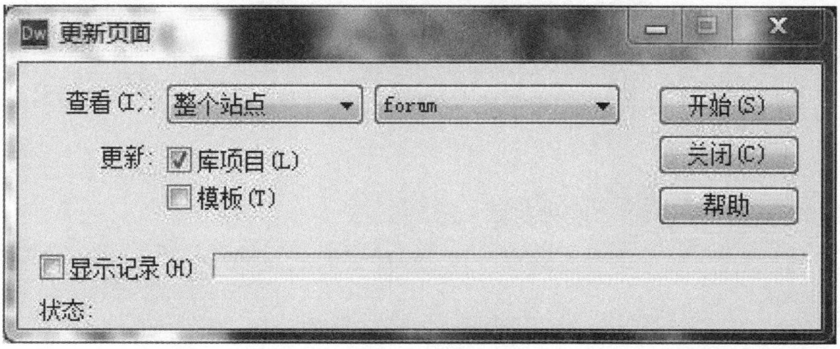

图 8－20　更新站点

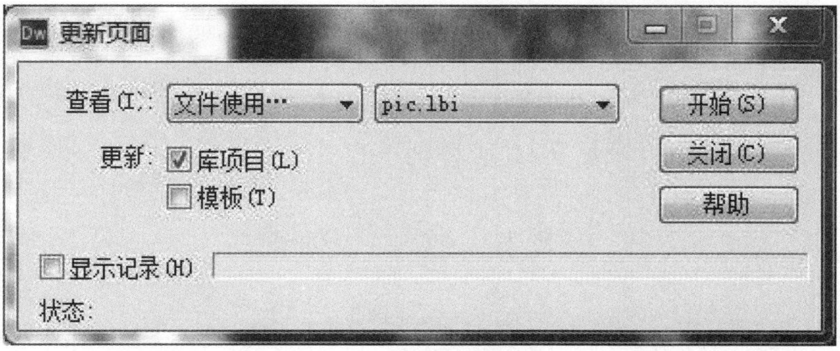

图 8－21　更新页面

8.7　维护库项目

1. 快速打开库项目

在引用库项目的当前网页中,选择库项目后,在【属性】面板中单击 打开 按钮,可打开库项目的源文件进行编辑,这等同于在【资源】面板中双击打开库项目进行编辑。其中,【Src】显示库项目源文件的文件名和位置,不能编辑此信息。

2. 重命名库项目

重命名模板的方法是,在【资源】面板的【库】类别中选择库项目暂停,再次单击库项目的名称，然后输入一个新名称，按Enter键使更改生效。在弹出的【更新文件】对话框中选择是否更新使用该项目的文档。

3. 分离库项目

一旦在网页文档中应用了库项目，如果希望其成为网页文档的一部分，就需要将库项目从源文件中分离出来。其方法是，在当前网页中选中库项目，然后在【属性】面板中单击 从源文件中分离 按钮，在弹出的信息提示框中单击 确定 按钮，将库项目的内容与库文件分离，如图 8 – 22 所示。分离后，就可以对这部分内容进行编辑了，因为它已经是网页的一部分，与库项目没有联系。

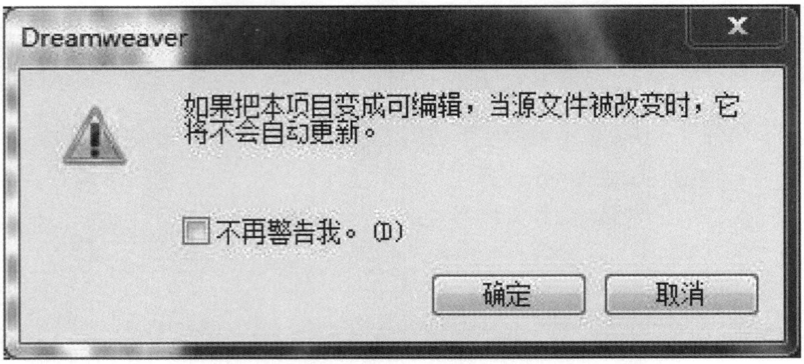
Dreamweaver
如果把本项目变成可编辑，当源文件被改变时，它将不会自动更新。
不再警告我。(D)
确定
取消

图 8 – 22　分离库项目信息提示框

4. 删除库项目

删除库项目的方法是，打开【资源】面板并切换至【库】分类，在库项目列表中选中要删除的库项目，单击【资源】面板右下角的 按钮或直接在键盘上按Delete键即可。一旦删除了一个库项目，将无法进行恢复，因此应特别小心。

8.8　实　　例

下面通过一个实例说明如何在网页中建立并使用该项目，本例的最终效果如图 8 – 23 所示。将鼠标移到导航文本上时，文本显示为橙色，单击导航文本，则跳转到相应的页面。

（1）启动 Dreamweaver CS6，新建一个 HTML 模板文件，如图 8 – 24 所示，在页面中插入一个 3 行 1 列的表格，表格宽度为“600 px”，边框粗细为 0。

（2）选中表格，在属性面板上的【对齐】下拉列表中选择“居中对齐”。将光标定位在第 1 行的单元格中，在属性面板上设置单元格内容水平和垂直对齐方式均为“居中”，“高度”为 100，然后输入文本“柳永名作”。选中输入的文本，单击属性面板上的 编辑规则 按钮，设置选择器类型为“类”，选择器名称为“. STYLE1”，单击 确定 按钮打开规则定义对话框，在【类型】分类中指定文字为“华文行楷”，大小为“48”，颜色为“#6622FF”，如图 8 – 25 所示，单击按钮 确定 关闭对话框。

（3）将光标定位在第 2 行单元格中，单击【拆分单元格】按钮 ，将单元格拆分为 4 列。选中拆分后的单元格，设置单元格内容水平和垂直对齐方式均为“居中”。然后在单元格中输入导航文本,如图 8 - 26 所示。

为了便于控制对齐格式,诗的内容部分放在一个 2 行 1 列的表格内。

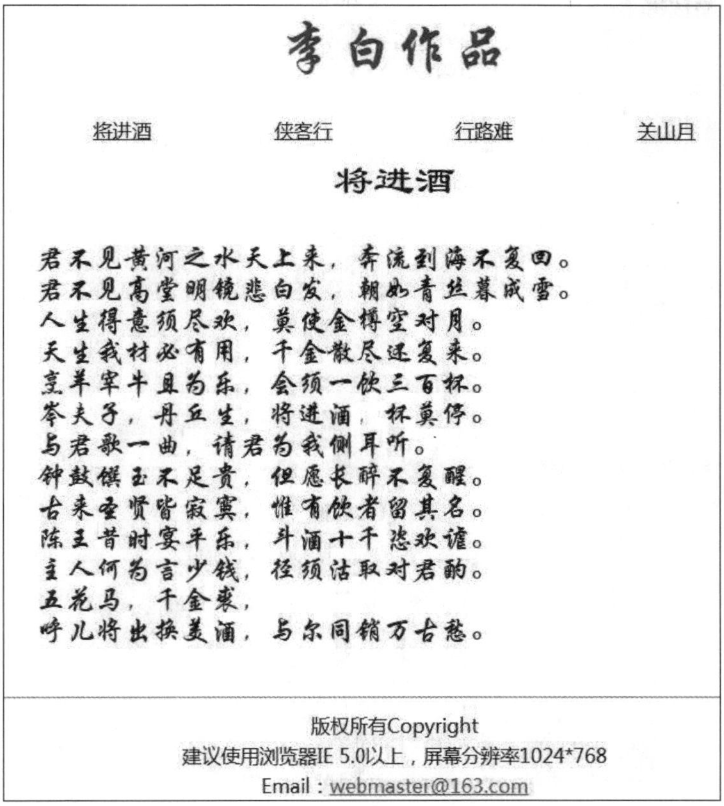

图 8 - 23　实例效果图

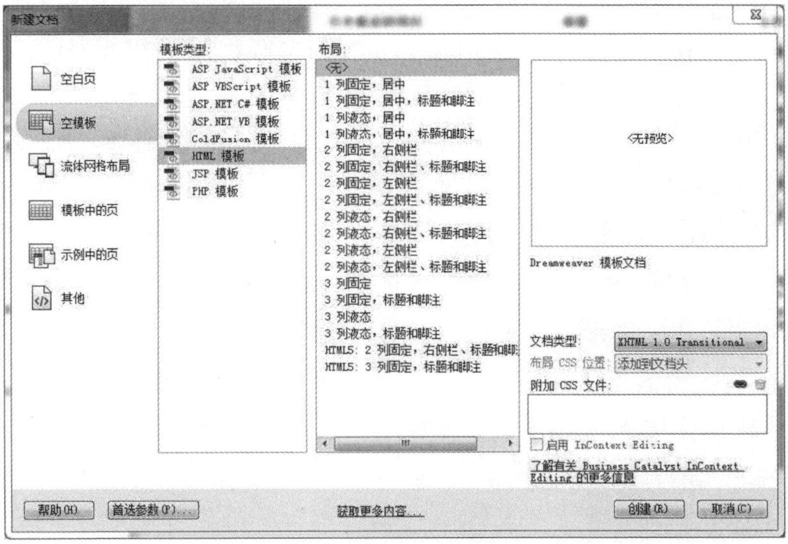

图 8 - 24　新建一个 HTML 模板文件

图 8－25 “. STYLE1”的 CSS 规则定义

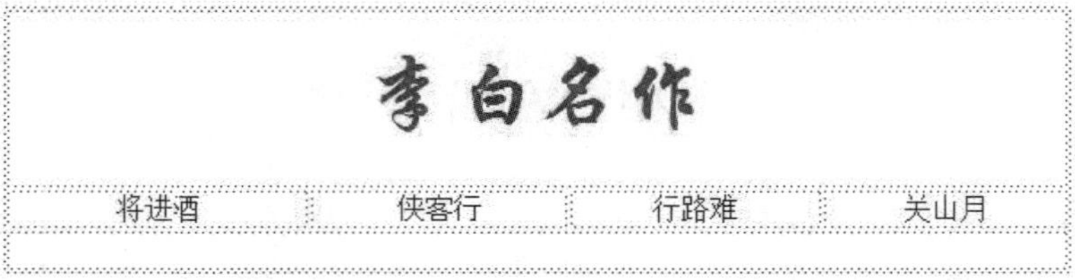

图 8－26 输入导航文本的效果

(4)将光标定位在第 3 行单元格中,设置单元格内容水平方式为“居中对齐”,垂直对齐方式为“顶端”,然后在单元格中插入一个 2 行 1 列的表格,表格宽度为“600 px”,边框粗细为“0”,如图 8－27 所示。

(5)将光标定位在嵌套表格的第 1 行,设置单元格内容水平对齐方式和垂直对齐方式均为“居中”,高为“50”,然后输入文本“将进酒”。选中文本,点击 编辑规则 按钮,新建一个 CSS 规则,选择器类型为“类”,选择器名称为“. STYLE2”,在规则定义对话框中指定文本字体为“隶书”,大小为“34”,如图 8－28 所示,单击 确定 按钮关闭对话框。

(6)将光标定位在嵌套表格的第 2 行,设置单元格内容水平对齐方式为“左对齐”,垂直对齐方式为“顶端”,然后输入诗词文本。选中文本,单击 编辑规则 按钮,新建一个 CSS 规则,选择器类型为“类”,选择器名称为“. STYLE3”,在规则定义对话框中指定文本字体为“华文行楷”,大小为“24”,如图 8－29 所示,单击 确定 按钮关闭对话框。此时的页面效果如图 8－30 所示。

(7)选中页面导航文本以下部分,即嵌套表格,单击【插入】栏【常用】面板上图标 中的下拉箭头,在弹出菜单中单击 按钮。

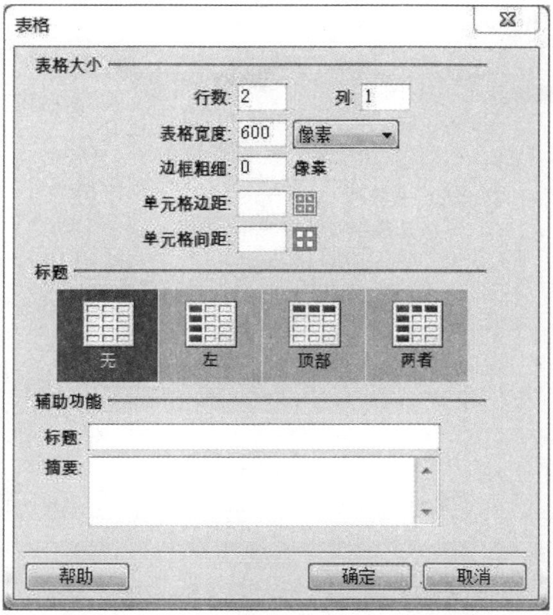

图 8－27　在第 3 行单元格中插入表格

图 8－28　“. STYLE2”的 CSS 规则定义

(8)单击 确定 按钮,弹出【新建可编辑区域】对话框,如图 8－31 所示,【名称】设置为 content,单击 确定 按钮,插入可编辑区域,如图 8－32 所示。

(9)光标定位在表格外,按 Enter 键后再插入一个可编辑区域,这时文档共有两个可编辑区域,如图 8－33 所示。

(10)选择【文件】/【保存】命令,将文件保存为模板文件“shili. dwt”。

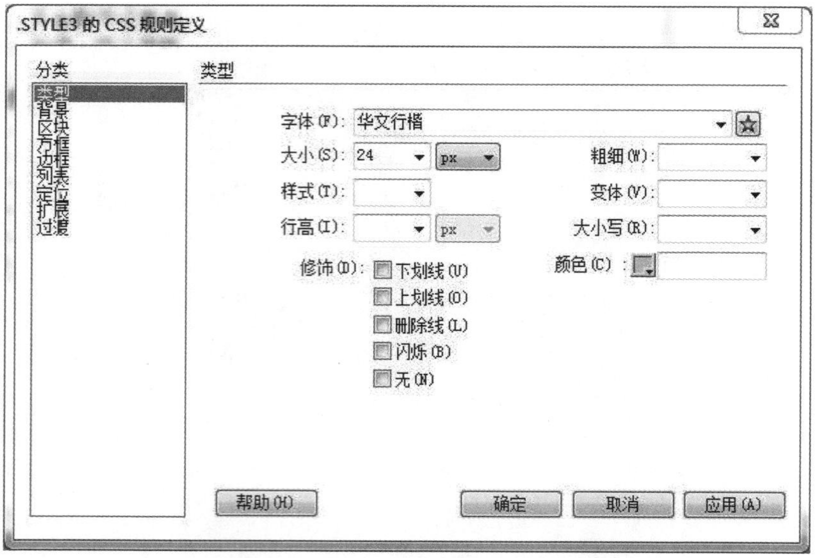
.STYLE3 的 CSS 规则定义
分类
类型
背景
区块
方框
边框
列表
定位
扩展
过渡
类型
字体(F): 华文行楷
大小(S): 24 px
粗细(W):
样式(T):
变体(V):
行高(I): px
大小写(R):
修饰(D): 下划线(U)
上划线(O)
删除线(L)
闪烁(B)
无(N)
颜色(C):
帮助(H)
确定
取消
应用(A)

图 8-29 “.STYLE3”的 CSS 规则定义

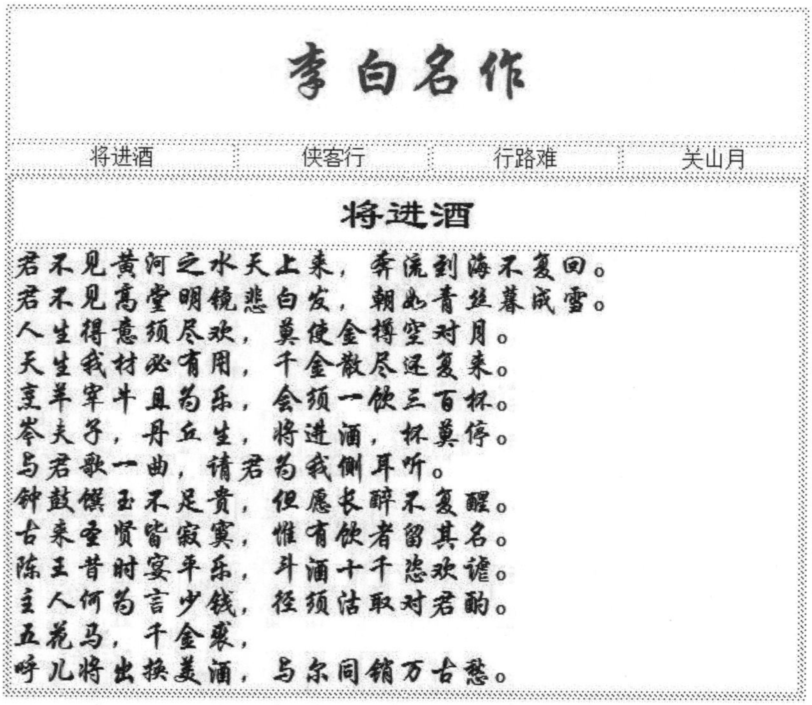
李白名作
将进酒
侠客行
行路难
关山月
将进酒
君不见黄河之水天上来，奔流到海不复回。
君不见高堂明镜悲白发，朝如青丝暮成雪。
人生得意须尽欢，莫使金樽空对月。
天生我材必有用，千金散尽还复来。
烹羊宰牛且为乐，会须一饮三百杯。
岑夫子，丹丘生，将进酒，杯莫停。
与君歌一曲，请君为我侧耳听。
钟鼓馔玉不足贵，但愿长醉不复醒。
古来圣贤皆寂寞，惟有饮者留其名。
陈王昔时宴平乐，斗酒十千恣欢谑。
主人何为言少钱，径须沽取对君酌。
五花马，千金裘，
呼儿将出换美酒，与尔同销万古愁。

图 8-30 实例效果图

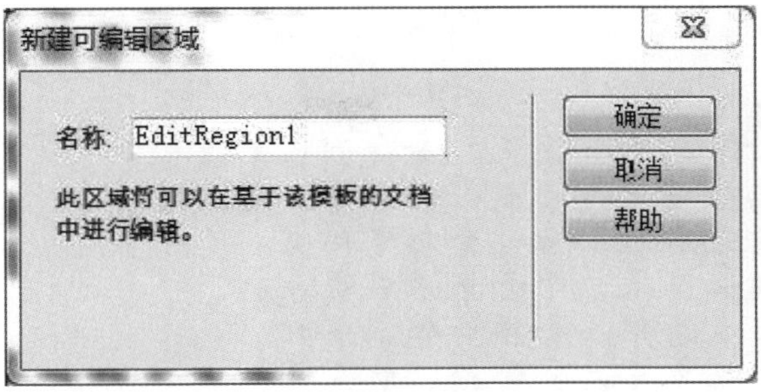
新建可编辑区域
名称: EditRegion1
此区域将可以在基于该模板的文档中进行编辑。
确定
取消
帮助

图 8－31　【新建可编辑区域】对话框

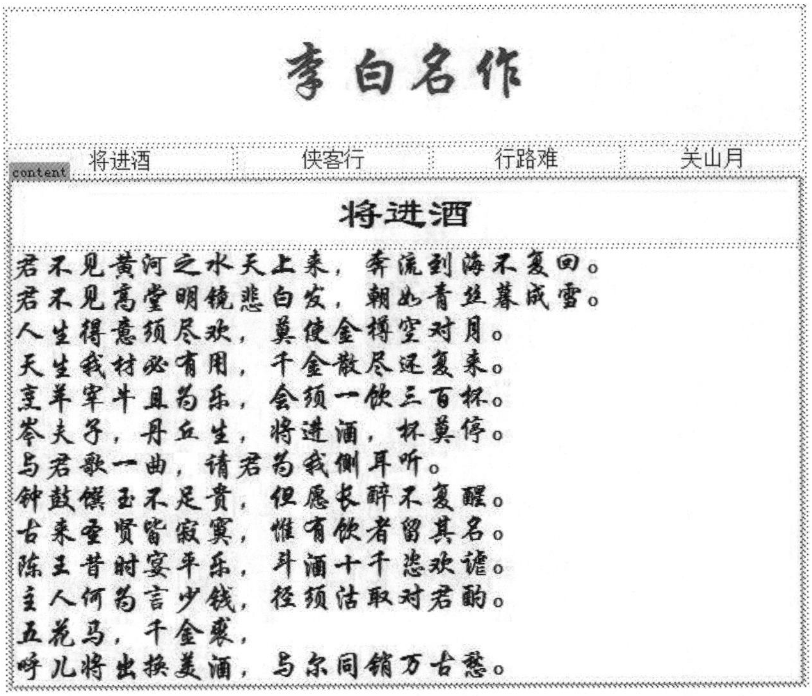
李白名作
将进酒
侠客行
行路难
关山月
content
将进酒
君不见黄河之水天上来，奔流到海不复回。
君不见高堂明镜悲白发，朝如青丝暮成雪。
人生得意须尽欢，莫使金樽空对月。
天生我材必有用，千金散尽还复来。
烹羊宰牛且为乐，会须一饮三百杯。
岑夫子，丹丘生，将进酒，杯莫停。
与君歌一曲，请君为我侧耳听。
钟鼓馔玉不足贵，但愿长醉不复醒。
古来圣贤皆寂寞，惟有饮者留其名。
陈王昔时宴平乐，斗酒十千恣欢谑。
主人何为言少钱，径须沽取对君酌。
五花马，千金裘，
呼儿将出换美酒，与尔同销万古愁。

图 8－32　实例效果图

(11)右击库项目管理面板中的“新建库项目”按钮，建立库项目“copyright. lbi”，如图 8－34 所示。

(12)在库项目管理面板中双击库项目 copyright. lbi，打开库项目编辑窗口。

(13)插入一个 4 行 1 列的表格，表格宽度为 98%，边框粗细为 0。选中表格，在属性面板上的【对齐】下拉列表中选择“居中对齐”。选中所有表格，在属性面板上设置单元格内容水平和垂直对齐方式均为“居中”，将光标定位在第 1 行单元格中，设置单元格高度为“20”，然后单击【常用】插入面板上的【水平线】按钮，插入一条水平线。

(14)在第 2 行至第 4 行单元格中输入版本等文本，并指定邮箱链接。新建一个 CSS 规则定义版本文本的颜色为“#F30”。然后新建两个 CSS 规则定义链接文本的样式，选择器类型为“复合内容”，选择器名称分别为“a:link”和“a:hover”。规则 a:link 的文本颜色为“#00F”；a:hover 的文本颜色为“#F30”。copyright. lbi 最终制作效果如图 8－35 所示。

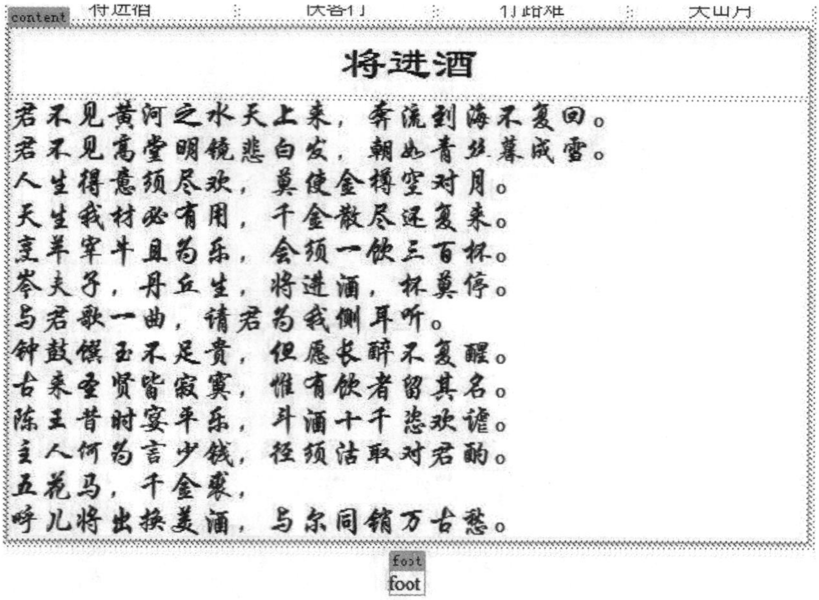
content
将进酒
君不见黄河之水天上来，奔流到海不复回。
君不见高堂明镜悲白发，朝如青丝暮成雪。
人生得意须尽欢，莫使金樽空对月。
天生我材必有用，千金散尽还复来。
烹羊宰牛且为乐，会须一饮三百杯。
岑夫子，丹丘生，将进酒，杯莫停。
与君歌一曲，请君为我侧耳听。
钟鼓馔玉不足贵，但愿长醉不复醒。
古来圣贤皆寂寞，惟有饮者留其名。
陈王昔时宴平乐，斗酒十千恣欢谑。
主人何为言少钱，径须沽取对君酌。
五花马，千金裘，
呼儿将出换美酒，与尔同销万古愁。
foot
foot

图 8-33　文档中的可编辑区域

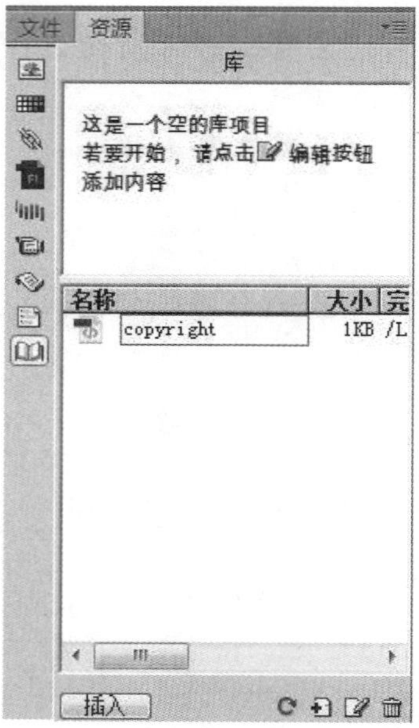
文件
资源
库
这是一个空的库项目
若要开始，请点击 编辑按钮
添加内容
名称
大小
copyright
1KB
插入

图 8-34　建立库项目

(15)将光标定位在模板 shili. dwt 的第二个可编辑区域中，删除其中的文本，然后打开【库】面板，选中上一步制作好的项目，并单击【插入】按钮插入库项目。此时的页面效果如图 8-36 所示。

(16)选择菜单命令【修改】/【页面属性】命令，在打开的【页面属性】对话框中切换到【链接】页面，设置链接颜色为“#00F”，已访问链接颜色为“#300”，活动链接颜色为“#F30”，如图 8-37 所示。

图 8－35　copyright 信息效果图

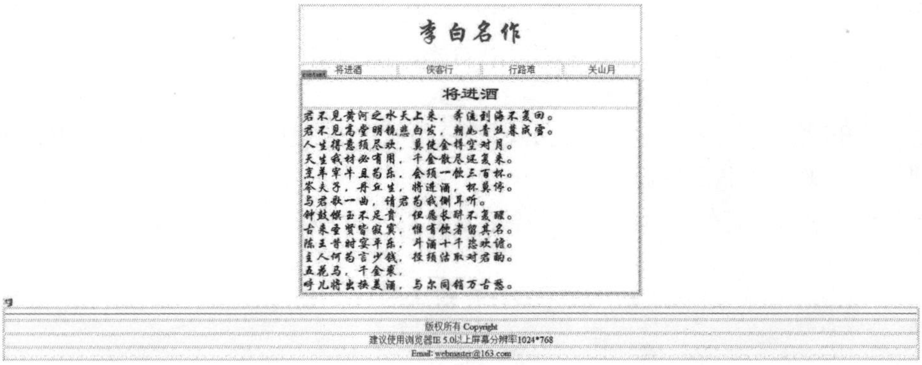

图 8－36　在网页中插入库项目

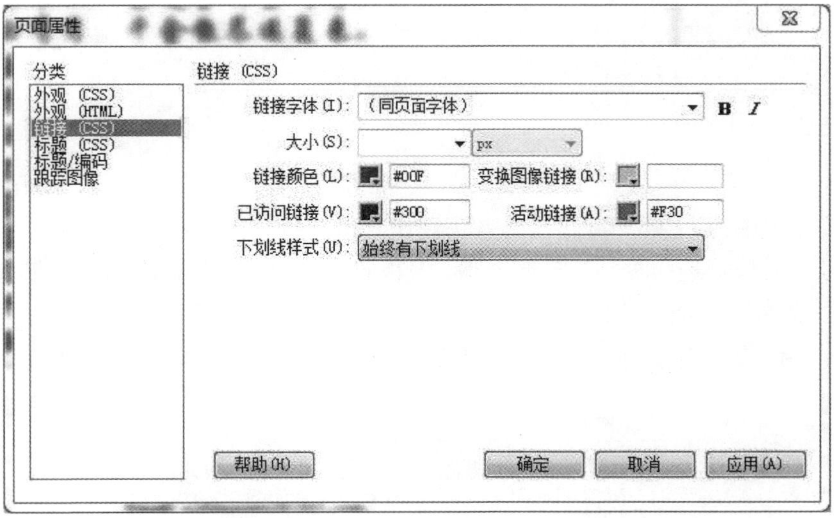

图 8－37　【页面属性】设置

(17)打开【模板】控制板，右击模板 shili. dwt，在弹出的快捷菜单中执行【从模板新建】命令，新建基于模板的文档，可以发现在文档中只有诗词内容和底部的可编辑区是可编辑的，如图 8－38 所示。

(18)选择菜单命令【文件】/【保存】保存文件，完成第一个网页。

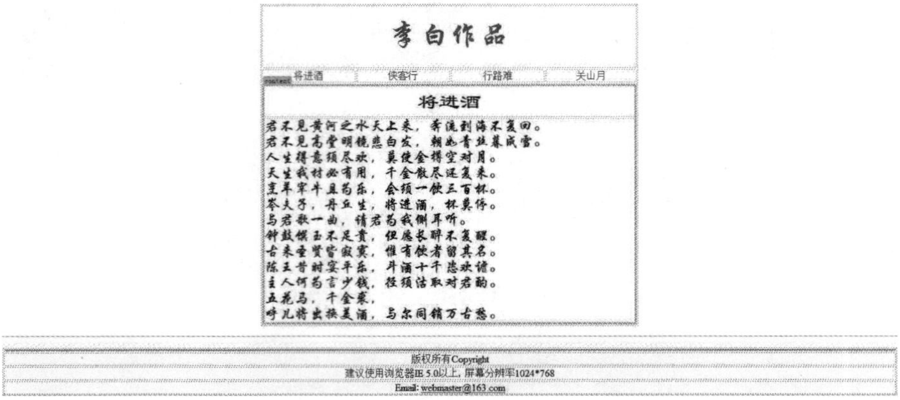
李白作品
将进酒
侠客行
行路难
关山月
将进酒
君不见黄河之水天上来，奔流到海不复回。
君不见高堂明镜悲白发，朝如青丝暮成雪。
人生得意须尽欢，莫使金樽空对月。
天生我材必有用，千金散尽还复来。
烹羊宰牛且为乐，会须一饮三百杯。
岑夫子，丹丘生，将进酒，杯莫停。
与君歌一曲，请君为我侧耳听。
钟鼓馔玉不足贵，但愿长醉不复醒。
古来圣贤皆寂寞，惟有饮者留其名。
陈王昔时宴平乐，斗酒十千恣欢谑。
主人何为言少钱，径须沽取对君酌。
五花马，千金裘，
呼儿将出换美酒，与尔同销万古愁。
版权所有Copyright
建议使用浏览器IE 5.0以上，屏幕分辨率1024*768
Email: webmaster@163.com

图 8－38　使用模板创建网页

（19）打开【模板】面板，右击 shili. dwt 模板，在弹出的快捷菜单中执行【从模板创建】命令，创建第一个基于模板的文档。

（20）把诗词的内容修改为第二首词“侠客行”，结果如图 8－39 所示。

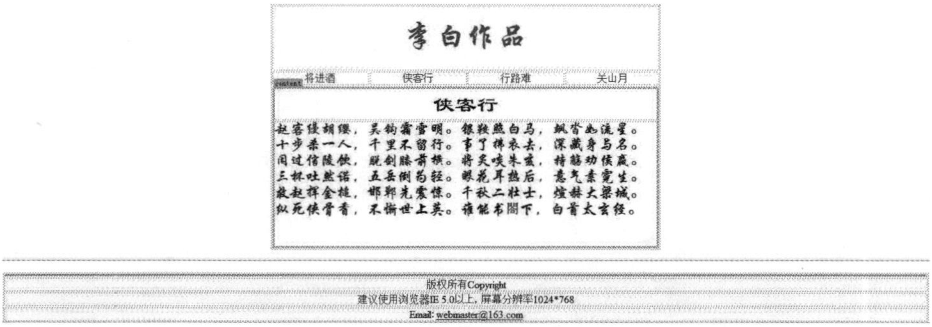
李白作品
将进酒
侠客行
行路难
关山月
侠客行
赵客缦胡缨，吴钩霜雪明。银鞍照白马，飒沓如流星。
十步杀一人，千里不留行。事了拂衣去，深藏身与名。
闲过信陵饮，脱剑膝前横。将炙啖朱亥，持觞劝侯嬴。
三杯吐然诺，五岳倒为轻。眼花耳热后，意气素霓生。
救赵挥金槌，邯郸先震惊。千秋二壮士，烜赫大梁城。
纵死侠骨香，不惭世上英。谁能书阁下，白首太玄经。
版权所有Copyright
建议使用浏览器IE 5.0以上，屏幕分辨率1024*768
Email: webmaster@163.com

图 8－39　第二个网页效果图

（21）按照步骤（17）～（20）同样的方法制作其他网页。

（22）打开模板管理面板，双击 shili. dwt 模板打开文件，为模板顶部的导航文本指定链接目标，使之链接到上面制作的相应文件。

（23）保存模板文档，这时弹出【更新模板文件】对话框，如图 8－40 所示。

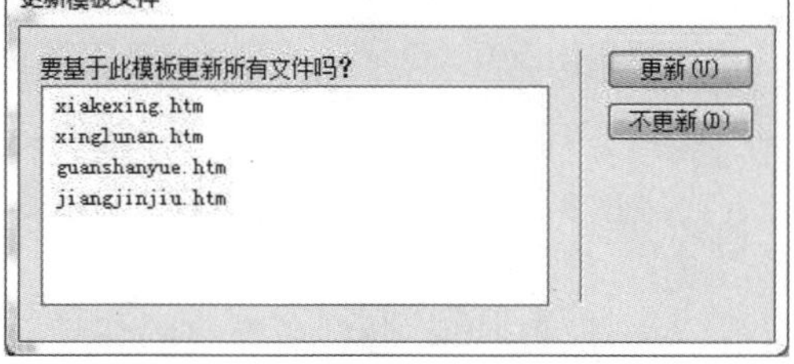
更新模板文件
要基于此模板更新所有文件吗？
xiakexing.htm
xinglunan.htm
guanshanyue.htm
jiangjinjiu.htm
更新(U)
不更新(D)

图 8－40　【更新模板文件】对话框

(24)单击 更新(U) 按钮,更新使用模板的文件,弹出【更新页面】对话框,如图 8 - 41 所示。更新完成后,在【状态】域显示更新成功消息。

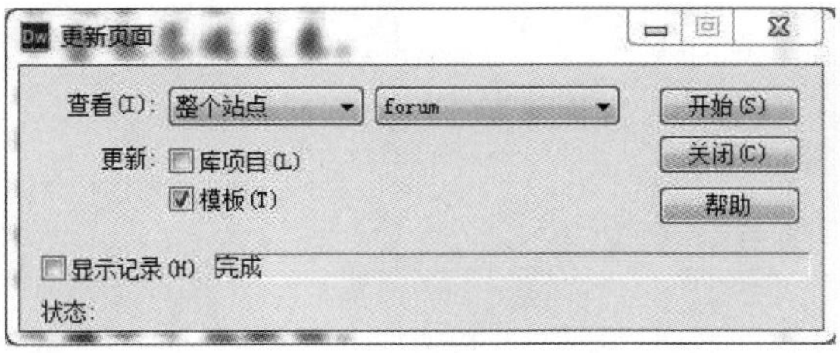

图 8 - 41　【更新页面】对话框

(25)单击 关闭(C) 按钮完成网页制作。

(26)按 F12 键运行,查看效果。

8.9　本章小结

本章通过熟悉模板和库的相关知识,掌握了创建、应用和维护模板和库的方法。

第 9 章　使用 Div

【学习目标】

- 掌握创建 AP Div 的方法。
- 掌握编辑 AP Div 的方法。
- 掌握设置 AP Div 属性的方法。
- 掌握插入 Div 标签的方法。
- 掌握插入流体网格布局 Div 标签的方法。
- 掌握使用 CSS + Div 技术布局网页的方法。

Dreamweaver CS6 中的 Div 元素实际上是来自于 CS6 中的定位技术，只不过在 Dreamweaver 中将其进行了可视化操作。Div 体现了网页技术从二维空间向三维空间的延伸，也是一种新的发展方向。通过 Div，用户可以在网页中实现诸如下拉菜单、图片、文本的各种运动效果；也可以实现网页的排版布局。

9.1　基本概念

在学习 Div 的基本知识时，首先必须理解下面 3 个概念的区别与联系。

➢ AP 元素　是分配有绝对位置的 HTML 页面元素。例如，Div 标签、Table 标签等只要为其定义了绝对位置属性，就是 AP 元素。所有 AP 元素都将显示在【AP 元素】面板中。

➢ AP Div　是具有绝对定位的 Div。由于 AP Div 是一种能够随意定位的页面元素，因此可以将 AP Div 放置在页面的任何位置，页面中所有的 AP Div 都会显示在【AP 元素】面板中。

➢ Div 标签　是具有相对定位的 Div，用来定义页面内容中的逻辑区域，可以使用 Div 标签将内容块居中，创建列效果及不同的颜色区域等。

9.2　Web 标准

Web 标准不是某一个标准，而是一系列标准的集合。网页主要由结构、表现和行为 3 部分组成，对应的标准也分为 3 方面。

1. 结构

结构用于对网页中用到的信息进行分类与整理。结构标准语言主要包括 XML 和 XHTML。

XML 是可扩展标识语言，最初设计弥补了 HTML 的不足，以强大的扩展性满足网络信息发布的需要，后来逐渐用于网络数据的转换和描述。

XHTML 是可扩展超文本标识语言，是在 HTML4.0 的基础上，使用 XML 的规则对其进行扩展发展起来的，其目的就是实现由 HTML 向 XML 的过渡。

2. 表现

表现用于对信息的版式、颜色和大小等形式进行控制。表现标准语言主要是 CSS。

CSS 是层叠样式表，W3C 创建 CSS 标准的目的是以 CSS 取代 HTML 表格式布局、帧和其他表现的语言。纯 CSS 布局与结构式 XHTML 相结合能帮助设计师分离外观与结构，使站点的访问及维护更加容易。

3. 行为

行为是指文档内部的模型定义及交互行为的编写，用于编写交互式的文档。行为标准主要包括 DOM 和 ECMAScript。

DOM 是文档对象模型，它定义了表示和修改文档所需的对象、对象的行为和属性，以及这些对象之间的关系。DOM 给 Web 设计者开发了一个标准的方法，让他们来访问站点中的数据、脚本和表现层对象。

ECMAScript 是由 ECMA 国际组织指定的标准脚本语言，目前推荐遵循的是 ECMAScript262。JavaScript 或 Jscript 脚本语言实际上是 ECMA－262 标准的扩展。

9.3 【AP 元素】面板

选择菜单命令【窗口】/【AP 元素】，打开【AP 元素】面板。图 9－1 所示为一个包含多个 AP Div 的【AP 元素】面板。

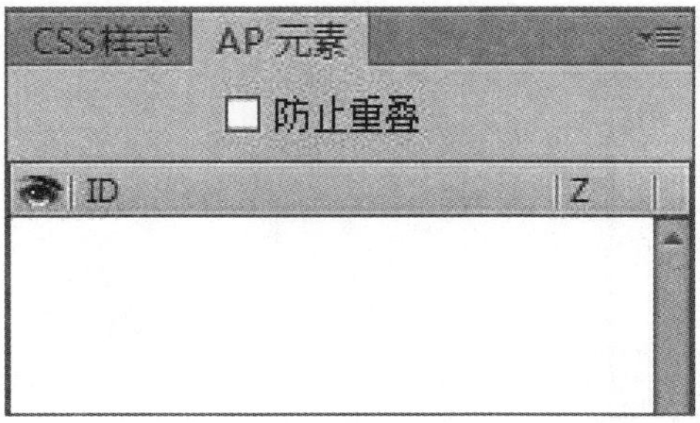

图 9－1　【AP 元素】面板

【AP 元素】面板的主体部分有 3 列：第 1 列为显示与隐藏栏，用来设置 AP Div 的显示与隐藏；第 2 列为 ID 名称栏，它与【属性】面板中【CSS－P 元素】选项的作用是相同的；第 3 列 z 轴栏，它与【属性】面板中的 z 轴选项是相同的。在【AP 元素】面板中可以实现以下操作功能：

➢ 通过双击 ID 名称可以对 AP Div 进行重命名。

➢ 通过双击 z 轴的顺序号可以修改 AP Div 的 z 轴顺序。AP Div 的 z 轴的含义是，除了屏幕的 x、y 坐标外，逻辑上增加了一个垂直于屏幕的 z 轴。z 轴顺序就好像 AP Div 在 z 轴上的坐标值。这个坐标值可正可负，也可以是 0，数值大的在上层，数值小的在下层。

➢ 通过选择【放置重叠】复选框可以禁止 AP Div 重叠。

➢ 通过单击 栏下方的相应眼睛图标可以设置 AP Div 的可见性，若需同时改变所有

AP Div 的可见性，则单击图标列表最顶端的图标，原来所有的 AP Div 均变为可见或不可见。

- 按住Shift键不放，依次单击可以选定多个 AP Div。
- 按住Ctrl键不放，将某一个 AP Div 拖动到另一个 AP Div 上，形成嵌套的 AP Div。

9.4 创建 AP Div

在创建 AP Div 时，可以直接插入一个默认大小的 AP Div，也可以直接绘制自定义大小的 AP Div。

9.4.1 插入默认大小的 AP Div

将鼠标光标置于文档窗口中，选择菜单命令【插入】/【布局对象】/【AP Div】，将插入一个默认大小的 AP Div；也可以将【插入】/【布局】面板上的 绘制 AP Div 按钮拖拽到文档窗口，此时也将插入一个默认大小的 AP Div，如图 9－2 所示。

当向网页中插入 AP Div 时，AP Div 属性是默认的，如 AP Div 的大小和背景颜色等。如果希望按照自己预先定义的大小插入 AP Div，可以选择菜单命令【编辑】/【首选参数】，弹出【首选参数】对话框，在【分类】列表中选择【AP 元素】分类，根据需要对其中的参数进行设置即可，如图 9－3 所示。

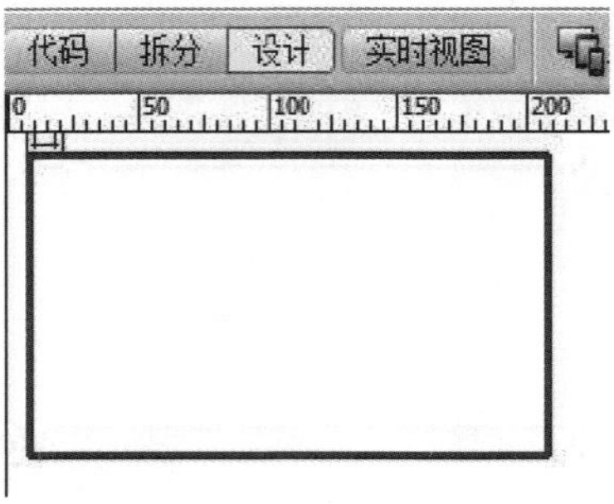

图 9－2 插入默认大小的 AP Div

图 9－3 定义【AP 元素】分类的参数

【显示】 设置 AP 元素在默认情况下是否可见，其选项有"default""inherit""visible""hidden"4 个。"default"不指定可见性属性，当未指定可见性时，大多数浏览器都会默认为"继承"；"inherit"将继承使用 AP 元素父级的可见性设置；"visible"将显示 AP 元素的内容，而与父级的值无关；"hidden"将隐藏 AP 元素的内容，而与父级的值无关。

【宽】和【高】 设置使用菜单命令【插入】/【布局对象】/【AP Div】创建的 AP 元素的默认宽度和高度（以像素为单位）。

【背景颜色】 设置一种默认背景颜色。

【背景图像】 设置默认背景图像。

【嵌套】 设置从现有 AP Div 边界内的某点开始绘制的 AP Div 是否应该是嵌套的 AP Div。

9.4.2　绘制自定义大小的 AP Div

在【插入】/【布局】面板上单击 绘制 AP Div 按钮，然后将鼠标光标移至文档窗口中，当光标变为“ + ”形状时，按住鼠标左键并拖拽，到适合位置释放鼠标左键，将绘制一个自定义大小的 AP Div，如图 9 - 4 所示。如果想一次绘制多个 AP Div，在单击 绘制 AP Div 按钮后，按住 Ctrl 键不放，连续进行绘制即可。创建 AP Div 以后，可以在 AP Div 中添加文本、图像和表格等网页元素。

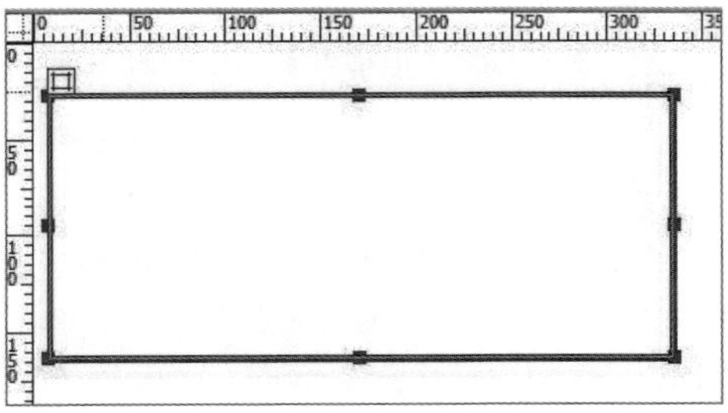

图 9 - 4　绘制 AP Div

9.5　绘制嵌套 AP Div

AP Div 的嵌套就是指在一个 AP Div 内创建另一个 AP Div，且包含另一个 AP Div。制作嵌套的 AP Div 通常有两种方式：一种是在 AP Div 内部新建嵌套 AP Div；另一种是将已经存在的 AP Div 添加到另外一个 AP Div 内，从而使其成为嵌套的 AP Div。

9.5.1　绘制嵌套 AP Div

在【首选参数】对话框的【AP 元素】分类中，选择【在 AP Div 中创建以后嵌套】复选框，然后在【插入】/【布局】面板中单击 绘制 AP Div 按钮，在现有 AP Div 中拖拽，则绘制的 AP Div 就嵌套在现有 AP Div 中了。

9.5.2　插入嵌套 AP Div

将鼠标光标置于所要嵌套的 AP Div 中，然后选择菜单命令【插入】/【布局对象】/【AP Div】，插入一个嵌套的 AP Div。

AP Div 的绘制与重叠不一样，嵌套的 AP Div 与父 AP Div 是有一定关系的；而重叠的 AP Div 除视觉上会与父 AP Div 有一些联系外，没有其他关系。

9.6 AP Div 属性

插入 AP Div 以后，在【属性】面板中可以查看和编辑 AP Div 的属性，如图 9－5 所示。其中相关参数的含义说明如下。

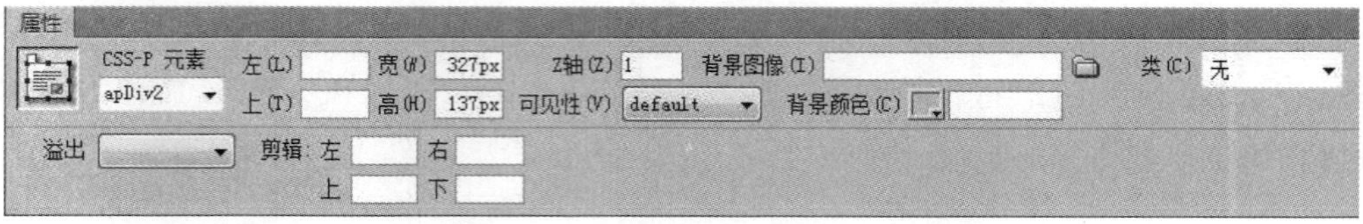

图 9－5　AP Div【属性】面板

【CSS－P 元素】　用来设置 AP 元素的 ID 名称，此 ID 用于在【AP 元素】面板和 JavaScript 代码中标识 AP 元素，ID 应使用标准的字母和数字字符，不能使用空格、连字符、斜杠或句号等特殊字符，AP 元素必须有自己唯一的 ID。

【左】、【上】　设置 AP Div 的左上角相对于页面（如果嵌套，则为父 AP 元素）左上角的位置。

【宽】、【高】　设置 AP 元素的宽度和高度，如果 AP 元素的内容超过指定大小，AP 元素的底边（按照在 Dreamweaver 的【设计】视图中的显示）会延伸以容纳这些内容。如果“溢出”属性没有设置为【visible（可见）】，那么当 AP 元素在浏览器中出现时，底边将不会延伸。

【Z 轴】：设置在垂直平面的方向上 AP 元素的顺序号，在浏览器中，编号较大的 AP 元素出现在编号较小的 AP 元素的前面，值可以为正，也可以为负。当更改 AP 元素的堆叠顺序时，使用【AP 元素】面板要比输入特定的 Z 轴值更为简便。

【可见性】　设置 AP 元素的可见性，包括“default”（默认）、“inherit”（继承）、“visible”（可见）、“hidden”（隐藏）4 个选项。

【背景图像】　设置 AP 元素的背景图像。

【背景颜色】　设置 AP 元素的背景颜色。

【类】　设置当 AP 元素的内容超过 AP 元素的指定大小时如何在浏览器中显示 AP 元素，包括 4 个选项：“visible（可见）”表示在 AP 元素中显示额外的内容，实际上，AP 元素会通过延伸来容纳额外的内容；“hidden（隐藏）”表示不在浏览器中显示额外的内容；“scroll（滚动）”表示浏览器应在 AP 元素上添加滚动条，而不管是否需要滚动条；“auto（自动）”使浏览器仅在需要时（即当 AP 元素的内容超过其边界时）才显示 AP 元素的滚动条。溢出选项在不同的浏览器中会获得不同程度的支持。

【剪辑】　用来设置 AP 元素的可见区域，指定左、上、右和下坐标以在 AP 元素的坐标空间中定义一个矩形（从 AP 元素的左上角开始计算）。AP 元素将经过“剪裁”以使得只有指定的矩形区域才是可见的。

9.7　编辑 AP Div

在创建了 AP Div 以后，许多时候要根据实际需要对其进行编辑，如选择、缩放、移动和对齐 AP Div 等。

9.7.1　选择 AP Div

选择 AP Div 有以下几种方法。

单击文档中的图标来选定 AP Div，如图 9－6 所示。如果该图标没有显示，可在【首选参数】/【不可见元素】分类中选择【AP 元素的锚点】复选框。

将鼠标光标置于 AP Div 内，然后在文档窗口底部的标签条中选择相应的 HTML 标签，如图 9－7 所示。

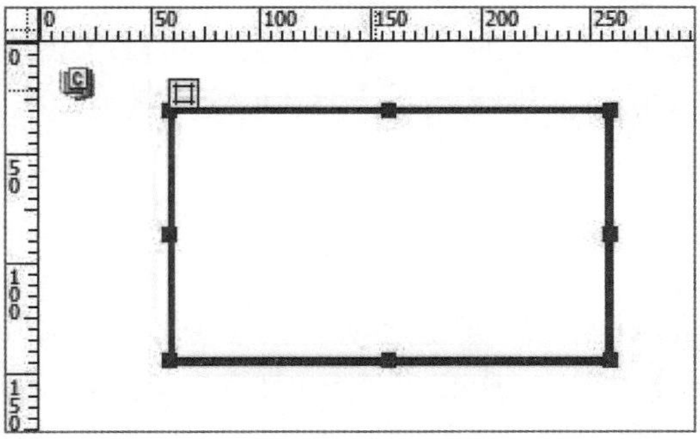

图 9－6　选定 AP Div

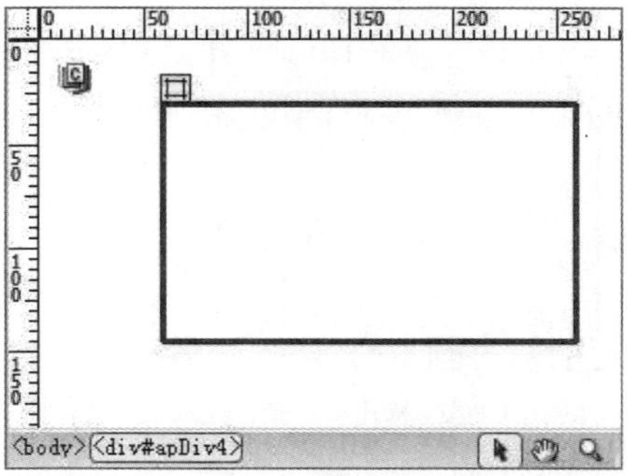

图 9－7　选择"<div#apDiv4>"标签

单击 AP Div 的边框线，如图 9－8 所示，按住 Shift 键不放，依次单击 AP Div 的边框线，可以选定多个 AP Div。

在【AP 元素】面板中单击 AP Div 的名称，如图 9－9 所示。

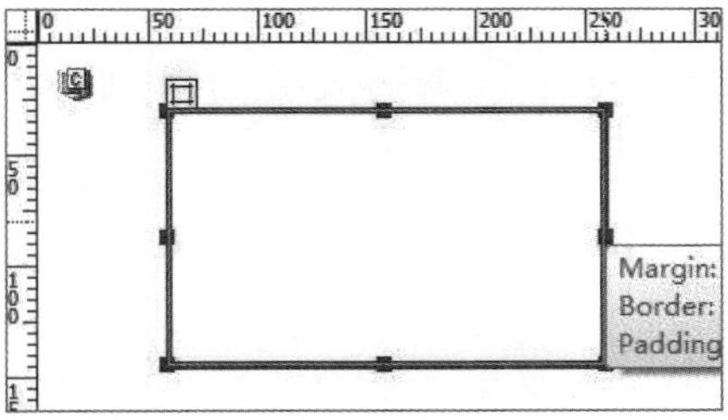

图 9－8　单击 AP Div 的边框线

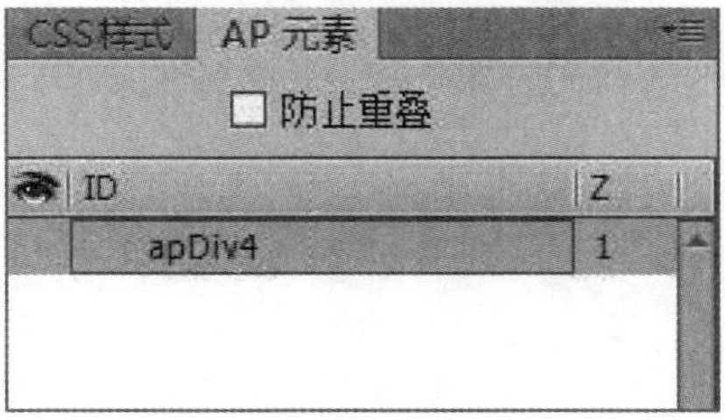

图 9－9　单击 AP Div 的名称

9.7.2　缩放 AP Div

缩放 AP Div 仅改变 AP Div 的宽度和高度，不改变 AP Div 中的内容。在文档窗口中可以缩放一个 AP Div，也可同时缩放多个 AP Div，使它们具有相同的尺寸。缩放单个 AP Div 有以下几种方法。

➢ 选定 AP Div，然后拖拽缩放手柄（AP Div 周围出现的小方块）来改变 AP Div 的尺寸。拖拽上或下手柄改变 AP Div 的高度，拖拽左或右手柄改变 AP Div 的宽度，拖拽 4 个角的任意一个缩放点同时改变 AP Div 的宽度和高度。

➢ 选定 AP Div，按住 Ctrl 键，每按一次方向键，AP Div 就被改变一个像素值。

➢ 选定 AP Div，同时按住 Shift + Ctrl 组合键，每按一次方向键，AP Div 就被改变 10 个像素值。

➢ 选定 AP Div，在【属性】面板的【宽】和【高】文本框中输入数值（要带单位，如 100 px），并按 Enter 键确认。

如果同时对多个 AP Div 的大小进行统一调整，通常有以下两种方法：

➢ 选定多个 AP Div，在【属性】面板的【宽】和【高】文本框中输入数值，并按 Enter 键确认，此时文档窗口中所有 AP Div 的宽度和高度全部变成了指定的宽度。

➢ 选定多个 AP Div，选择菜单命令【修改】/【排列顺序】/【设成宽度相同】或【设成高度相同】来统一宽度或高度，利用这种方法将以最后选定的 AP Div 的宽度或高度为标准。

9.7.3 移动 AP Div

要想精确定位 AP Div，许多时候要根据需要移动 AP Div。移动 AP Div 时，首先要确定 AP Div 是可以重叠的，也就是不选择【AP 元素】面板中的【防止重叠】复选框，这样 AP Div 可以不受限制地被移动。移动 AP Div 的方法主要有以下几种：

➢ 选定 AP Div 后，当鼠标光标靠近缩放手柄变为可以图标时，按住鼠标左键并拖拽，AP Div 将跟着鼠标的移动而发生位移。

➢ 选定 AP Div，然后按 4 个方向键，向 4 个方向移动 AP Div。每按一次方向键，将使 AP Div 移动一个像素值的距离。

➢ 选定 AP Div，按住 Shift 键，然后按 4 个方向键，向 4 个方向移动 AP Div。每按一次方向键，将使 AP Div 移动 10 个像素值的距离。

➢ 选定 AP Div，在【属性】面板的【左】和【上】文本框内输入数值（要带单位，如 150 px），并按 Enter 键确认。

9.7.4 对齐 AP Div

对齐功能可以使两个或两个以上的 AP Div 按照某一边界对齐。对齐 AP Div 的方法是，首先将所有 AP Div 选定，然后选择菜单命令【修改】/【排列顺序】中的相应选项即可。例如，选择【对齐下缘】命令，将使所有被选中的 AP Div 底边按照最后选定 AP Div 的底边对齐，即所有 AP Div 底边都排列在一条水平线上。

9.8　关于 CSS + Div 布局

CSS + DIV 是网站标准(或称 Web 标准)中常用的术语之一,因为在 XTHML 网站设计标准中,不再使用表格定位技术,而是采用 CSS + Div 的方式实现各种定位。现在 CSS + DIV 技术在网站建设中已经应用很普遍,这里的 DIV 指的主要是相对定位的 Div 标签,而不是绝对定位的 AP Div。

9.8.1　为什么要使用 CSS + Div 布局

CSS(cascade style sheet,层叠样式表)是一种描述网页显示外观的样式定义文件,Div(division,层)是网页元素的定位技术,可以将复杂网页分割成独立的 Div 区块,再通过 CSS 技术控制 Div 的显示外观,这就构成了目前主流的网页布局技术:Div + CSS。

Div + CSS 网页布局技术与传统使用 Table 布局技术相比,具有如下优点:

1. 节省页面代码

传统的 Table 技术在布局网页时经常会在网页中插入大量的 <Table>、<tr>及<td>等标记,这些标记会造成网页结构的臃肿,给后期的代码维护造成很大干扰。而用 Div + CSS 布局页面,既不会增加太多代码,也便于网页的后期维护。

2. 加快网页浏览速度

当网页结构非常复杂时,需要使用嵌套表格完成网页布局,这就加重了网页下载的负担,使网页加载非常缓慢。而用 Div + CSS 布局网页,能够将大的网页元素切分成小的,从而加快访问速度。

3. 便于网站推广

Internet 网站中每天都有海量网页存在,这些网页需要有强大的搜索引擎,而作为搜索引擎的重要组成,网络爬虫则肩负着检索和更新网页链接的职能,有些网络爬虫遇到多层嵌套表格网页时会选择放弃,这就使得这类网站不能被搜索引擎检索到,也就无法影响该类网站的推广应用,而采用 Div + CSS 布局网页则会避免该类问题。

除此之外,使用 Div + CSS 网页布局还可以根据浏览窗口的大小自动调整当前网页布局,同一个 CSS 文件可以链接到多个网页,使网站风格统一,结构相似。Div + CSS 网页布局技术目前已经取代了传统的布局方式,成为当今主流的网页设计技术。

注意:Div 是用来为 HTML 文档内的大块内容提供结构和背景的元素。Div 的起始标签和结束标签之间的所有内容都是用来构成这个块的,其中所包含元素的特性由 Div 标签属性,或通过使用 CSS 来控制。

9.8.2　CSS 的盒子模型

CSS 布局的基本结构块是 Div 标签(即<div>…</div>),它是一个 HTML 标签,在大多数情况下用作文本、图像或其他页面元素的容器。当创建 CSS 布局时,会将 Div 标签放在页面上,向这些标签中添加内容,然后将它们放在不同的位置。可以用相对方式(指定与其他页面元素的距离)或绝对方式(指定 x 和 y 左边,即 AP Div)来定位 Div 标签,还可通过指定浮动、填充和边距(当今 Web 标准的首选方法)放置 Div 标签。也就是说,Div 元素是用来为 HTML 文档内大块(block-level)的内容提供结构和背景的元素。Div 的起始标签 <div> 和结束标签 </div> 之间的所有内容都是用来构成这个块的,其中所包含元素的特性由 Div 标签的属性或 Div 标签所使用的样式表来控制。

如果要掌握 CSS + Div 布局方法,首先要对 CSS 盒子模型有足够的认识。只有理解了盒子模型的原理以和其中每个元素的使用方法,才能真正掌握 CSS + Div 布局的真谛。在使用 CSS + Div 技术进行网页布局的过程中,会经常用到内容、填充、边框、边界等属性,这些都是盒子模型的基本要素,进行页面布局时必须明白它们之间的关系,如图 9 - 10 所示。

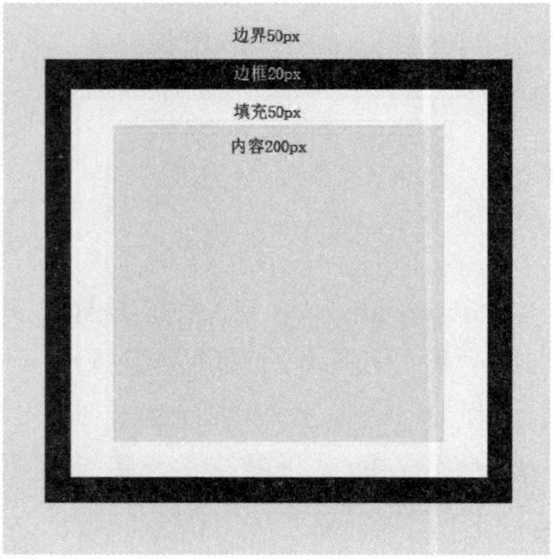

图 9 - 10　盒子模型

在给 Div 标签等块元素定义宽度时,这个宽度通常指的是内容的宽度,高度也是如此,即 CSS 中所说的块元素的宽度和高度是指内容区域的宽度和高度,不包括填充、边框和边界。在填充和边界都不为"0"的情况下,边框位于两者中间,通过 CSS 可以给边框定义样式、宽度和颜色。填充用于控制内容与边框之间的距离,可大可小,也可为"0",要根据实际需要而定。边界是用来设置页面中一个元素所占空间的边缘到相邻元素之间的距离。

使用 CSS + Div 进行页面布局是一种很新的排版理念,首先要将页面使用 Div 标签整体划分为几个版块,然后对各个版块进行 CSS 定位,最后在各个版块中添加相应的内容。

9.8.3　ID 与 class 的区别

在使用 CSS + Div 布局网页时,经常会用 ID 和 class 来选择调用 CSS 样式属性。对初学者来说,什么时候用 ID,什么时候用 class,可能比较模糊。

Class 在 CSS 中叫作"类",在同一个页面可以无数次调用相同的类样式。ID 表示标签的身份,是标签的唯一标识,在 CSS 里 ID 在页面中只能出现一次。即使在同一个页面里调用相同的 ID 多次,也仍然没有出现页面混乱错误,但为了 W3C 及各个标准,大家也要遵循 ID 在一个页面里的唯一性,以免出现浏览器兼容问题。例如,在文件头定义了一个 ID 名称样式"#tstyle",在正文中通过 ID 引用了一次,除了这一次,不能再继续引用了。

因此,在页面中凡是需要多次引用的样式,需要定义成类样式,通过 class 进行多次调用,凡是只用一次的样式,可以定义成 ID 名称样式,当然也可以定义为类样式。一个元素上可以有一个类和一个 ID,如 <div class = "sidebar1" id = "leftbar" >,一个元素还可以有多个类,如 <div class = "sidebar1" pstyle fontstyle >,这个新的类命名结构带来了更高的灵活性。

9.8.4　CSS + Div 布局的优点

CSS + Div 是目前网页页面布局的主流技术,具有如下诸多优点。

1. 页面载入速度更快

由于将大部分页面代码写在了 CSS 中，使得页面容量变得更小。CSS + Div 将页面独立成更多的区域，在打开页面的时候，逐层加载，使得加载速度加快。

2. 修改设计更有效率

由于使用了 CSS + Div 方法，将页面内容和表现形式分离，使得在修改页面的时候，直接到 CSS 里修改相应的样式即可。这样做更有效率，更方便，同时也不会破坏页面其他部分的布局样式。

3. 保持视觉的一致性

CSS + Div 最重要的优势之一就是保持视觉的一致性，它将所有页面或所有区域统一用 CSS 控制，避免了不同区域或不同页面体现出的效果偏差。

4. 更好地被搜索引擎收录

由于将大部分的 HTML 代码和内容样式写入了 CSS 中，这就使得网页中正文部分更为突出明显，便于被搜索引擎采集收录。

5. 对浏览者和浏览器更具亲和力

网站做出来是给浏览者使用的，对浏览者和浏览器更具亲和力，CSS + Div 在这方面更具优势，由于 CSS 富含丰富的样式，使页面更具灵活性，它可以根据不同的浏览器，达到显示效果的统一和不变形。

9.9　页面布局类型

下面介绍几种最为常用的页面布局类型。

9.9.1　一字形结构

一字形结构是最简单的网页布局类型，即无论是从纵向上看，还是从横向上看，都只有一栏，通常居中显示。它是其他布局类型的基础。

9.9.2　左右结构

左右结构将网页分割为左右两栏：左栏小，右栏大；或者左栏大，右栏小，如图 9 – 11 所示。

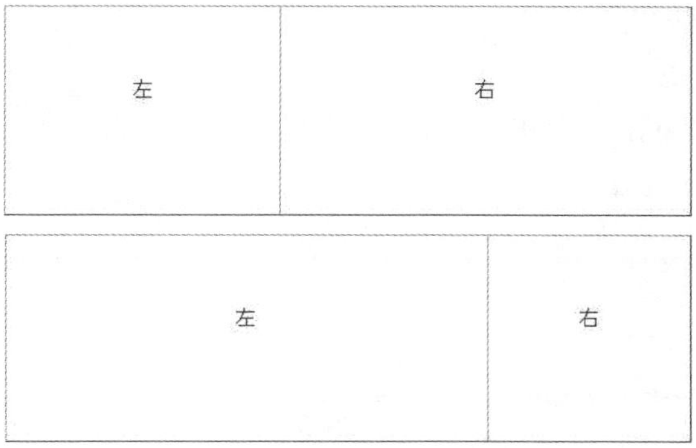

图 9 – 11　左右结构

9.9.3 川字形结构

川字形结构将网页分割为左中右三栏:左右两栏小,中栏大,如图 9 – 12 所示。

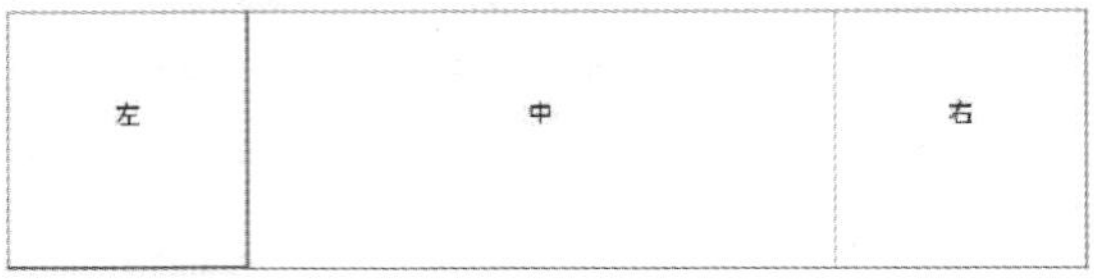

图 9 – 12 川字形结构

9.9.4 二字形结构

二字形结构将网页分割为上下两栏:上栏小,下栏大;或者上栏大,下栏小,如图 9 – 13 所示。

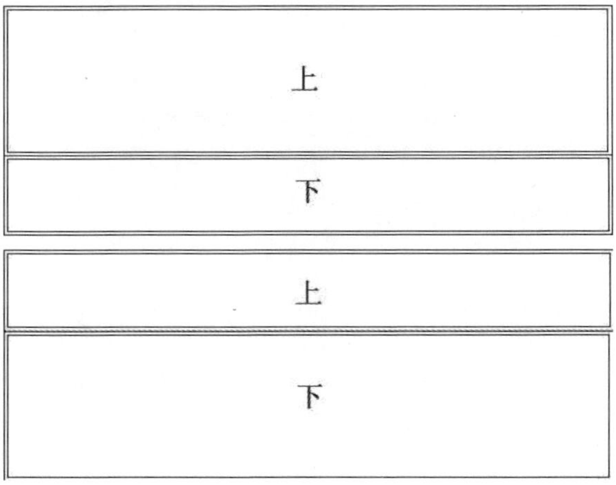

图 9 – 13 二字形结构

9.9.5 三字形结构

三字形结构将网页分割为上中下三栏:上下栏小,中栏大,如图 9 – 14 所示。

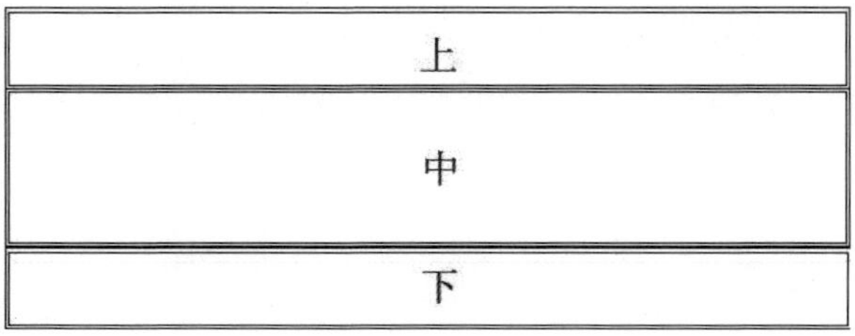

图 9 – 14 三字形结构

9.9.6　厂字形结构

厂字形结构将网页分割为上下两栏，下栏又分为左右两栏，如图 9－15 所示。

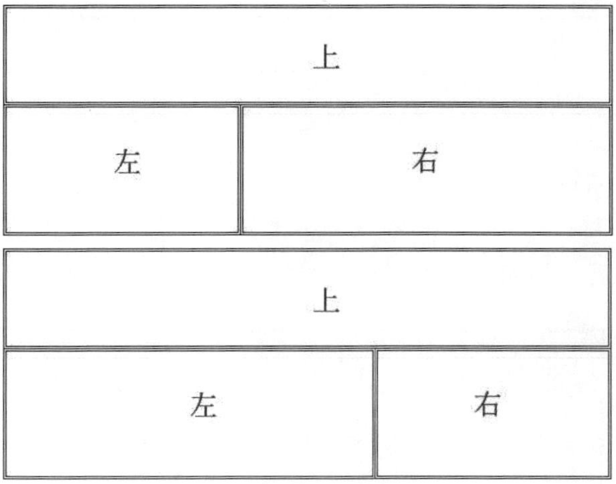

图 9－15　厂字形结构

9.9.7　匡字形结构

匡字形结构将网页分割为上中下三栏，中栏又分为左右两栏，如图 9－16 所示。

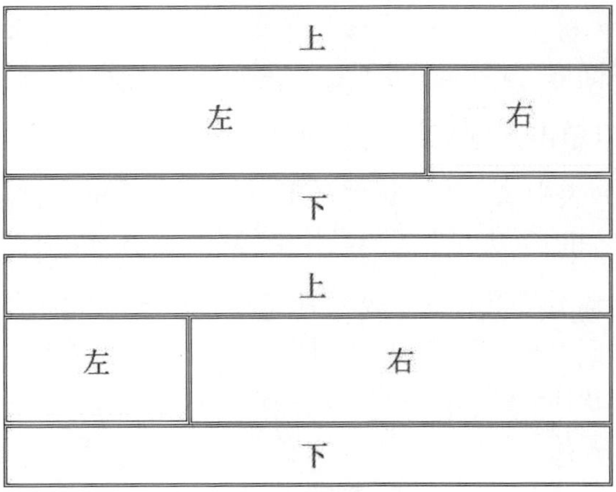

图 9－16　匡字形结构

9.9.8　同字形结构

同字形结构将网页分割为上下两栏，下栏又分为左中右三栏，如图 9－17 所示。

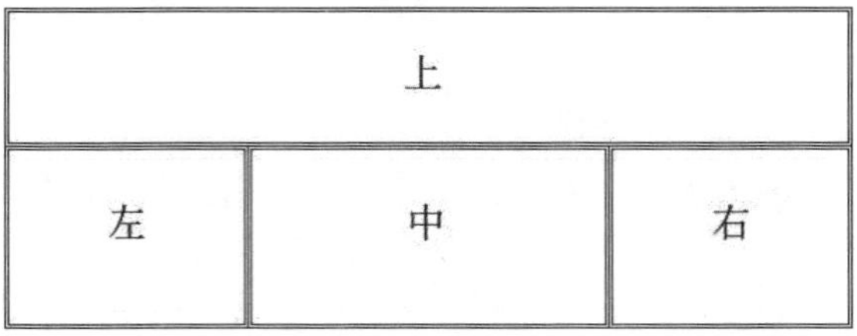

图 9－17　同字形结构

9.9.9　回字形结构

回字形结构将网页分割为上中下三栏，中栏又分为左中右三栏，如图 9－18 所示。

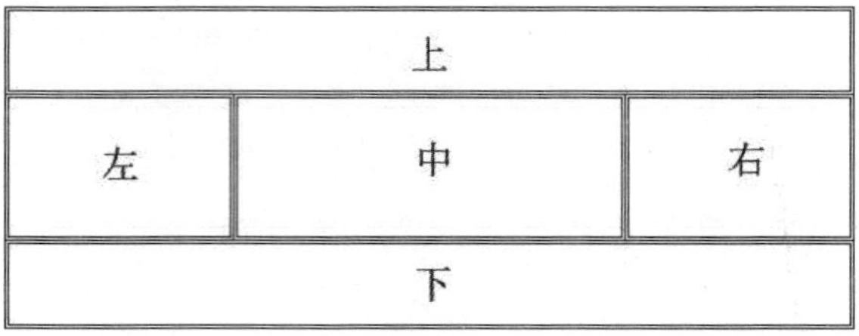

图 9－18　回字形结构

9.10　插入 Div 标签

插入相对定位的 Div 标签的方法是，选择菜单命令【插入】/【布局对象】/【Div 标签】，打开【插入 Div 标签】对话框。在【插入】下拉列表中定义插入 Div 标签的位置，如果此时不需要定义 CSS 样式，可以单击 确定 按钮直接插入 Div 标签；如果此时需要定义 CSS 样式，可以在【ID】下拉列表中输入 Div 标签的 ID 名称，然后单击 新建 CSS 规则 按钮创建 ID 名称 CSS 样式，当然也可以在【类】下拉列表中输入类 CSS 样式的名称，再单击 新建 CSS 规则 按钮创建类 CSS 样式。不管使用哪种形式的 CSS 样式，建议都要对 Div 标签进行 ID 命名，以方便页面布局的管理，如图 9－19 所示。

在 HTML 代码中，AP Div 和 Div 标签使用共同的 <div> 标记，那么两者有何不同，又有何联系呢？这可以从 AP 元素的定位方式的角度来说明。

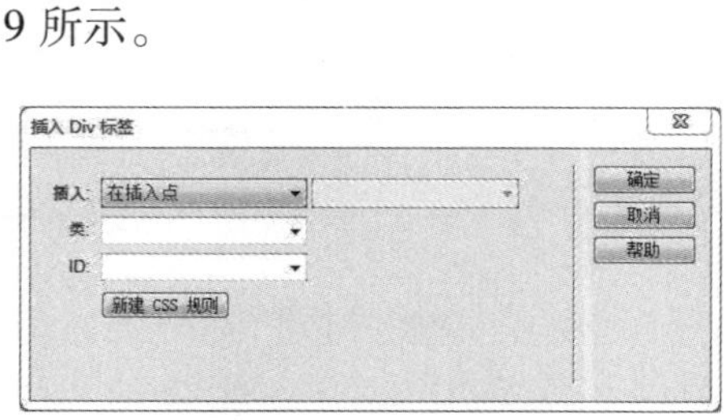

图 9－19　【插入 Div 标签】对话框

AP 元素的定位方式有两种类型：绝对定位和相对定位。通过更改 Div 的定位方式，可以实现 AP Div 和 Div 标签的相互转换。方法是，在 CSS 规则定位对话框的【位置】下拉列表中选择【absolute】(绝对)或【relative】(相对)选项，如图 9－20 所示。其中，“absolute”表示绝对定位方式，“relative”表示相对定位方式。

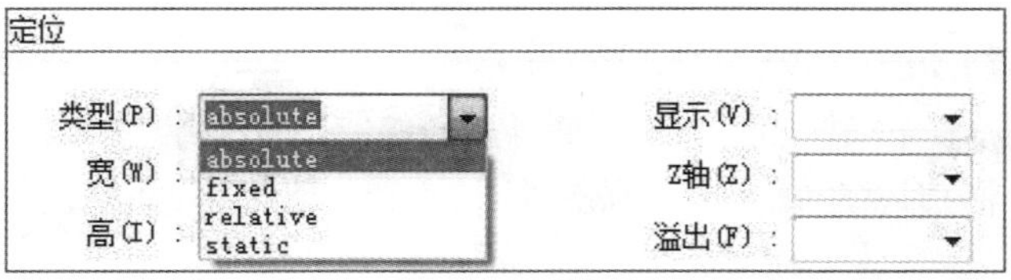

图 9-20　AP 元素的定位方式

9.11　使用预设计的 CSS + Div 布局

从头创建 CSS + Div 布局可能或多或少有些困难,因为有很多实现方法,可以通过设置几乎无数种浮动、边距、填充和其他 CSS 属性的组合来创建简单的两列 CSS + Div 布局。另外,跨浏览器呈现的问题导致某些 CSS + Div 布局在一些浏览器中可正确显示,而在另一些浏览器中则无法正确显示。Dreamweaver CS6 通过提供 18 个可以在不同浏览器中工作的事先设计的布局,使读者可以轻松地使用 CSS + Div 布局构建页面。通过这些预设计的 CSS + Div 布局,也可以很好地学习 CSS + Div 布局的方法和技巧。

使用预设计的 CSS + Div 布局创建网页的方法是,选择菜单命令【文件】/【新建】,打开【新建文档】对话框,然后依次选择【空白页】/【HTML】选项,如图 9-21 所示。

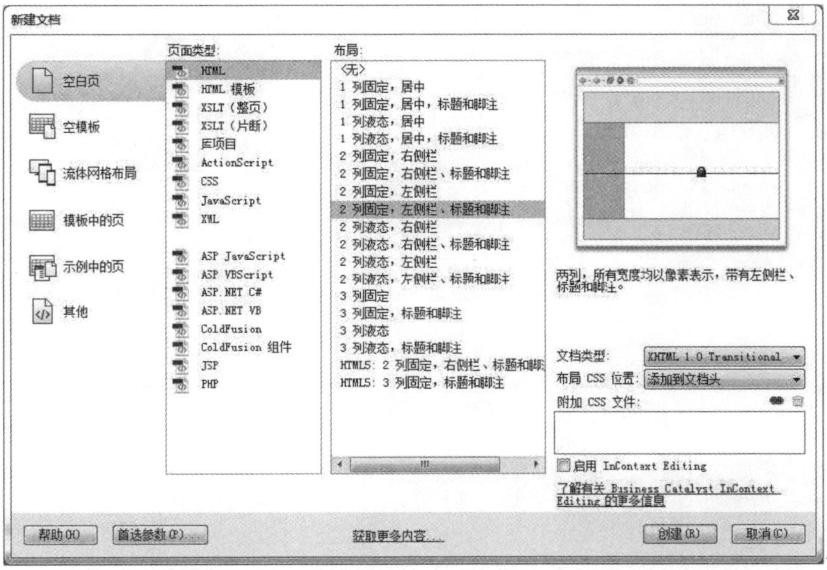

图 9-21　【新建文档】对话框

在【布局】列表中,从空白 HTML 文档(即"无")开始,到 1 列、2 列和 3 列选项,各个选项按布局类型排列,预设计的 CSS 布局提供了下列布局的列:

【固定】　列宽是以像素指定的,列的大小不会根据浏览器的大小或站点访问者的文本设置来调整。

【液态】　列宽是以站点访问者的浏览器宽度的百分比形式指定的,如果站点访问者将浏览器变宽或变窄,该设计将会进行调整,但不会基于站点访问者的文本设置来更改列宽度。

【布局 CSS 位置】下拉列表中有以下 3 个选项：

【添加到文档头】 将布局的 CSS 添加到要创建的页面文档头中。

【新建文件】 将布局的 CSS 添加到新的外部 CSS 样式表，并将这一新样式表附加到要创建的页面。

【链接到现有文件】 可以通过此选项指定已包含布局所需的 CSS 规则的现有 CSS 文件。当希望在多个文档上使用相同的 CSS 布局（CSS 布局的 CSS 规则包含在一个文件中）时，此选项特别有用。

如果在【布局】列表中选择【2 列固定，左侧栏、标题和脚注】，在【布局 CSS 位置】下拉列表中选择【添加到文档头】，单击 创建(R) 按钮，创建的文档如图 9－22 所示。

在此处插入徽标
header
链接一
链接二
链接三
链接四
以上链接说明了一种
基本导航结构，该结
sidebar1
样式的无序列表。请以此作为起点修改属性，以生成您自己的独特外观。如果需要弹出菜单，请使用 Spry 菜单、Adobe Exchange 中的菜单构件 或其它各种 javascript 或 CSS 解决方案创建您自己的菜单。
如果您想要在顶部进行导航，只需将 ul.nav 移到页面顶部并重新创建样式即可。
说明
请注意，这些布局的 CSS 带有大量注释。如果您的大部分工作都在设计视图中进行，请快速浏览一下代码，获取有关如何使用固定布局 CSS 的提示。您可以先删除这些注释，然后启动您的站点。要了解有关这些 CSS 布局中使用的方法的更多信息，请阅读 Adobe 开发人员中心上的以下文章：http://www.adobe.com/go/adc_css_layouts。您可以先删除这些注释，然后启动您的站点。若要了解有关这些 CSS 布局中使用的方法的更多信息，请阅读 Adobe 开发人员中心上的以下文章：http://www.adobe.com/go/adc_css_layouts。
清除方法
content
由于所有列都是浮动的，因此，此布局在 .footer 规则中采用 clear:both 声明。此清除方法强制使 .container 了解列的结束位置，以便显示在 .container 中放置的任何边框或背景颜色。如果您的设计要求您从 .container 中删除 .footer，则需要采用其它清除方法。最可靠的方法是在最后一个浮动列之后（但在 .container 结束之前）添加 <br class="clearfloat" /> or <div class="clearfloat"></div>。这具有相同的清除效果。
徽标替换
此布局的 .header 中使用了图像占位符，您可能希望在其中放置徽标。建议您删除此占位符，并将其替换为您自己的链接徽标。
请注意，如果您使用属性检查器导航到使用 SRC 字段的徽标图像（而不是删除并替换占位符），则应删除内嵌背景和显示属性。这些内嵌样式仅用于在浏览器中出于演示目的而显示徽标占位符。
要删除内嵌样式，请确保将 CSS 样式面板设置为"当前"。选择图像，然后在"CSS 样式"面板的"属性"窗格中右键单击并删除显示和背景属性。（当然，您始终可以直接访问代码，并在其中删除图像或占位符的内嵌样式。）
背景
本质上，任何 div 中的背景颜色将仅显示与内容一样的长度。这意味着，如果要使用背景颜色或边框创建侧面列的外观，将不会一直扩展到脚注，而是在内容结束时停止。如果 .content div 将始终包含更多内容，则可以在 .content div 中放置一个边框将其与列分开。
此 .footer 包含声明 position:relative，以便为 .footer 指定 Internet Explorer 6 hasLayout，并使其以正确方式清除。如果您不需要支持 IE6，则可以将其删除。
footer

图 9－22 固定模式

如果将文档窗口切换到【代码】视图，可以发现创建的网页文档页面布局使用了以下几对 Div 标签，它们均使用了类样式对 Div 标签进行控制。

```
<div class = "container" >
<div class = "header" >... </div >
<div class = "sidebar1" >... </div >
<div class = "content" >... </div >
```

```
<div class="footer">... </div>
</div>
```

含有类样式“container”的 Div 标签为最外层布局标签，用来控制整个页面的布局，它里面又嵌套了 4 个 Div 标签。含有类样式“header”的 Div 标签用来控制网页文档的顶部区域，里面可以放置徽标和导航栏等内容，含有类样式“sidebar1”的 Div 标签用来控制网页文档的左侧区域，里面可以放置导航文本或其他需要简要说明的内容。含有类样式“content”的 Div 标签用来控制网页文档的右侧区域，里面可以放置需要详细说明的内容，也可将该区域继续划分成更小的版块，放置相应的内容。含有类样式“footer”的 Div 标签用来控制网页文档的底部区域，里面可以包含网站自身的版权信息等内容。

可以在【CSS 样式】面板中查看各个样式的属性设置情况。在【CSS 样式】面板中，选中类样式“header”，在【属性】列表中显示其背景颜色为“#ADB95E”；选中类样式“container”，在【属性】列表中显示其宽度为“960 px”，上下边界均为“0”，左右边界均为“auto”，背景颜色为白色“#FFF”；选中类样式“siderbar1”，在【属性】列表中显示其宽度为“180 px”，浮动为左对齐“left”，下填充为“10”，背景颜色为“#EADCAE”；选中类样式“content”，在【属性】列表中显示器宽度为“780 px”，浮动为左对齐“left”，上下填充为“10”，左右填充均为“0”；选中类样式“footer”，在【属性】列表中显示器定位位置为相对“relative”，清除为“both”，上下填充均为“10”，左右填充均为“0”，背景颜色为“#CCC49F”。

从上面可以看出，整个网页的宽度固定为“960 px”，左侧栏宽度固定为“180 px”，右侧栏宽度固定为“780 px”，这就是页面固定模式的特点。为了使页面居中显示，在类样式“container”中将左右边界均设置为自动“auto”。为了使左侧栏和右侧栏能够并排显示，在类样式“sidebar1”和“content”中，分别设置了相应的宽度，并将浮动均设置为左对齐“left”。在页面最底部，也就是页脚，为了让页脚的 Div 标签不再随其上面的 Div 标签浮动，在类样式“footer”中将清除设置为两者“both”，这个技巧读者需要注意使用。

下面再创建一个液态模式的文档，看看 CSS 样式有何变化。在【布局】列表中选择【2 列液态，左侧栏、标题和脚注】，单击 创建(R) 按钮，创建一个液态模式的网页文档，如图 9－23 所示。

在【CSS 样式】面板中查看类样式“container”，发现其宽度变为“80%”，而且还新添加了两个属性：最大宽度“1 260 px”，最小宽度“780 px”；再查看类样式“siderbar1”，发现其宽度变为“20%”；接着查看类样式“content”，发现其宽度变为“80%”，如图 9－24 所示。

将文档保存并在浏览器中预览，当浏览器窗口宽度变化时，网页页面的宽度也相应发生变化，但变化的最小宽度为“780 px”，最大宽度为“1 260 px”。

从液态模式的 CSS 样式设置来看，整个网页的宽度通常为浏览器窗口的“80%”，但有一个限制条件，即浏览器窗口宽度大于或等于“780 px”且小于或等于“1 260 px”时。当浏览器窗口宽度小于“780 px”时，网页的显示宽度不再为浏览器窗口的“80%”，而是“780 px”。当浏览器窗口大于“1 260 px”时，网页的显示宽度也不再为浏览器窗口的“80%”，而是“1 260 px”。中间左栏宽度为整个页面宽度的“20%”，右栏宽度为整个网页宽度的“80%”，两栏宽度都将随着整个网页宽度的变化而变化。

读者可以通过这些预设计的 CSS 布局来创建具有 CSS + Div 布局技术的网页，这样就省去了自行布局网页的麻烦。等到对 CSS + Div 技术熟悉后，可以尝试设计自己的 CSS + Div 网页。

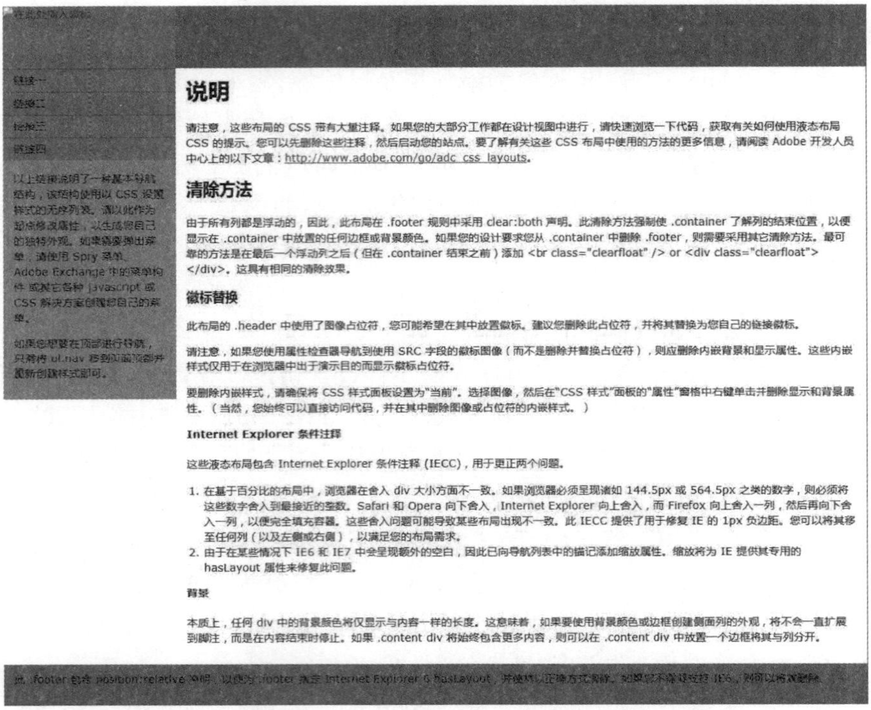
说明
请注意，这些布局的 CSS 带有大量注释。如果您的大部分工作都在设计视图中进行，请快速浏览一下代码，获取有关如何使用液态布局 CSS 的提示。您可以先删除这些注释，然后启动您的站点。要了解有关这些 CSS 布局中使用的方法的更多信息，请阅读 Adobe 开发人员中心上的以下文章：http://www.adobe.com/go/adc_css_layouts。
清除方法
由于所有列都是浮动的，因此，此布局在 .footer 规则中采用 clear:both 声明。此清除方法强制使 .container 了解列的结束位置，以便显示在 .container 中放置的任何边框或背景颜色。如果您的设计要求您从 .container 中删除 .footer，则需要采用其它清除方法。最可靠的方法是在最后一个浮动列之后（但在 .container 结束之前）添加 <br class="clearfloat" /> or <div class="clearfloat"></div>。这具有相同的清除效果。
徽标替换
此布局的 .header 中使用了图像占位符，您可能希望在其中放置徽标。建议您删除此占位符，并将其替换为您自己的链接徽标。
请注意，如果您使用属性检查器导航到使用 SRC 字段的徽标图像（而不是删除并替换占位符），则应删除内嵌背景和显示属性。这些内嵌样式仅用于在浏览器中出于演示目的而显示徽标占位符。
要删除内嵌样式，请确保将 CSS 样式面板设置为"当前"。选择图像，然后在"CSS 样式"面板的"属性"窗格中右键单击并删除显示和背景属性。（当然，您始终可以直接访问代码，并在其中删除图像或占位符的内嵌样式。）
Internet Explorer 条件注释
这些液态布局包含 Internet Explorer 条件注释 (IECC)，用于更正两个问题。
1. 在基于百分比的布局中，浏览器在舍入 div 大小方面不一致。如果浏览器必须呈现诸如 144.5px 或 564.5px 之类的数字，则必须将这些数字舍入到最接近的整数。Safari 和 Opera 向下舍入，Internet Explorer 向上舍入，而 Firefox 向上舍入一列，然后再向下舍入一列，以便完全填充容器。这些舍入问题可能导致某些布局出现不一致。此 IECC 提供了用于修复 IE 的 1px 负边距。您可以将其移至任何列（以及左侧或右侧），以满足您的布局需求。
2. 由于在某些情况下 IE6 和 IE7 中会呈现额外的空白，因此已向导航列表中的锚记添加缩放属性。缩放将为 IE 提供其专用的 hasLayout 属性来修复此问题。
背景
本质上，任何 div 中的背景颜色将仅显示与内容一样的长度。这意味着，如果要使用背景颜色或边框创建侧面列的外观，将不会一直扩展到脚注，而是在内容结束时停止。如果 .content div 将始终包含更多内容，则可以在 .content div 中放置一个边框将其与列分开。

图 9－23　液态模式

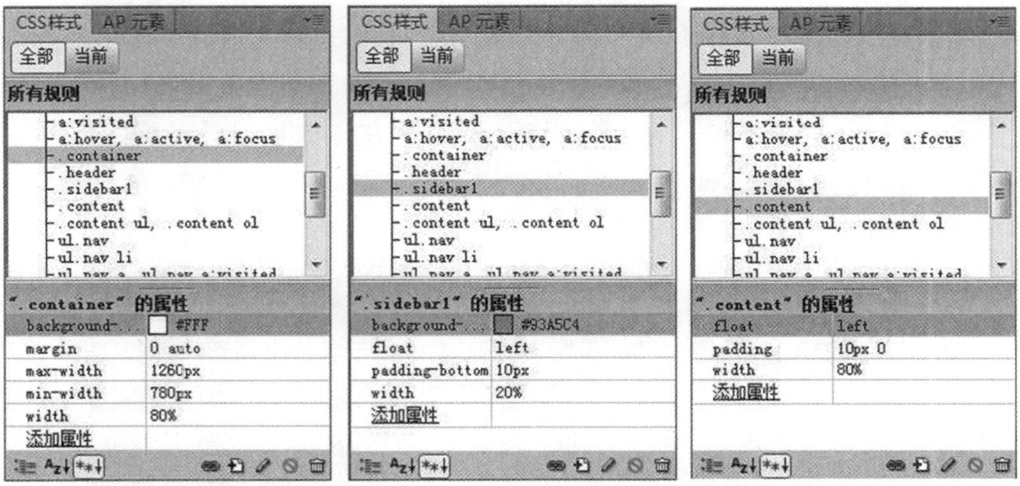
CSS样式
AP 元素
全部
当前
所有规则
a:visited
a:hover, a:active, a:focus
.container
.header
.sidebar1
.content
.content ul, .content ol
ul.nav
ul.nav li
".container" 的属性
background-... #FFF
margin 0 auto
max-width 1260px
min-width 780px
width 80%
添加属性
".sidebar1" 的属性
background-... #93A5C4
float left
padding-bottom 10px
width 20%
添加属性
".content" 的属性
float left
padding 10px 0
width 80%
添加属性

(a)　　(b)　　(c)

图 9－24　【CSS 样式】面板

9.12　插入流体网格布局 Div 标签

在 Dreamweaver CS6 中，使用流体网格布局技术能创建应对不同屏幕尺寸的最合适的 CSS + Div 布局。在使用流体网格布局技术生成 Web 页时，无论用户使用的是台式机、平板电脑,还是智能手机,页面布局及其内容都会自动适应用户的查看装置。创建流体网格布局的方法是,选择菜单命令【文件】/【新建流体网格布局】,打开【新建文档】对话框,根据实际需要选择并设置,单击 创建(R) 按钮即可,如图 9－25 所示。

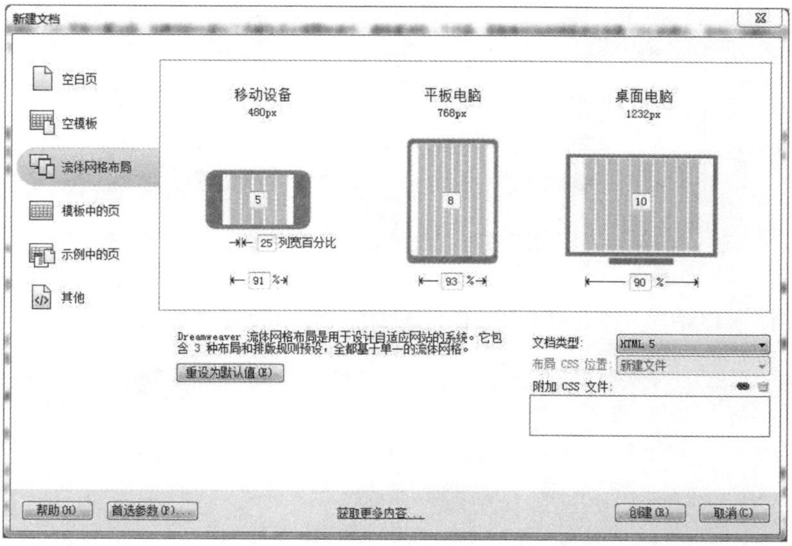

图 9－25　【新建文档】对话框

9.13　实　　例

9.13.1　使用 AP Div 制作阴影文本

使用 AP Div 制作阴影文本,在浏览器中的效果如图 9－26 所示。

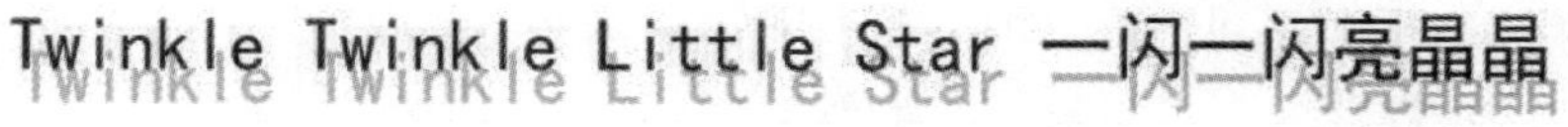

图 9－26　阴影文本效果图

这是使用 AP Div 重叠功能制作特效的一个例子,需要插入两个 AP Div,使其位置稍微有所错位,并将文本颜色设置有所差异即可,具体操作步骤如下:

(1) 创建一个文档并保存为“9－13.htm”,然后选择菜单命令【插入】/【布局对象】/【AP Div】,插入一个默认大小的 AP Div,并在其中输入文本“Twinkle Twinkle Little Star 一闪一闪亮晶晶”,如图 9－27 所示。

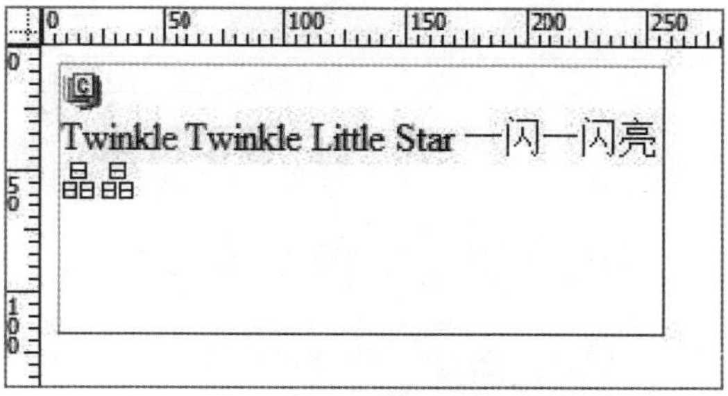

图 9－27　插入 AP Div 并输入文本

(2) 在【CSS 样式】面板中双击

“#apDiv1”，打开【#apDiv1 的 CSS 规则定义】对话框，设置其字体为“黑体”，大小为“30 px”，颜色为“#CCC”，如图 9－28 所示。

图 9－28　设置文本字体属性

（3）在文档窗口中选中“#apDiv1”，在【属性】面板中设置其相关属性，如图 9－29 所示。

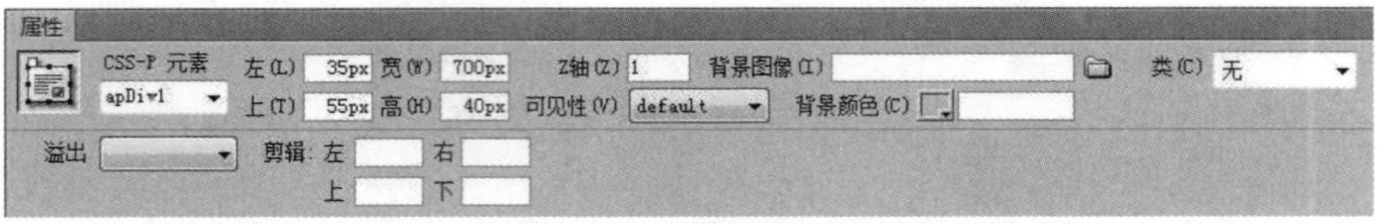

图 9－29　设置 AP Div 属性

（4）继续插入一个 AP Div，并重新设置其左和上位置属性，如图 9－30 所示。

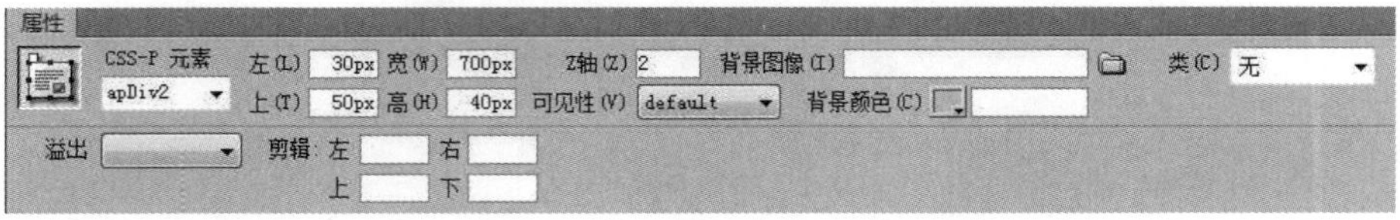

图 9－30　设置 AP Div 属性

（5）将鼠标光标置于 AP Div 内，然后输入文本“Twinkle Twinkle Little Star 一闪一闪亮晶晶”，并在【CSS 样式】面板中双击“#apDiv”，打开【#apDiv2 的 CSS 规则定义】对话框，设置其字体为“黑体”，大小为“30 px”，颜色为“#000”，如图 9－31 所示。

图 9－31　设置文本字体属性

（6）保存文档，在浏览器中的最终显示效果如图 9－32 所示。

Twinkle Twinkle Little Star 一闪一闪亮晶晶

图 9－32　显示效果图

9.13.2　使用 Div 标签

这是使用 Div 标签的一个例子，其最终效果如图 9－33 所示。具体操作步骤如下：

蓝色的莲花
传说西云山生长着一朵永不凋零的蓝莲花，凡是见过蓝莲花的人都会得到幸福。天海寺的僧人们也说，见过蓝莲花的僧人最后都成了一代高僧。于是，了空和了无两师兄决定去西云山，寻找传说中的蓝莲花。两人一路风雨兼程向西云山赶去。一路上，了空看到受苦有难之人都会出手相助，了无则不以 为然，认为了空这样会耽误他们的行程。历尽辛苦，在一个夜凉如水的夜晚，他们终于见到了传说中的蓝莲花。蓝莲花生长在湖心，月色下，闪烁着清冷的异彩。了空、了无站在夜色中，久久的欣赏这朵神奇的花。就在那个夜里，了空在睡梦中见到了蓝莲花，只不过这花已不在湖心，而是静静的盛开在他的心海里。

图 9－33　蓝色的莲花

（1）创建一个文档并保存为“9－14. htm”，然后选择菜单命令【插入】/【布局对象】/【Div 标签】，打开【插入 Div 标签】对话框，在【ID】下拉列表框中输入“header”，如图 9－34 所示。

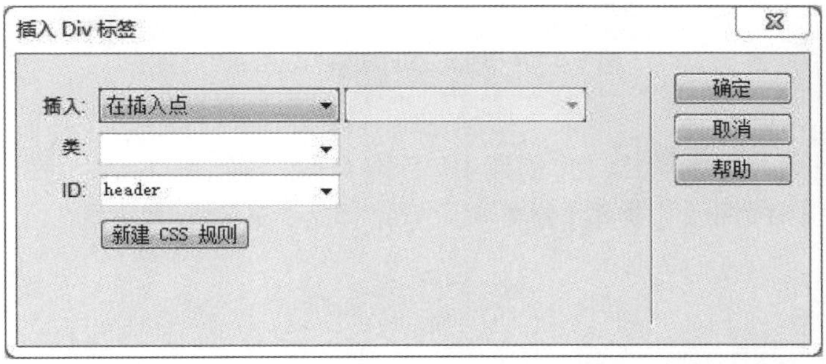
插入 Div 标签
插入:
在插入点
类:
ID:
header
新建 CSS 规则
确定
取消
帮助

(2)单击 新建 CSS 规则 按钮,创建 ID 名称 CSS 样式“#header”,如图 9－35 所示。

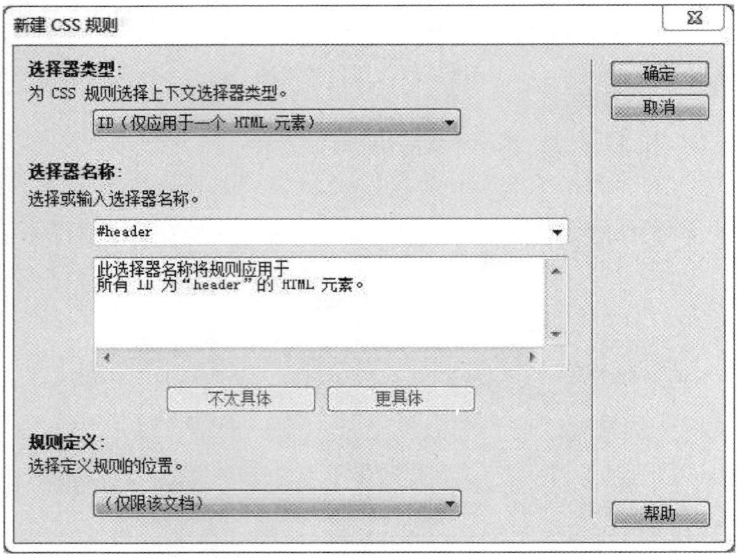

图 9－35 【新建 CSS 规则】对话框

(3)单击 确定 按钮,打开【#header 的 CSS 规则定义】对话框,在【类型】分类中设置字体为“黑体”,大小为“36 px”;在【区块】分类中设置文本对齐方式为“center(居中)”;在【方框】分类中设置宽度为“600 px”,左边界和右边界均为“auto(自动)”。

(4)在插入的 Div 标签“Div_1”内输入文本“蓝色的莲花”,如图 9－36 所示。

图 9－36 输入文本

(5)继续输入 Div 标签“content”,并创建 ID 名称 CSS 样式“#content”,如图 9－37 所示。

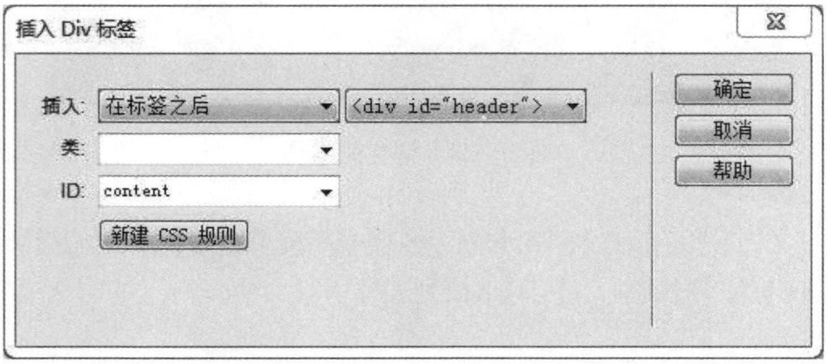

图 9－37 插入 Div 标签“content”

(6)单击 新建 CSS 规则 按钮,创建 ID 名称 CSS 样式“#content”,在打开的【#content 的 CSS 规则定义】对话框的【类型】分类中设置字体为“宋体”,大小为“14 px”,行高为“20

px”;在【背景】分类中设置背景颜色为“#FFC”;在【方框】分类中设置宽度为“580 px”,上下左右填充均为“10 px”,上下边界均为“5 px”,左右边界均为“auto(自动)”。

(7)将关于“蓝色的莲花. txt”中的文本复制粘贴到 Div 标签“content”中,如图 9 - 38 所示。

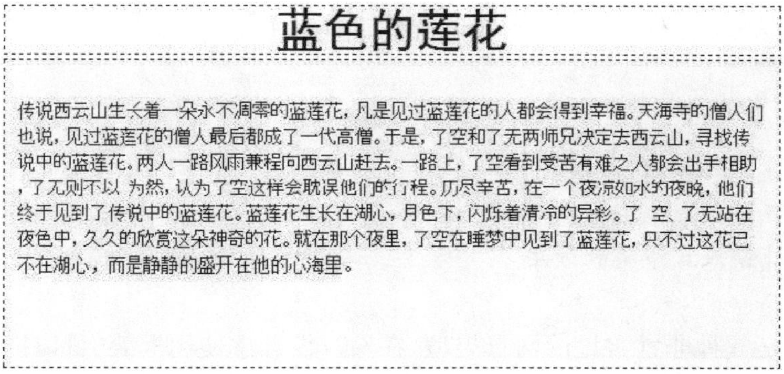
蓝色的莲花
传说西云山生长着一朵永不凋零的蓝莲花，凡是见过蓝莲花的人都会得到幸福。天海寺的僧人们也说，见过蓝莲花的僧人最后都成了一代高僧。于是，了空和了无两师兄决定去西云山，寻找传说中的蓝莲花。两人一路风雨兼程向西云山赶去。一路上，了空看到受苦有难之人都会出手相助，了无则不以 为然，认为了空这样会耽误他们的行程。历尽辛苦，在一个夜凉如水的夜晚，他们终于见到了传说中的蓝莲花。蓝莲花生长在湖心，月色下，闪烁着清冷的异彩。了 空、了无站在夜色中，久久的欣赏这朵神奇的花。就在那个夜里，了空在睡梦中见到了蓝莲花，只不过这花已不在湖心，而是静静的盛开在他的心海里。

图 9 - 38　添加文本

(8)继续插入 Div 标签“footer”,并创建 ID 名称 CSS 样式“#footer”,如图 9 - 39 所示。

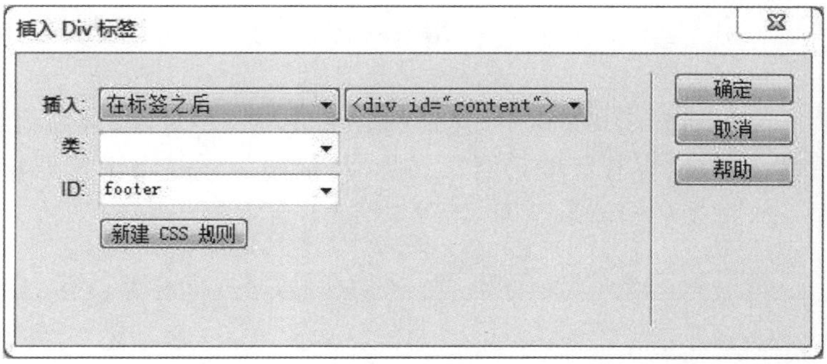
插入 Div 标签
插入:
在标签之后
<div id="content">
类:
ID:
footer
新建 CSS 规则
确定
取消
帮助

图 9 - 39　插入 Div 标签“footer”

(9)在【#footer 的 CSS 规则定义】对话框的【方框】分类中设置宽度为“600 px”,左右边界均为“auto(自动)”。

(10)在 Div 标签“footer”中删除提示文本,然后插入图像“blue_lotus. jpg”。

(11)保存文档,按F12键运行。

9.14　本 章 小 结

本章重点讲解了创建、编辑 AP Div 的方法,以及 AP Div 属性设置的方法,< div >标签及盒子模型。读者通过学习可以了解到 Div 是网页设计布局过程中经常用到的方法,而盒子模型是 Div + CSS 的基础,详细了解并掌握盒子模型的概念、属性可以解决很多网页设计过程中出现的问题。

第 10 章　使 用 框 架

【学习目标】

- 掌握创建、编辑和保存框架的方法。
- 掌握设置框架和框架集属性的方法。
- 掌握创建嵌入式框架的方法。

框架网页是一种非常常见的网页类型，在网页设计中使用框架，可以把页面分成多个部分，不仅可以使每个部分都是一个独立的 HTML 页，显示不同的内容，而且还能够通过超链接实现框架内容的相互切换。本章将详细介绍在 Dreamweaver CS6 中制作框架网页的具体操作方法。

10.1　框 架 概 述

框架是指将一个页面分成几个部分，每个部分再使用一个页面，最后组合形成的结构。框架把页面分成多个部分，有利于编辑网站。所谓“框架”，就是将浏览器窗口划分为若干个区域。下面是一个框架的整体示意图，如图 10 - 1 所示。

图 10 - 1　框架的整体示意图

框架网页并不是一个真正意义上的网页，它主要记录在框架网页中所包含的框架数量和拆分方式等信息。每一个单独的框架将由具有实际内容的网页填充。

利用框架可以将浏览器窗口划分成多个区域，这些被划分出来的区域称为框架，在每个框架中可以显示不同的网页文档。这些框架可以有各自独立的背景、滚动条和标题等。通过在这些不同的框架之间设置超链接，还可以在浏览器窗口中呈现出有动有静的效果。

框架集是 HTML 文件,用来定义一组框架的布局和属性,包括显示在页面中框架的数目、框架的大小和位置、最初在每个框架中显示的页面的 URL,以及其他一些可定义属性的相关信息。框架集文件本身不包括要在浏览器中显示的内容,只是向浏览器提供应如何显示一组框架,以及在这些框架中应显示哪些文档的有关信息。当然,如果框架集文件含有“noframe(编辑无框架内容)”部分,则其将会显示在浏览器中。

10.2　框架和框架集的工作原理

通常可以用框架来设置网页中固定的几个部分,如一个框架显示包含导航控件的文档,而另一个框架显示包含内容的文档。如果一个网页左边的导航菜单是固定的,而页面中间的信息可以上下移动来展现所选择的网页内容,这一般就可以认为是一个框架型网页;也有一些站点在其页面上方放置了公司的徽标或图像,其位置也是固定的,而页面的其他部分则可以上下左右移动来展现相应的网页内容,这也可以认为是一个框架型网页。

如果要在浏览器中查看一组框架网页,需要输入框架集文件的 URL,浏览器将打开要显示在这些框架中的相应文档。图 10-2 显示了一个由 3 个框架组成的框架网页结构:一个框架位于顶部,其中包含站点的徽标和标题等;一个较窄的框架位于左侧,其中包含导航条;一个大框架占据了页面的其余部分,其中包含要显示的主要内容。这些框架中的每一个,都显示单独的网页文档。

双十一购物狂欢节，是指每年11月11日的网络促销日，源于淘宝商城(天猫)2009年11月11日举办的网络促销活动，当时参与的商
数量和促销力度有限，但营业额远超预想的效果，于是11月11日成为天猫举办大规模促销活动的固定日期。双十一已成为中国电
商务行业的年度盛事，并且逐渐影响到国际电子商务行业。
儿童商品
医疗保健
体育用品
图书影音

图 10-2　框架网页

在图 10-2 所示的框架网页中,由于在顶部框架中显示的文档永远不更改,导航按钮包含在一个独立的框架中,浏览者单击导航按钮时会在右侧的框架中显示相应的文档,但左侧框架本身的内容保持不变,从而达到网页布局的相对统一。

框架不是文件而是存放文档的容器,因此当前显示在框架中的文档实际上并不是框架的一部分。如果一个框架网页在浏览器中显示为包含 3 个框架的单个页面,则它实际上至少由 4 个网页文档组成,即框架集文件和 3 个文档。这 3 个文档包含最初在这些框架内显示的内容。在 Dreamweaver CS6 中设计使用框架集的页面时,必须保存所有文件,该页面才能在浏览器中正常显示。

10.3 在网页中使用框架

在网络带宽十分有限的情况下，如何提高网页的下载速度，是网页设计者必须要考虑的问题。如果多个网页拥有相同的导航区，知识内容有所不同，则可以考虑使用框架来设计网页布局。这样，浏览者在查看不同的内容时，便无须每次都下载整个页面，而只是在保持导航部分不变的情况下，下载网页中需要更新的内容即可。框架网页可以极大地提高网页的下载速度。

10.3.1 框架简介

1. 框架网页的结构

框架网页由框架和框架集组成，框架就是网页中被分隔开的各个部分。每部分都是一个完整的网页，这些网页共同组成了框架集。框架集实际上也是一个网页文件，用于定义框架的结构、数量、尺寸等属性。框架网页包含了多个框架，而框架集并不显示在具体的浏览器中，如果要访问一个框架网页，则需要输入这个框架网页的框架集文件所在的 URL 地址。

2. 框架网页的特点

框架一方面可以将浏览器显示空间分割成几个部分，每个部分可以独立显示不同的网页，同时对于整个网页设计的整体性的保持也是有利的；但另一方面，对于不支持框架结构的浏览器，框架页面信息不能显示。

使用框架设计网页布局的优点如下：

(1)访问者的浏览器不需要为每个页面重新加载与导航相关的图形，这样可以大大提高网页下载的效率，同时也减轻了网站服务器的负担。

(2)每个框架都具有自己的滚动条，因此访问者可以独立滚动这些框架。

使用框架设计网页布局的缺点如下：

(1)可能难以实现在不同框架中精确地对齐各个页面元素。

(2)对导航进行测试时可能很耗时间。

(3)带有框架的页面的 URL 不显示在浏览器中，因此可能难以将特定页面设为书签。

10.3.2 创建框架网页

框架网页由框架集组成，框架集是 HTML 文件，它定义一组框架的布局和属性，包括框架的数量、大小和位置，以及在每个框架中默认显示页面的 URL 地址。在 Dreamweaver CS6 中，用户可以在普通 HTML 网页中应用框架，创建框架网页。

1. 创建框架集

(1)启动 Dreamweaver CS6 后，新建一个空白 HTML 网页文档，选择菜单命令【插入】/【HTML】/【框架】/【左对齐】命令，打开【框架标签辅助功能属性】对话框，如图 10-3 所示。

(2)在【框架标签辅助功能属性】对话框中单击 确定 按钮，即可创建如图 10-4 所示的框架结构网页。

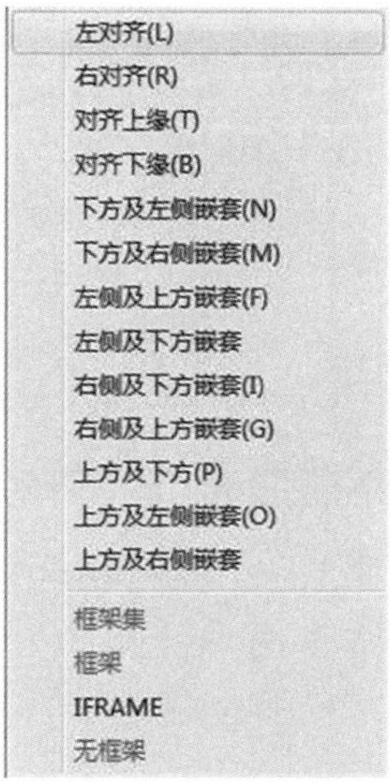

(a)

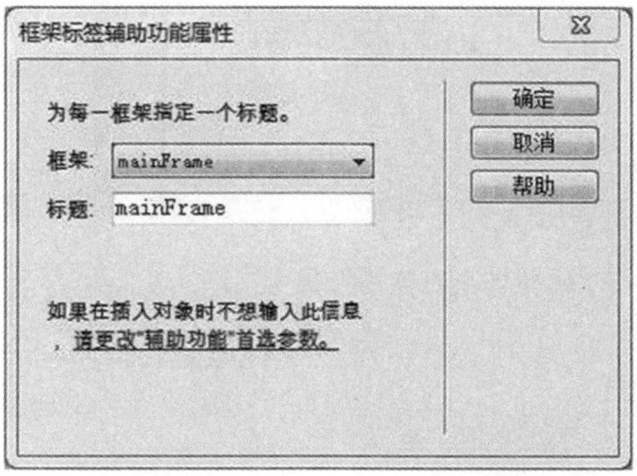

(b)

图 10－3 创建框架的菜单命令

图 10－4 左对齐框架结构网页

2. 创建嵌套框架集

嵌套框架与嵌套表格相似，是在已经存在的框架中插入一个框架。一个框架集文件可以包含多个嵌套框架集。大多数使用框架的网页，实际上都使用了嵌套的框架，并且在 Dreamweaver CS6 中的多数预定义的框架集也使用嵌套。如果在一组框架里，不同行或不同列中有不同数目的框架，则要求使用嵌套框架。创建嵌套框架的具体方法如下：

(1) 在完成上一步的操作后，创建一个框架网页后，将鼠标指针置于文档右侧的框架中，如图 10－5 所示。

(2) 选择菜单命令【插入】/【HTML】/【框架】/【对齐上缘】，即可在网页右侧的框架中创建一个如图 10－6 所示的顶部框架集，该框架集为嵌套框架集。

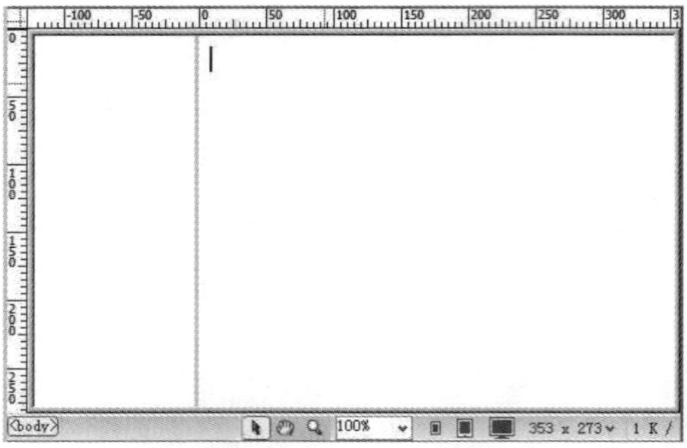

图 10－5　将鼠标指针置于框架中

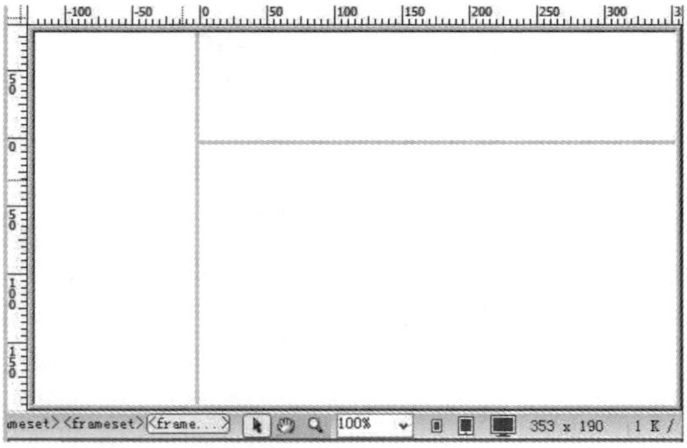

图 10－6　创建嵌套框架集

10.3.3　编辑框架网页

Dreamweaver CS6 的【框架】面板提供框架集内各个框架的可视化表示形式，从而方便用户选区域编辑框架网页。它能够显示框架集的层次结构，而这种层次结构在【文档】窗口中不能够直观地显示出来。

1. 在【框架】面板中选择框架

在网页中创建框架集后，选择【窗口】/【框架】命令，打开【框架】面板，单击该面板中的框架区域即可选中相应的框架，如图 10－7 所示。

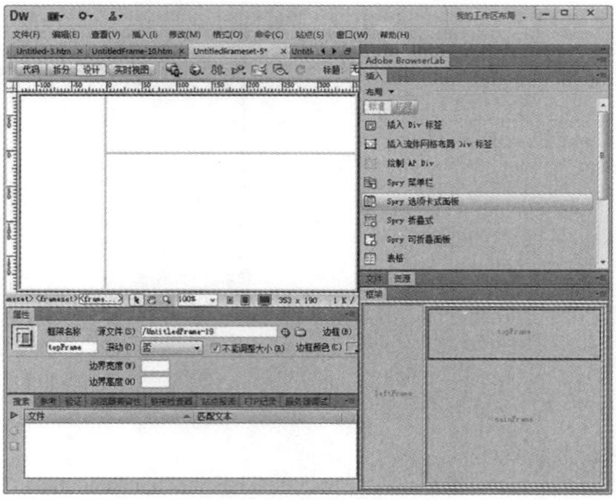

(a)

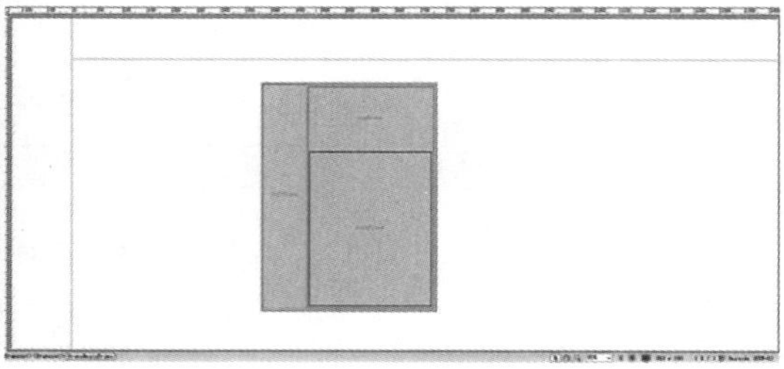

(b)

图 10－7　显示框架面板

2. 在【设计】视图中选择框架

在 Dreamweaver CS6 的【设计】视图中，如果要选择某个框架，可以在按住 Shift 键和 Alt 键的同时，单击框架内部，如图 10－8 所示。

用户若要选中框架网页的框架集，可以将鼠标光标移动至两个框架之间的边框上，然后单击即可选中整个框架集。

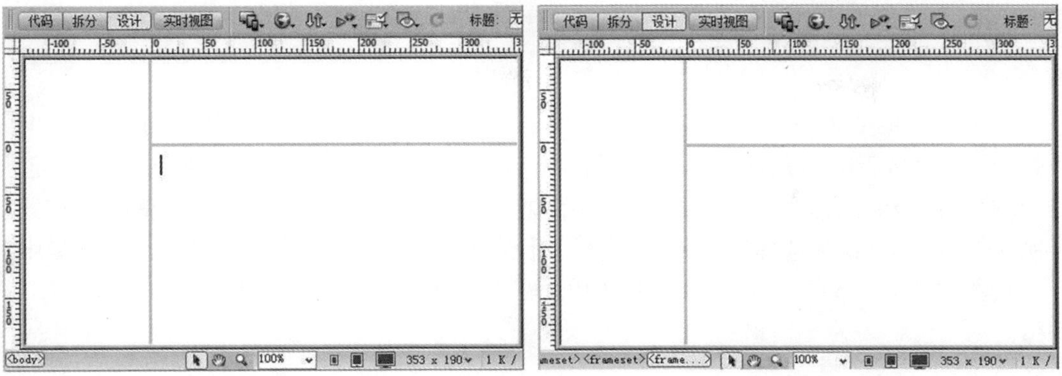

(a)　　　　(b)

图 10－8　在【设计】视图中选择框架

3. 选中页面中的不同框架

对于单个框架而言，用户可以很容易地选择不同部分的内容；但在框架集中，想要选择不同的框架就比较困难，下面介绍 3 种选择多个嵌套框架集的方法：

方法 1，若要在当前选定的同一层次级别上选择下一个框架（框架集）或上一框架（框架集），可以在按住 Alt 键的同时按下左箭头键或右箭头键，按照框架和框架集在框架集文件中定义的顺序依次选中不同的框架和框架集。

方法 2，若要选择框架网页中的父框架集（指包含当前选中内容的框架集），可以在按住 Alt 键的同时按上箭头键。

方法 3，若要选择当前选定框架集的第一个子框架或框架集（即按在框架集文件中定义顺序中的第一个），在按住 Alt 键的同时按下箭头键即可。

10. 3. 4　保存框架网页

在浏览器中预览包含框架或框架集的网页文档之前，必须保存框架集文件及在框架中显示的所有文档，可以单独保存每个框架集文件和带框架的文档，也可以同时保存框架集文件和框架中出现的所有文档。

1. 保存框架集

在预览框架集网页之前，首先必须保存框架集文件及框架中显示的所有文档。用户既可以保存每个框架集文件和带框架的文档，也可以同时保存框架文件和框架中出现的所有文档。

（1）完成以上的操作创建一个框架集后，选择菜单命令【文件】/【框架集另存为】，打开【另存为】对话框。

（2）在【另存为】对话框中单击 保存(S) 按钮，即可保存创建的框架集。

2. 保存嵌套框架集

如果用户创建的是嵌套框架集，选择菜单命令【文件】/【保存全部】后，Dreamweaver CS6 将按照框架集、嵌套框架集中的框架网页、框架集中的框架网页的顺序依次保存。

10.3.5 在框架中打开网页

在创建了框架页后，既可以在各个框架中直接输入网页元素进行保存，也可以在框架中打开已经事先准备好的网页，如果在每个框架中要显示的网页都已提前制作好，在创建框架网页时，需要先选择最外层框架集，保存整个框架网页，然后依次在各个框架中打开已经制作好的网页，最后选择菜单命令【文件】/【保存全部】，再次保存文件即可。在框架中打开网页的方法是，将鼠标光标置于框架中，然后选择菜单命令【文件】/【在框架中打开】即可。

10.3.6 拆分和删除框架

虽然 Dreamweaver CS6 预先提供了许多框架页，但并不一定满足实际需要，这时就需要在预定义框架页的基础上拆分框架或删除不需要的框架。

1. 使用菜单命令拆分框架

将鼠标光标置于要拆分的页面内，选择菜单命令【修改】/【框架集】下的【拆分左框架】、【拆分右框架】、【拆分上框架】或【拆分下框架】，可以拆分该框架，如图 10－9 所示。这些命令可以用来反复对框架进行拆分，直至满意为止。

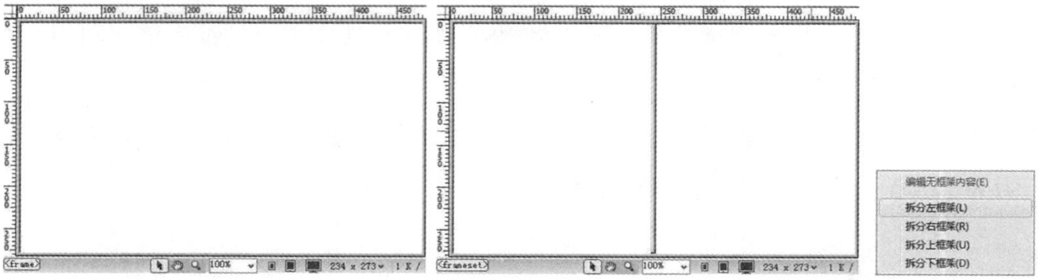

(a)　(b)　(c)

图 10－9 【拆分左框架】命令的应用

2. 自定义框架集

选择菜单命令【查看】/【可视化助理】/【框架边框】，显示出当前网页的边框，然后将鼠标光标置于框架最外层边框线上，当鼠标光标变为 ✢ 形状时，单击并拖动鼠标光标到合适的位置即可创建新的框架。

3. 删除多余的框架

如果要删除框架页中多余的框架，可以将其边框拖动到父框架边框上或直接脱离页面。

10.4 设置框架属性

框架和框架集是一些独立的 HTML 文档，可以通过设置框架或框架集的属性来对框架或框架集进行修改，如框架的大小、边框宽度及是否有滚动条等。

10.4.1 设置框架集属性

选中框架集后,其【属性】面板如图 10 – 10 所示。在设置框架集各部分的属性时,用鼠标左键单击【属性】面板中相应的缩略图即可进行切换。

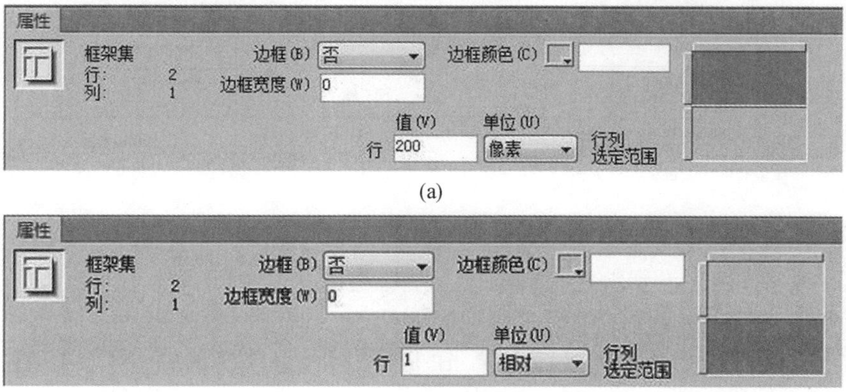

(a)

(b)

图 10 – 10 框架集【属性】面板

➢【边框】 用于设置是否有边框,其下拉列表中包含【是】、【否】和【默认】3 个选项。选择【默认】选项,将由浏览器端的设置来决定是否有边框。

➢【边框宽度】 用于设置整个框架集的边框宽度,以"像素"为单位。

➢【边框颜色】 用于设置整个框架集的边框颜色。

➢【行】或【列】 用于设置行高或行宽,显示【行】还是显示【列】是由框架集的结构决定的。

➢【单位】 用于设置行、列尺寸的单位,其下拉列表中包含【像素】、【百分比】和【相对】3 个选项。

【像素】 以"像素"为单位设置框架大小时,尺寸是绝对的,即这种框架的大小永远是固定的,若网页中其他框架用不同的单位设置框架的大小,则浏览器首先为这种框架分配屏幕空间,再将剩余空间分配给其他类型的框架。

【百分比】 以"百分比"为单位设置框架大小,框架的大小将随框架集大小按所设的百分比发生变化。

【相对】 以"相对"为单位设置框架大小时,框架在前两种类型的框架分配完屏幕空间后再分配,它占据前两种框架的所有剩余空间。

设置框架大小最常用的方法是将左侧框架设置为固定像素宽度,将右侧框架设置为相对大小。这样在分配像素宽度后,能够在右侧框架伸展以占据所剩空间。

当设置单位为"相对"时,在【值】文本框中输入的数字将消失。如果想指定一个数字,则必须重新输入;但是如果只有一行或一列,则不需要输入数字,因为该行或列在其他行和列分配空间后,将接受所有剩余空间,为了确保浏览器的兼容性,可以在【值】文本框中输入"1",这等同于不输入任何值。

10.4.2 设置框架属性

选中框架后,其【属性】面板如图 10－11 所示。

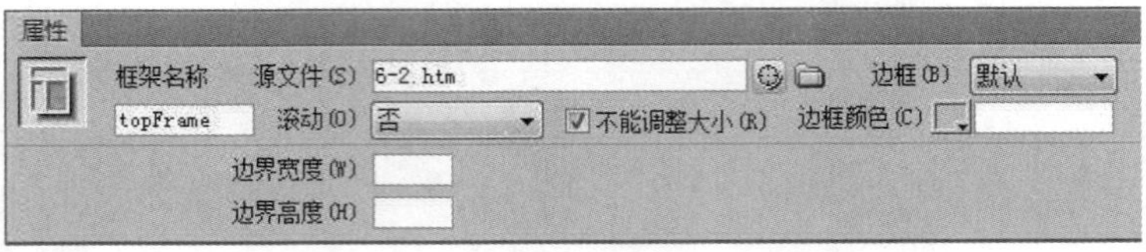

图 10－11 框架【属性】面板

下面对框架【属性】面板中各项参数的含义进行简要说明:

【框架名称】 用于设置链接指向的模板窗口名称。

【源文件】 用于设置框架中显示的页面文件。

【边框】 用于设置框架是否有边框,其下拉列表中包括【默认】、【是】和【否】3 个选项。选择【默认】选项,将由浏览器端的设置来决定是否有边框。

【滚动】 用于设置是否为可滚动窗口,其下拉列表中包含【是】、【否】、【自动】和【默认】4 个选项。“是”表示显示滚动条;“否”表示不显示滚动条;“自动”将根据窗口的显示大小而定,也就是当该框架内的内容超过当前屏幕上下或左右边界时,滚动条才会显示,否则不显示;“默认”表示将不设置相应属性的值,从而使各个浏览器使用默认值。

【不能调整大小】 用于设置在浏览器中是否可以手动设置框架的尺寸大小。

【边框颜色】 用于设置框架边框的颜色。

【边界宽度】 用于设置左右边界与内容之间的距离,以“像素”为单位。

【边界高度】 用于设置上下边框与内容之间的距离,以“像素”为单位。

10.5 创建浮动框架

浮动框架是一种特殊的框架形式,可以包含在许多元素当中,创建浮动框架的方法是,选择菜单命令【插入】/【标签】,打开【标签选择器】对话框,然后展开【HTML 标签】分类,在右侧列表中找到【iframe】,如图 10－12 所示。

单击 插入(I) 按钮,打开【标签编辑器－iframe】对话框,利用该对话框进行设置,单击 确定 按钮,返回【标签选择器】对话框,然后单击 关闭(C) 按钮,关闭【标签选择器】对话框即可,如图 10－13 所示。

下面对标签 iframe 各项参数的含义进行简要说明。

【源】 浮动框架中包含的文档路径名。

【名称】 浮动框架的名称,如“topFrame”和“mainFrame”。

【宽度】和【高度】 浮动框架的尺寸,有像素和百分比两种单位。

【边距宽度】和【边距高度】 浮动框架内元素与边界的距离。

【对齐】 浮动框架在外延元素中的 5 种对齐方式。

【滚动】 浮动框架页的滚动条显示状态。

【显示边框】 浮动框架的外边框显示与否。

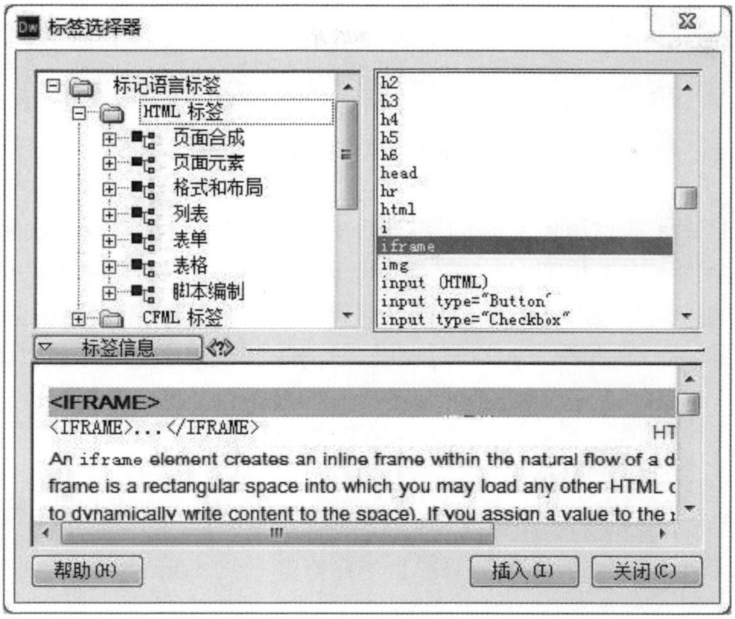

图 10 – 12 【标签选择器】对话框

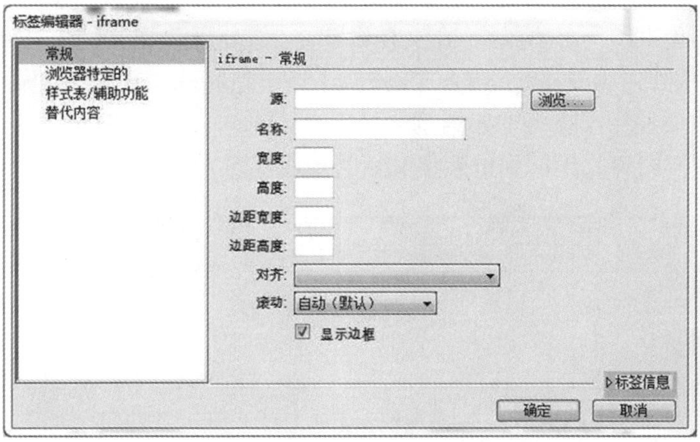

(a)

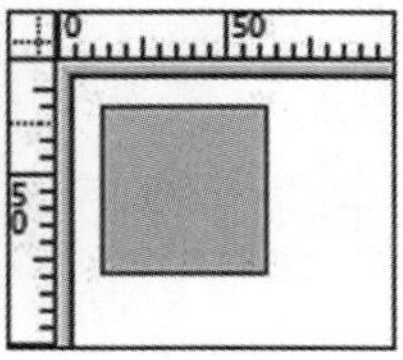

(b)

图 10 – 13 【标签编辑器 – iframe】对话框

10.6 设置框架网页中的超链接

如果要在一个框架中使用超级链接打开另一个框架中的文档,必须设置链接目标窗口打开方式,超级链接的 target 属性指定在其中打开所链接内容的框架或窗口。

例如,在左侧框架“Leftframe”中选中文本,接着在【属性(HTML)】面板的【链接】文本框中设置链接目标文件,并在【目标】下拉列表中设置要显示链接文档的目标框架,通常为“mainFrame”,如图 10 – 14 所示。

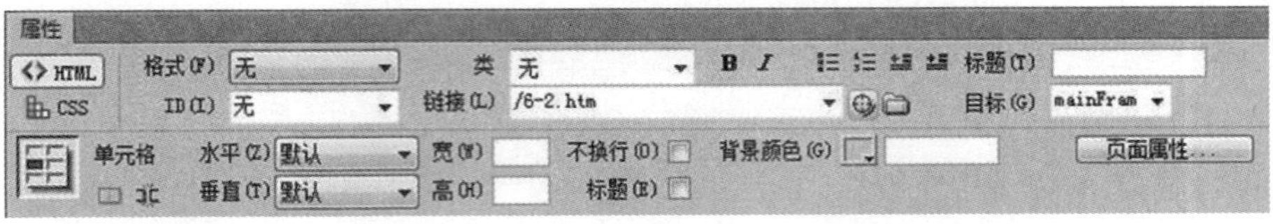

图 10－14　设置框架网页中的超级链接

在【属性(HTML)】面板的【目标】下拉列表中，除了前 5 个是传统的目标窗口打开方式外，后面的是框架网页中的框架名称，仅当在框架网页内编辑文档时才显示框架名称。当在文档窗口中单独打开在框架中显示的没有框架的源文件时，框架名称不会显示在【目标】下拉列表中，当然，在这种情况下可以直接在【目标】下拉列表中输入模板框架的名称。

10.7　无框架内容

并不是所有的浏览器都一定会支持框架技术，因此，在使用框架的网页中通常会使用 <noFrame> 标记，让使用不能显示框架网页的用户知道这个框架的内容是什么，这也就是框架中经常听说的【编辑无框架内容】。

操作方法是，选择菜单命令【修改】/【框架集】/【编辑无框架内容】，进入【无框架内容】编辑状态，此时，Dreamweaver CS6 将清除【设计】视图中的内容，并且在【设计】视图的顶部显示“无框架内容”字样，如图 10－15 所示。在文档窗口中，像处理普通文档一样键入或插入需要的内容。在编辑无框架内容时，除了输入文本外，还可以给相关文本设置超链接，链接到没有使用框架的文档，方便使用不支持框架浏览器的用户浏览内容，再次选择菜单命令【修改】/【框架集】/【编辑无框架内容】，返回到框架集文档的普通视图，再次保存文件。

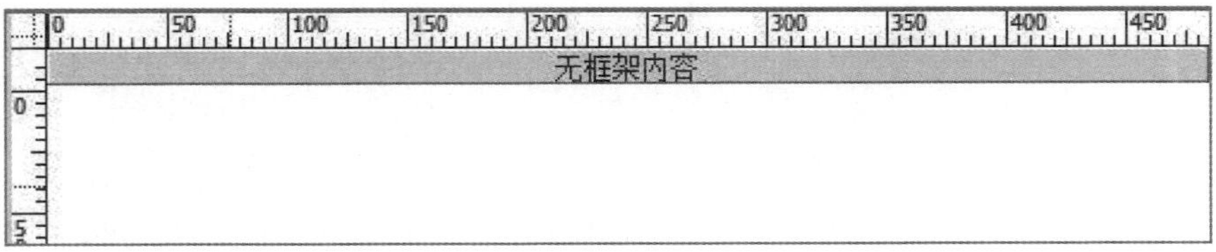

图 10－15　编辑无框架内容

在框架网页中添加 noframes 代码，如下所示：

```
1. <html>
2. <head>
3. <meta http-equiv="Content-Type" content="text/html; charset=utf-8" />
4. <title>无标题文档</title>
5. </head>
6. <noframes>在不支持框架的浏览器中显示的内容的 HTML 代码</noframes>
7. <frameset>
8. <frame src="URL" >
9. </frameset>
10. </html>
```

首先，<noframes>和</noframes>中的 HTML 代码内容显示在不支持框架的浏览器窗口中。因为某些浏览者可能会由于某些原因而不能浏览具有框架结构的网页，这时读者可以使用<noframes>标签，并且在其中加入一个普通版本的 HTML 文件，以便使用不支持框架浏览器的浏览者进行查看。

其次，<frameset>和</frameset>表示一个框架集，其中的<frame>表示框架集中的一个框架，<frame>标签的 src 属性指定了该框架中要显示的网页文件的地址。

在另一个框架集之内的框架集称作嵌套的框架网页，一个框架集文件中可以包含多个嵌套的框架集，大多数使用框架的网页实际上都是使用嵌套的框架，并且在 Dreamweaver 中，大多数预定义的框架集也使用嵌套。如果在一组框架中，不同行或不同列中有不同数目的框架，则需使用嵌套的框架集。

10.8　实　　例

(1)新建一个网页，然后选择菜单命令【插入】/【HTML】/【框架】/【上方及左侧嵌套】，如果在【首选参数】对话框的【辅助功能】分类中选择了【框架】选项，此时将弹出【框架标签辅助功能属性】对话框，在【框架】下拉列表中每选择一个框架，就可以在其下面的【标题】文本框中为其指定一个标题名称，如图 10 - 16 所示，这里保持默认设置，然后单击 确定 按钮。

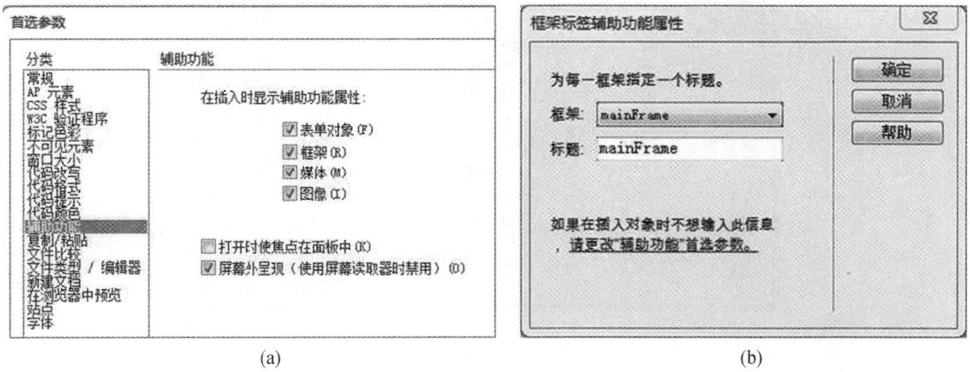

图 10 - 16　【框架标签辅助功能属性】对话框

(2)如果在【首选参数】/【辅助功能】分类中没有选择【框架】复选框，将直接创建如图 10 - 17 所示的框架网页。

(3)选择菜单命令【窗口】/【框架】，可查看所命名的框架关系图，如图 10 - 18 所示。

(4)在【框架】面板中用鼠标单击最外层框架集边框将其选中，然后选择菜单命令【文件】/【保存框架页】，将框架集文件保存为"10 - 9. htm"。

(5)将鼠标光标置于顶部框架内，选择菜单命令【文件】/【在框架中打开】，打开文档"top. htm"，然后依次在左侧和右侧的框架内打开文档"left. htm"和"main. htm"。

(6)选中第 1 层框架集，在【属性】面板中，将顶部框架高度设置为"96 像素"，其他设置不变，如图 10 - 19 所示。

(7)选中第 2 层框架集，在【属性】面板中，将左侧框架列宽设置为"80 像素"，其他设置不变,如图 10－20 所示。

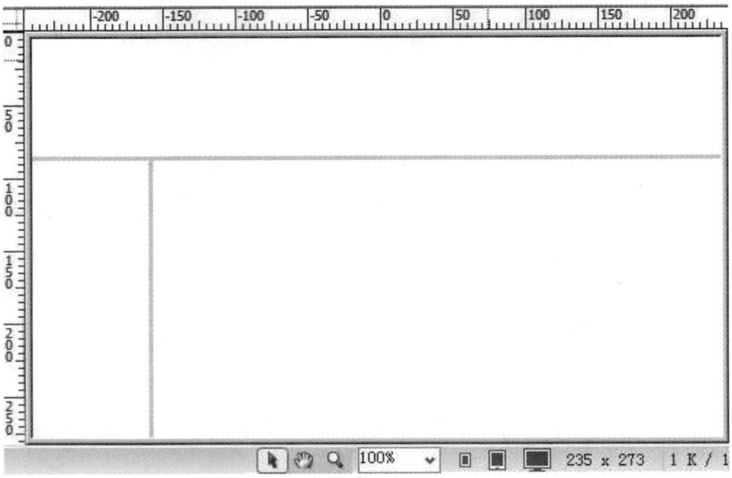

图 10－17 创建框架页

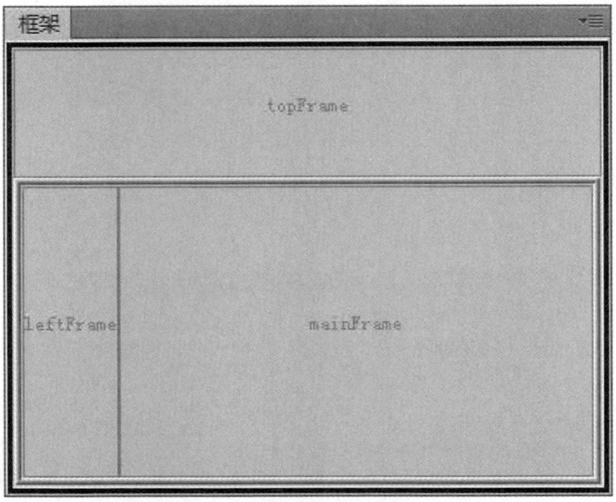

图 10－18 【框架】面板

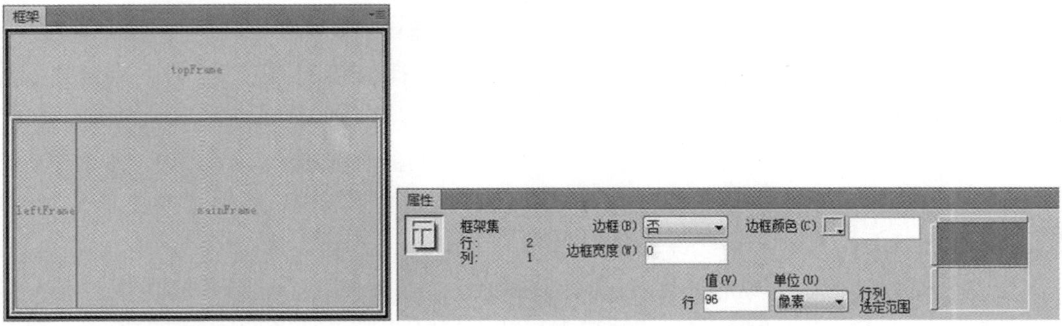

(a) (b)

图 10－19 设置第 1 层框架集属性

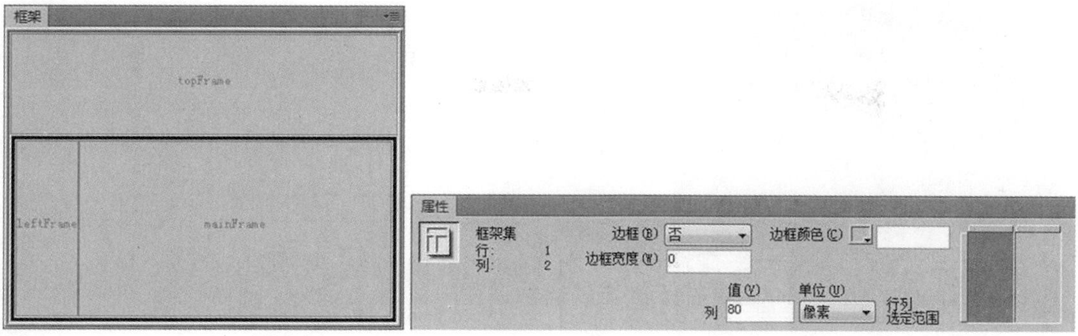

(a)　　(b)

图 10－20　设置第 2 层框架集属性

(8)选中顶部框架,然后在【属性】面板中设置边框为“是”,其他保持默认设置,如图 10－21 所示。

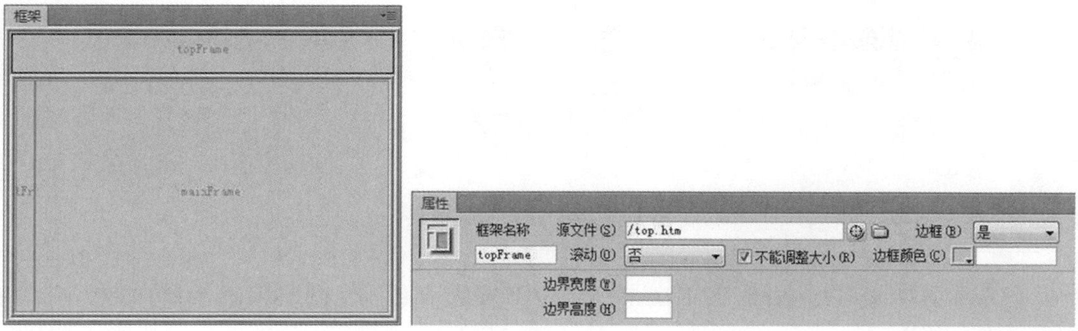

(a)　　(b)

图 10－21　设置顶部框架属性

(9)选中左侧框架,然后在【属性】面板中设置边框为“否”,其他保持默认设置,如图 10－22 所示。

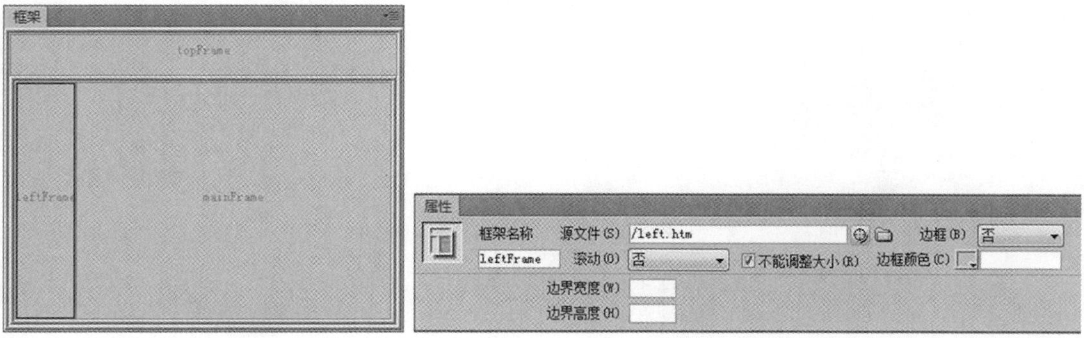

(a)　　(b)

图 10－22　设置左侧框架属性

(10)选中右侧框架,然后在【属性】面板中设置边框为“否”,其他保持默认设置,如图 10－23 所示。

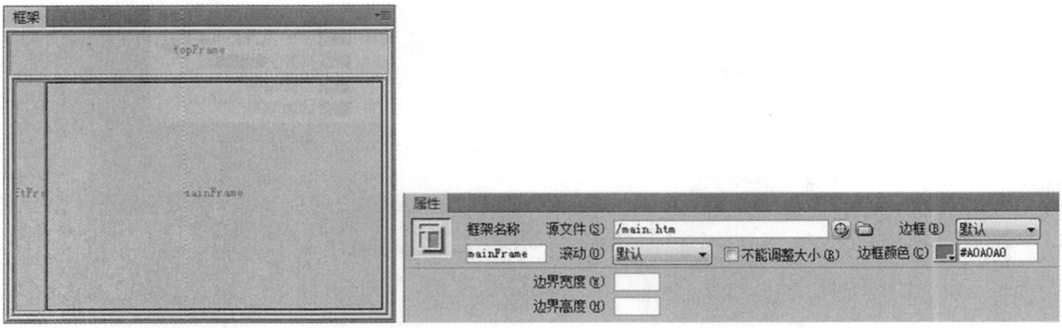

(a)　　　　　　　　(b)

图 10－23　设置右侧框架属性

(11)选中左侧窗口中的文本“古琴”,然后在【属性】面板中为其添加链接文件“guqin.htm”,并在【目标】下拉列表中选择【mainFrame】选项,如图 10－24 所示。

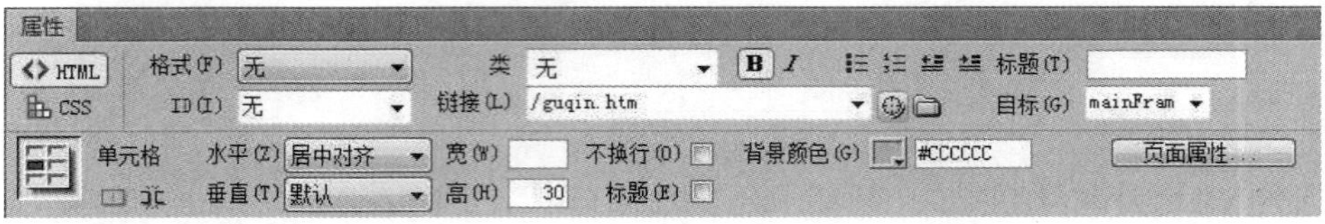

图 10－24　设置超级链接

(12)利用同样的方法依次给文本“弈棋”“方法”“绘画”创建超链接,分别指向文件“weiqi.htm”“shufa.htm”“huihua.htm”,目标窗口均为“mainFrame”。

(13)选择菜单命令【文件】/【保存全部】,保存文件,按 F12 键预览效果,如图 10－25 所示。

图 10－25　最终效果图

10.9 本章小结

框架能够将网页分割成几个独立的区域,每个区域显示不同的内容。本章通过学习掌握了创建、编辑和保存框架的方法,掌握了设置框架和框架集属性的方法,同时也掌握了创建嵌入式框架的方法。

第 11 章　使 用 表 单

【学习目标】

- 了解表单的概念与基本操作。
- 掌握插入和设置表单对象的方法。
- 创建列表和菜单。

表单提供了从用户那里收集信息的方法，可以用于调查、定购、搜索等功能。表单是一个容器对象，用来存放表单对象，并负责将表单对象的值提交给服务器端的某个程序处理，所以在添加文本域、按钮等表单对象之前，要插入表单。

11.1　基本概念与基本操作

使用 Dreamweaver CS6 可以创建各种各样的表单，表单中可以包含各种对象，如文本域、图像域、按钮、单选按钮、复选框、下拉列表、文件域或者隐藏域等。

表单是 Internet 用户与服务器进行信息交流的最重要工具。通常，一个表单中会包含多个对象，于是它们也称为控件，如用于输入文本的文本域，用于发送命令的按钮，用于选择项目的单选按钮和复选框，以及用于显示选项列表的列表框等。

当访问者将信息输入表单并单击提交按钮时，这些信息将被发送到服务器。服务器端脚本或应用程序对这些信息进行处理，服务器通过将请求信息发送回用户，或基于该表单内容执行一些操作来进行响应。通常，通过通用网关接口（GGI）脚本、ColdFusion、JSP、PHP 或 ASP 来处理信息，如果不使用服务器端脚本或应用程序来处理表单数据，就无法收集这些数据。

图 11－1 所示即为应用表单元素的调查问卷网页，当用户填写了问卷并单击“提交”按

图 11－1　应用表单元素的调查问卷

钮后,这些填写的信息会被发送到服务器上,服务器端脚本或应用程序对信息进行处理,并将成功结果反馈给浏览者,或执行某些特定的程序。

11.2　普通表单对象

11.2.1　插入表单

每个表单都是由一个表单域和若干个表单元素组成的,所有表单元素都放到表单域中才会有效,因此,制作表单页面的第一步是插入表单域。

插入表单域的步骤说明如下:

(1)将光标放置在要插入表单的位置。

(2)选择菜单命令【插入】/【表单】/【表单】,如图 11-2 所示。此时表单域出现在编辑窗口中,如图 11-3 所示。

图 11-2　表单对象面板

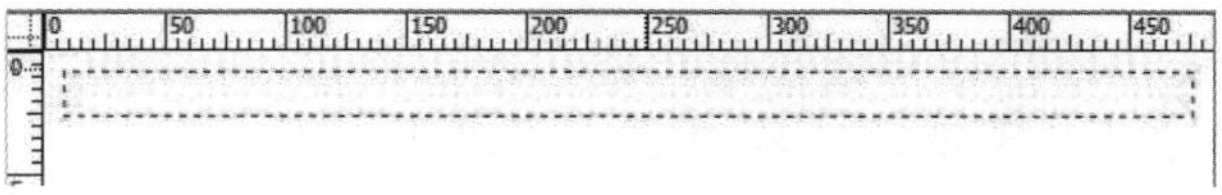

图 11-3　插入表单域

(3)表单有对应的属性面板,将光标置于虚线之上,打开【属性】面板,可以设置表单的属性,如图 11-4 所示。

【表单 ID】　用来设置这个表单的名称,为了正确地处理表单,一定要给表单设置一个名称。

【动作】　用来设置处理这个表单的服务器端脚本的路径。如果希望该表单通过 E-mail 方式发送,而不被服务器端脚本处理,需要在【动作】后填入“mailto:”和希望发送到的 E-mail 地址,表单的内容会发送到这个邮箱中。

图 11－4　表单属性

【目标】　下拉列表框用来设置表单被处理后反馈网页的打开方式，有 4 个选项："_blank""_parent""_self"和"_top"，反馈网页默认的打开方式是在原窗口里打开。如果选择"_blank"，则反馈网页在新窗口里打开；如果选择"_parent"，则反馈网页在父窗口里打开；如果选择"_self"，则反馈网页在原窗口里打开；如果选择"_top"，则反馈网页在顶层窗口里打开。

【方法】　下拉列表框用来设置将表单数据发送到服务器的方法，有 3 个选项："默认""POST"和"GET"。如果选择"默认"和"GET"，则将以 GET 方法发送表单数据，把表单数据附加到请求 URL 中发送；如果选择"POST"，则将以 POST 方法发送表单数据，把表单数据嵌入到 HTTP 请求中发送。一般情况下应该选择 POST，因为 GET 方法有很多限制，如果使用 GET 方法，URL 的长度限制在 8 192 个字符以内，一旦发送的数据量太大，数据将被截断，从而导致意外的或失败的处理结果；而且用 GET 方法发送机密用户名、密码、信用卡号或其他机密信息是很不安全的。

11.2.2　插入文本域

在表单的文本域中，可以输入任何类型的文本、数字或字母。输入的内容可以单行显示，也可以多行显示，还可以以星号作为密码形式显示。

插入文本域的步骤说明如下：

(1)将光标放到要添加文本域的位置。

(2)选择菜单命令【插入】/【表单】/【文本域】，弹出【输入标签辅助功能属性】对话框，如图 11－5 所示。根据需要进行相应的设置后单击

按钮，即可在光标处添加文本域。

(3)文本域有对应的属性面板，选中文本域，打开【属性】面板，可以设置文本域的属性，如图 11－6 所示。

【文本域】　用来设置所选文本框的名称。

【字符宽度】　文本框用来设置所选文本框的长度，可输入数值，例如，输入"10"，则文本框的长度能显示 10 个字节的字符，或者能显示 5 个汉字。

【最多字符数】　文本框用来设置所选文本框能输入的最大字符数，可输入数值。例如，输入"10"，则文本框最多能输入 10 个字节的字符，或者最多能输入 5 个汉字。

【初始值】　文本框用来设置所选文本框被显示时的初始文字。

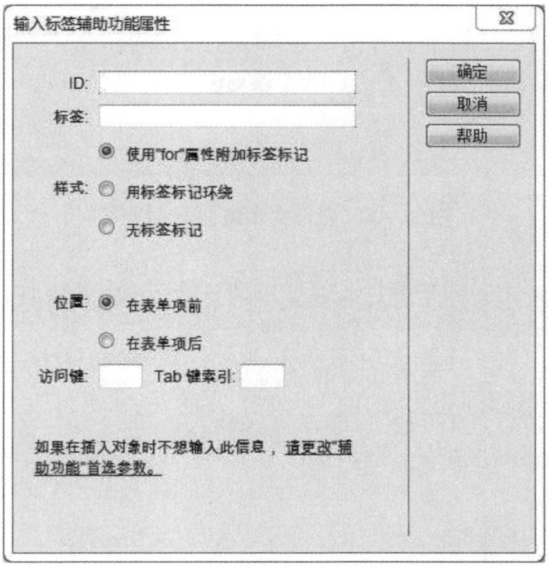

图 11-5 【输入标签辅助功能属性】对话框

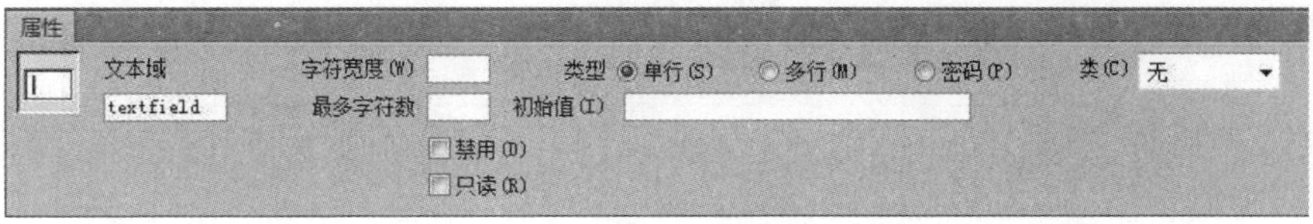

图 11-6 设置文本域的属性

1. 输入密码域

在【类型】后选择“密码”单选框，则文本框转换成密码框。密码框和文本框的设置方法完全一致，只是在浏览器中，当访问者往密码框里输入字符时，为了保密，字符将自动以符号 * 或 · 显示，如图 11-7 所示。

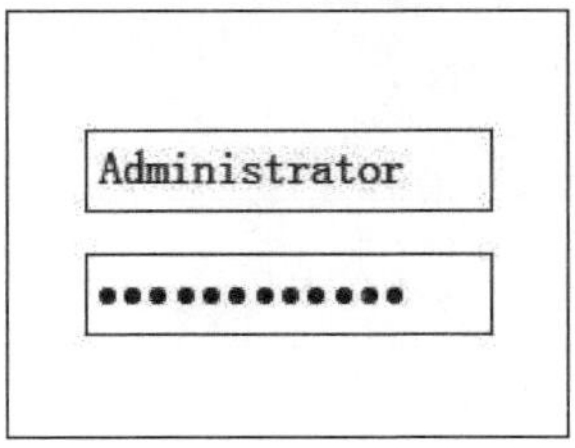

图 11-7 密码框

2. 插入多行文本域

多行文本域为访问者提供一个较大区域，供其输入响应，可以指定访问者最多输入的行数及对象的字符宽度，如果输入的文本超过这些设置，则该域将按照换行属性中指定的设置进行滚动。多行文本域【属性】面板如图 11-8 所示。

当将文本域设置为“多行”时，将产生一个 textarea 标签；“字符宽度”设置默认为 cols 属性;“行数”设置为 rows 属性。

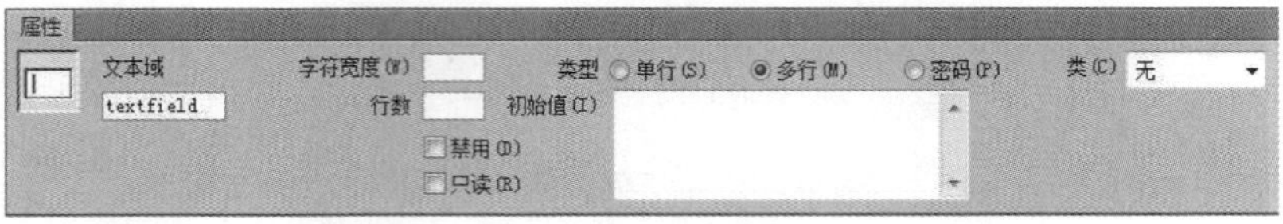

图 11－8　多行文本域【属性】面板

【行数】　文本框用来设置所选文本域显示的行数,可输入数值。
【禁用】　设置多行文本域在浏览时的输入状态。
【只读】　设置多行文本域在浏览时的修改情况。
【初始值】　设置文本域的初始值,即在首次载入表单时文本域中显示的值。
【类】　将 CSS 规则应用于文本域对象。

11.2.3　插入文本区域

选择菜单命令【插入】/【表单】/【文本区域】,将在文档中插入文本区域,如图 11－9 所示。

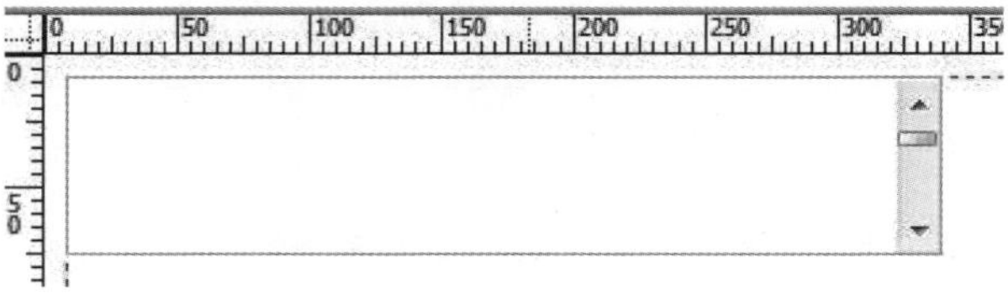

图 11－9　插入文本区域

文本区域【属性】面板如图 11－10 所示。在【属性】面板中,【字符宽度】选项用于设置文本区域的宽度,【行数】选项用于设置文本区域的高度。

图 11－10　文本区域【属性】面板

11.2.4　插入隐藏域

隐藏域在页面中,对于用户来说是看不见的,它用于存储一些信息,以便于被处理表单的程序所使用。

插入隐藏域的步骤说明如下:

(1)将光标放在要添加隐藏域的位置,选择菜单命令【插入】/【表单】/【隐藏域】,即可在光标处插入隐藏域,如图 11－11 所示。

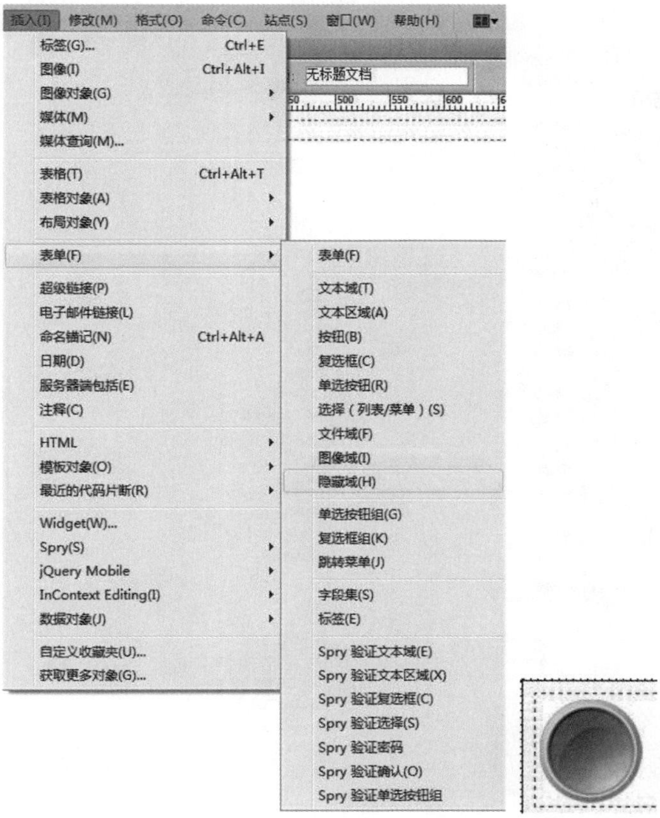

(a)　　　　　　　　　　(b)

图 11－11　插入隐藏域

(2)隐藏域有对应的属性面板,选中隐藏域,打开属性面板,可以设置隐藏域的属性,如图 11－12 所示。

图 11－12　设置隐藏域的属性

【隐藏区域】　设置所选隐藏域的名称。

【值】　设置隐藏域的值。

11.2.5　插入按钮

按钮的作用是当用户单击后,执行一定的任务,常见的有提交表单、重置表单等。

插入普通按钮的步骤说明如下:

(1)将光标放在要添加按钮的位置。

(2)选择菜单命令【插入】/【表单】/【按钮】,即可在光标所在位置插入按钮,如图

11－13 所示。

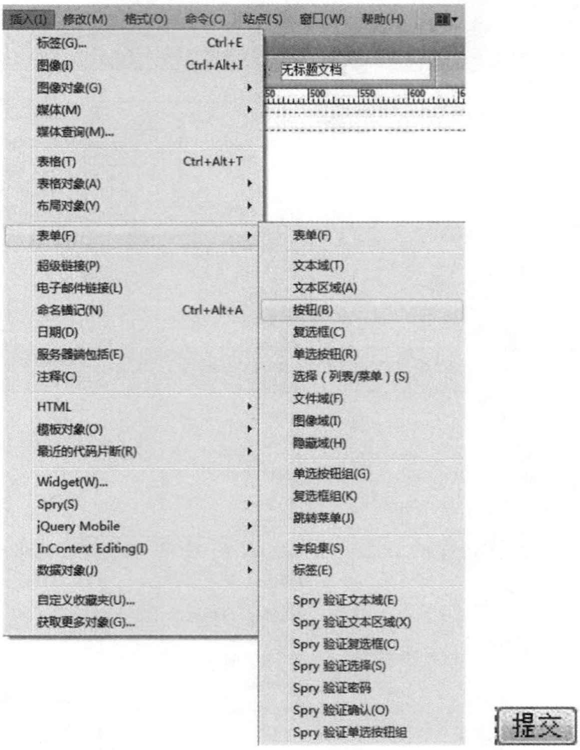

(a)　　　　　　　　(b)

图 11－13　插入按钮

(3)按钮有对应的属性面板，选中按钮，打开属性面板，可以设置按钮的属性，如图 11－14 所示。

图 11－14　设置按钮的属性

【按钮 ID】　设置所选按钮的名称。

【动作】　设置访问者单击按钮将产生的动作，有 3 个选项："提交表单""无"和"重设表单"。如果选择"提交表单"，则访问者单击按钮将提交这个表单；如果选择"无"，则访问者单击按钮将不产生任何动作；如果选择"重设表单"，则访问者单击按钮将重设这个表单，把表单各对象的值恢复到初始状态。

11.2.6　插入图像域

向表单中插入图像域后，图像域将起到提交表单的作用。本来需要用提交表单按钮来提交表单，但有时为了使表单更美观，需要用图像来提交表单，只需要把图像设置成图像域即可。

插入图像域的步骤说明如下：

(1)将光标放到要插入图像域的位置。

(2)选择菜单命令【插入】/【表单】/【图像域】，即可在光标所在位置插入图像域，如图 11－15 所示。

(a)　　(b)

图 11－15　插入图像域

(3)图像域有对应的属性面板，选中图像域，打开属性面板，可以设置图像域的属性，如图 11－16 所示。

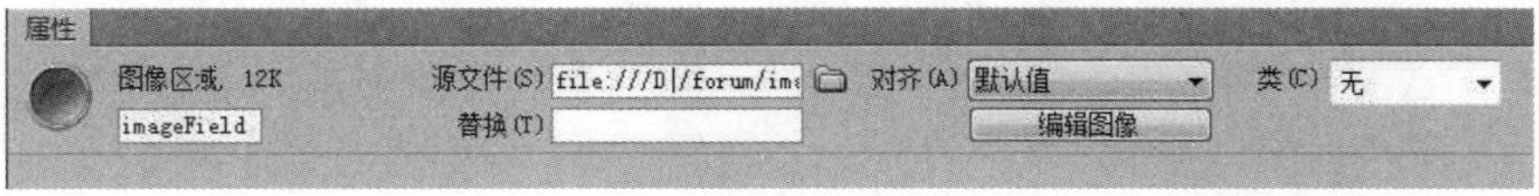

图 11－16　图像域属性

【图像区域】　设置所选图像域的名称。

【源文件】　设置图像域的图像来源，此时可设置一个新的图像文件来替换这个图像域。

【替换】　文本框用来设置图像域的替代文本，当访问者的浏览器无法显示图像域图像时,可以显示这个替代文本。

【对齐】 对齐下拉列表框用来设置图像域的对齐方式,有 6 个选项:“默认值”“顶部”“中间”“底部”“左对齐”和“右对齐”。

11.2.7 插入文件域

文件域可以让用户在域的内部填写自己硬盘中的文件路径,然后通过表单上传,这是文件域的基本功能。文件域由一个文本框和一个浏览按钮组成。访问者可以在文件域的文本框中输入一个文件的路径,也可以单击文件域的浏览按钮来选择一个文件,当访问者提交表单时,这个文件被上传。

插入文件域的步骤说明如下:

(1)将光标放在要插入文件域的位置。

(2)选择菜单命令【插入】/【表单】/【文件域】,即可在光标所在位置插入文件域,如图 11 - 17 所示。

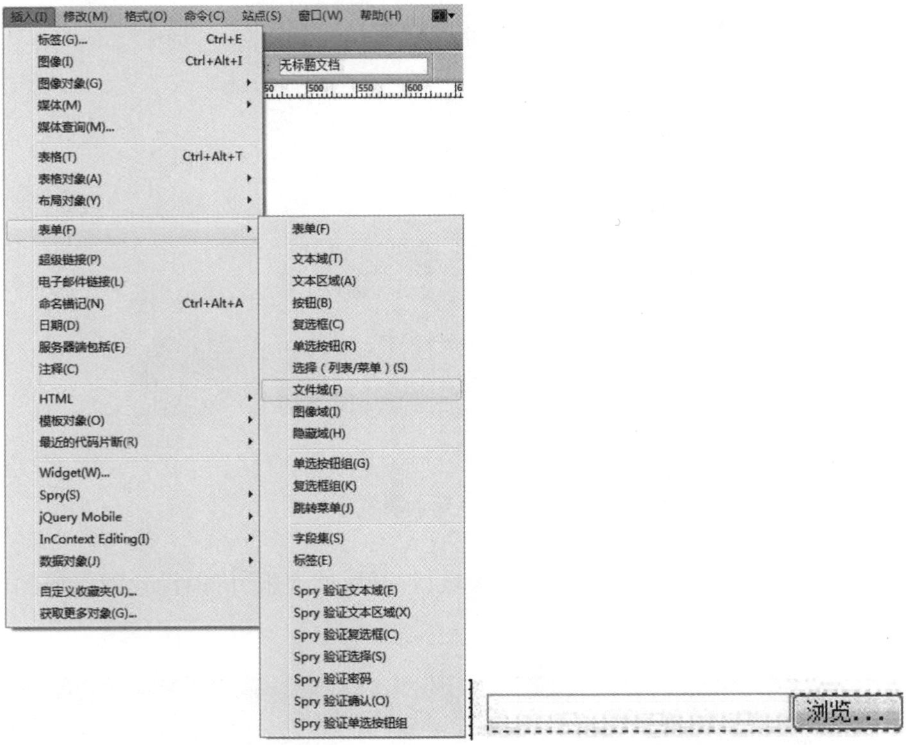

(a) (b)

图 11 - 17 插入文件域

(3)文件域中有对应的属性面板,选中文件域,打开属性面板,可以设置文件域的属性,如图 11 - 18 所示。

【文件域名称】 设置所选文件域的名称。

【字符宽度】 设置文件域里文本框的宽度。

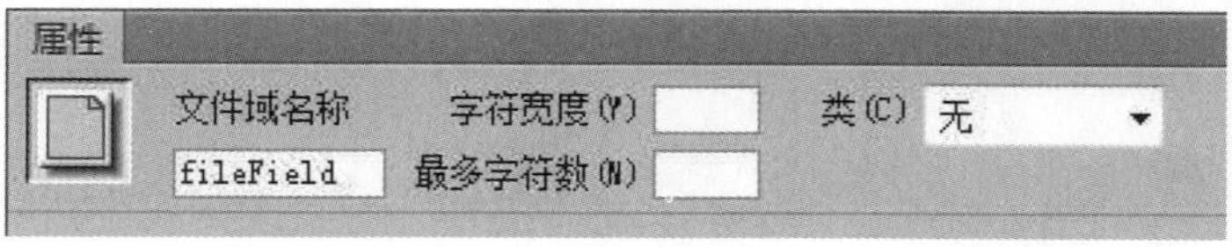

图 11－18　设置文件域的属性

【最多字符数】　设置文件域里文本框可输入字符的最多数量。

11.2.8　插入单选按钮

单选按钮作为一个组使用，提供彼此排斥的选项值，用户在单选按钮组内只能选择一个选项。

1. 插入单选按钮

插入单选按钮的步骤说明如下：

（1）将光标放到要添加单选框的位置。

（2）单击菜单【插入】/【表单】/【单选按钮】，即可在光标所在位置插入单选按钮，如图 11－19 所示。

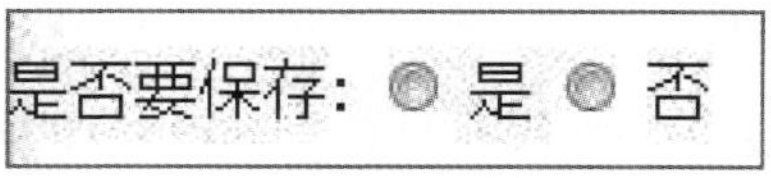

图 11－19　插入单选按钮

（3）单选按钮有对应的属性面板，如图 11－20 所示，选中单选框，打开属性面板，可以设置单选按钮的属性。

图 11－20　单选按钮属性

【单选按钮】　设置所选单位按钮的名称。

【选定值】　设置这个单选按钮的值。

【初始状态】　设置这个单选按钮的初始状态，有两个选项："已勾选"和"未选中"。如果选择"已勾选"，则这个单选按钮初始处于选中状态。

2 插入单选按钮组

使用单选按钮组对话框，可以一次插入一组单选按钮。

插入单选按钮组的步骤说明如下：

（1）将光标放到要添加单选按钮组的位置。

（2）选择菜单命令【插入】/【表单】/【单选按钮组】，即可在光标所在位置插入单选按钮组，如图 11－21 及图 11－22 所示。

图 11－21　插入的单选按钮组

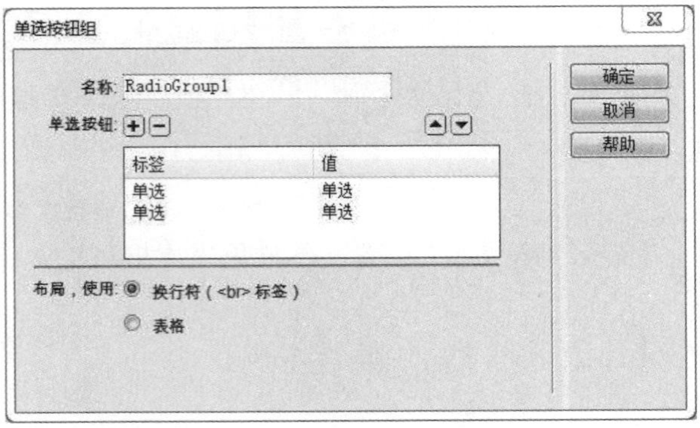

图 11－22　【单选按钮组】对话框

【名称】　设置这个单选按钮组的名称。在单选按钮组对话框中,中间的选框里列有这个单选按钮组所包含的所有单选按钮,每一行代表一个单选按钮。“标签”是设置单选按钮的文字说明;“值”是设置单选按钮的值。

【按钮】　可以为单选按钮组添加一个新的单选按钮。

【按钮】　可以删除选中的单选按钮,单击向上或向下的箭头按钮,可以为单选按钮组所包含的单选按钮排序。

【布局,使用】　用来设置单选按钮的换行方式,有两个选项:“换行符”和“表格”。如果选择“换行符”,则单选按钮在网页中直接换行;如果选择“表格”,则 Dreamweaver 自动插入表格来安排单选按钮的换行。

11.2.9　插入复选框

复选框对每个单独的响应进行“关闭”和“打开”状态切换,因此,用户可以从复选框组中选择多个选项。

插入复选框的步骤说明如下:

(1)将光标放到要添加复选框的位置。

(2)选择菜单命令【插入】/【表单】/【复选框】,即可在光标所在位置插入复选框,如图 11－23 所示。

【复选框名称】　设置所选复选框的名称。

【选定值】　设置这个复选框的值。

【初始状态】　设置这个复选框的初始状态,有两个选项:“已勾选”和“未选中”。如果选择“已勾选”,则这个复选框初始处于选中状态;如果选择“未选中”,则这个复选框初始处于未选状态。

图 11－23　插入复选框

（3）复选框有对应的属性面板，选中复选框，打开属性面板，可以设置复选框的属性，如图 11－24 所示。

图 11－24　设置复选框的属性

11.2.10　插入列表和菜单

列表和菜单的功能与复选框和单选按钮的功能类似，都可以列举许多选项供浏览者选择，其最大好处就是可以在有限的空间内为用户提供更多的选项，非常节省版面。其中，列表提供一个滚动条，它使用户可以浏览许多项，并进行多重选择；下拉式菜单默认仅显示一项，该项为活动选项，用户单击打开菜单，但只能选择其中一项。

1. 插入列表

插入列表的步骤说明如下：

（1）将光标放到要插入列表的位置。

（2）选择菜单命令【插入】/【表单】/【选择（列表/菜单）】，即可在光标所在位置插入列表，如图 11－25 所示。

图 11－25　插入列表

（3）列表有对应的属性面板，选中列表，打开属性面板，可以设置列表的属性,在列表属性面板上"类型"后选择"列表"单选框,如图 11－26 所示。

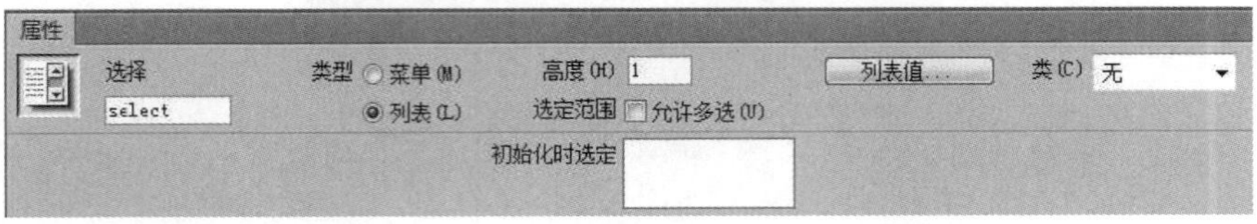

图 11－26　列表【属性】面板

【选择】　设置所选列表的名称。

【列表值】　如图 11－27 所示,中间的选框里列有这个列表所包含的所有选项,每一行代表一个选项。"项目标签"用来设置每个选项所显示的文本;"值"设置的是选项的值。

按钮　可以为列表添加一个新的选项。

按钮　可以删除选框里选中的那个选项。

或按钮　可以为列表的选项排序。

【初始化选定】　选框里可以选择列表在浏览器里显示的初始值。

【高度】　用来设置列表的高度。例如,填入"10",则列表在浏览器中显示为 10 个选项的高度。如果选中"选定范围"后的复选框,则这个列表允许被多选;如果取消对"选定范围"后复选框的选择,则这个列表只允许被单选。

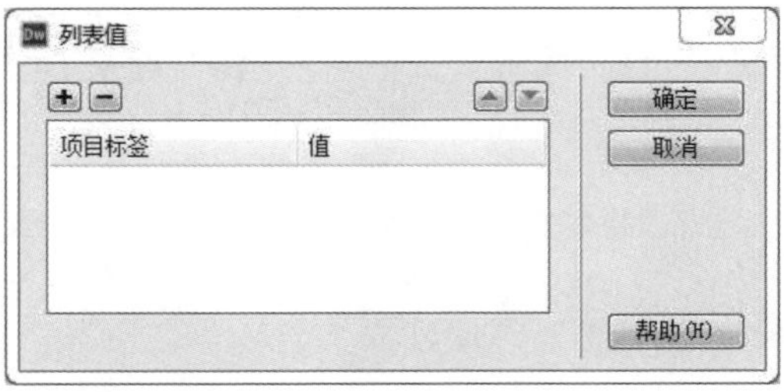

图 11－27　列表值

2. 插入菜单

插入菜单的步骤说明如下:

(1)将光标放到要插入菜单的位置。

(2)选择菜单命令【插入】/【表单】/【选择(列表/菜单)】,即可在光标所在位置插入菜单,如图 11－28 所示。

(3)菜单有对应的属性面板。选中菜单,打开属性面板,可以设置菜单的属性,在菜单属性面板上"类型"后选择"菜单"单选按钮,如图 11－29 所示。

图 11－28　插入菜单

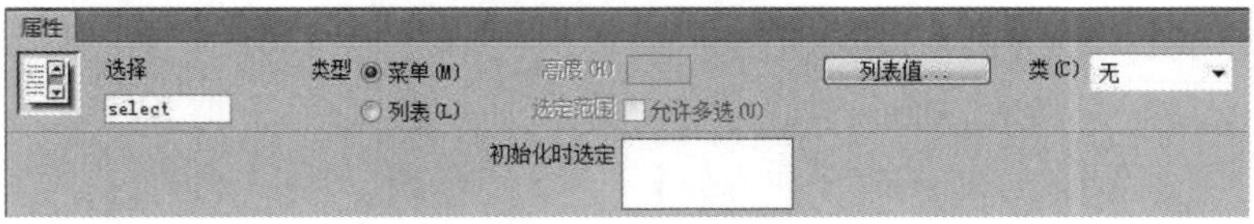

图 11－29　菜单属性

【选择】　设置所选菜单的名称。

【列表值】　如图 11－30 所示，中间的选框里列有这个菜单所包含的所有选项，每一行代表一个选项。“项目标签”用来设置每个选项所显示的文本；“值”设置的是选项的值。

按钮　可以为列表添加一个新的选项。

按钮　可以删除选中的那个选项。

或按钮　可以为列表的选项排序。

【初始化选定】　选框里可以选择列表在浏览器里显示的初始值。

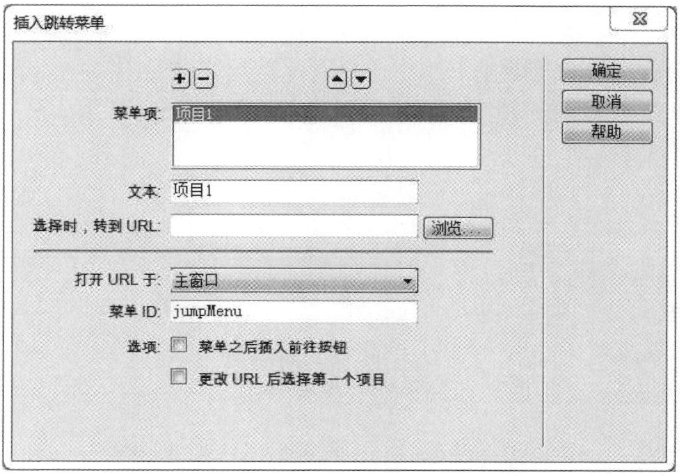

图 11－30　添加跳转菜单

11.2.11　插入跳转菜单

跳转菜单是创建链接的一种形式，但比真正的链接节省很大的空间。跳转菜单由表单中的菜单发展而来，浏览者单击扩展按钮打开下拉菜单，在菜单中选择链接，即可链接到目标网页。

插入跳转菜单的步骤说明如下：

(1)将光标放到要插入跳转菜单的位置。

(2)选择菜单命令【插入】/【表单】/【跳转菜单】，即可在光标所在位置插入跳转菜单。

(3)在如图 11－30 所示的弹出对话框中进行插入跳转菜单的设定。

【菜单项】　选框列出了跳转菜单的所有菜单项，单击按钮，可以增加一个菜单。在“菜单项”选框里选中菜单项，单击按钮，可以删除这个选中的菜单项；在“菜单项”选框里选中菜单项，单击向上或向下的箭头按钮，可以调整这个菜单项在跳转菜单里的排序位置。

【文本】　用来设置当前菜单项显示的文本。

【选择时，转到 URL】　设置当前菜单项所对应的超链接地址。

【打开 URL 于】　下拉列表框用来设置超链接的打开方式。

【菜单 ID】 文本框用来设置当前菜单项的名称。

如果选中“菜单之后插入前往按钮”复选框,则向网页中插入跳转菜单后,将同时插入一个 前往 按钮,访问者单击 前往 按钮,将打开跳转菜单中当前选中菜单对应的超链接。

如果选中“更改 URL 后选择第一个项目”复选框,将可以使用菜单选择提示。

单击 确定 按钮,可以完成“插入跳转菜单”对话框的设置。

11.3 ASP 动态网页

表单更多的时候是在动态网页中使用的,因此首先需要创建一个 ASP 动态网页文件。选择菜单命令【文件】/【新建】,打开【新建文档】对话框,依次选择【空白页】/【ASP VBScript】/【无】选项,如图 11-31 所示,即可创建一个空白的 ASP 动态网页文件。

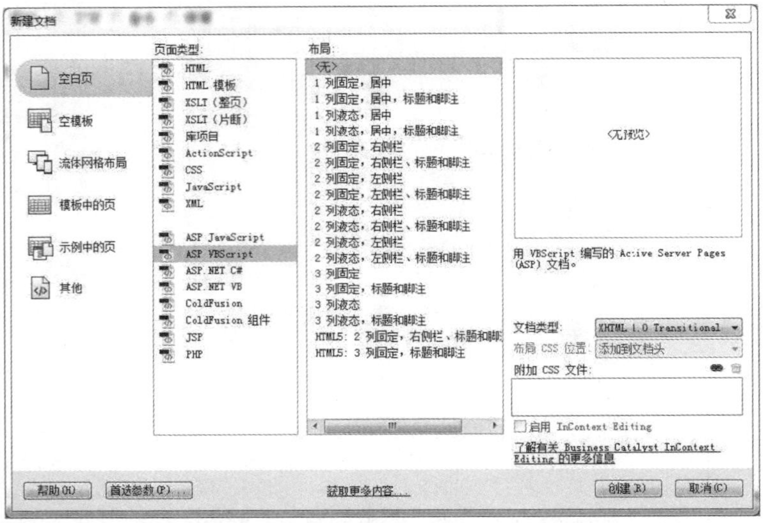

图 11-31 创建一个空白的 ASP 动态网页文件

查看 ASP 动态网页文件源代码,可以发现第 1 行是如下代码:

```
<%@LANGUAGE = "VBSCRIPT" CODEPAGE = "65001"%>
```

其中,LANGUAGE = "VBSCRIPT",用于声明该 ASP 动态网页当前使用的编程脚本为 VBSCRIPT。当使用该脚本声明后,该动态网页中使用的程序都必须符合该脚本语言的所有语法规范。如果使用 JAVASCRIPT 脚本语言创建 ASP 动态网页,那么声明代码中脚本语言声明项应该修改为 LANGUAGE = "JAVASCRIPT"。

CODEPAGE = “65001”,用于定义在浏览器中显示页内容的代码页为 Unicode(UTF-8)。代码页是字符集的数字值,不同的语言使用不同的代码页。例如,繁体中文(Big5)代码页为 950,日文(Shift-JIS)代码页为 932,简体中文(GB2312)代码页为 936。在制作动态网页的过程中,如果在插入或显示数据表中记录时出现了乱码的情况,通常需要采用这种方法解决,即查看该动态网页是否在第 1 行进行了代码页的声明,如果没有,就应该加上,这样就不会出现网页乱码的情况了。

11.4　使用行为验证表单

表单在提交到服务器端以前必须进行验证，以确保输入数据的合法性。使用【检查表单】行为可以检查指定文本域的内容，以确保用户输入了正确的数据类型。使用【onBlur】事件将此行为分别添加到各个文本域，在用户填写表单时对域进行检查。使用【onSubmit】事件将此行为添加到表单，在用户提交表单的同时对多个文本域进行检查，以确保数据的有效性。

如果用户填写表单时需要分别检查各个域，在检查时需要分别选择各个域，然后在【行为】面板中单击按钮，在弹出的菜单中选择【检查表单】命令。如果用户在提交表单时检查多个域，需要先选中整个表单，然后在【行为】面板中单击按钮，在弹出的菜单中选择【检查表单】命令，在打开的【检查表单】对话框中进行参数设置，如图 11 – 32 所示。

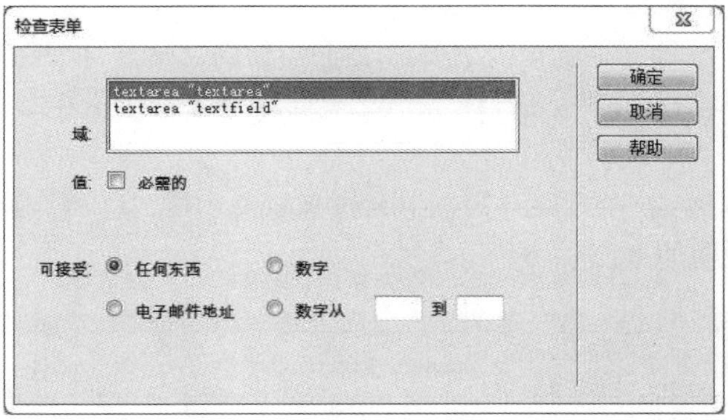

图 11 – 32　【检查表单】对话框

【检查表单】对话框中的各项参数简要说明如下：

【域】　列出表中所有的文本域和文本区域供选择。

【值】　如果选择【必需的】复选框，表示【域】文本框中必须输入内容。

【可接受】　包括 4 个单选按钮，其中【任何东西】表示输入的内容不受限制。

【电子邮件地址】　表示仅接收电子邮件地址格式的内容。

【数字】　表示仅接收数字。

【数字从…到…】　表示仅接收指定范围内的数字。

在设置了【检查表单】行为后，当表单被提交时（“onSubmit”大小写不能随意更改），验证程序会自动启动，必填项如果为空则发出警告，提示用户重新填写；如果不为空则提交表单。

11.5　Spry 验证表单对象

在制作表单页面时，为了确保采集信息的有效性，往往会要求在网页中实现表单数据验证的功能。Dreamweaver CS6 中的 Spry 框架提供了 7 个验证表单对象：Spry 验证文本域、Spry 验证文本区域、Spry 验证复选框、Spry 验证选择、Spry 验证密码、Spry 验证确认和 Spry

验证单选按钮组。

Spry 验证表单对象与普通表单对象最简单的区别是，Spry 验证表单对象是在普通表单的基础上添加了验证功能，读者可以通过 Spry 验证表单对象的【属性】面板进行验证方式的设置。这就意味着 Spry 验证表单对象的【属性】面板是设置验证方法的内容的，不涉及具体表单对象的属性设置，如果要设置具体表单对象的属性，仍然需要按照设置普通表单对象的方法进行。

11.5.1 Spry 验证文本域

Spry 验证文本域用于在输入文本时显示文本的状态，选择菜单命令【插入】/【表单】/【Spry 验证文本域】，将在文档中插入 Spry 验证文本域，如图 11－33 所示。

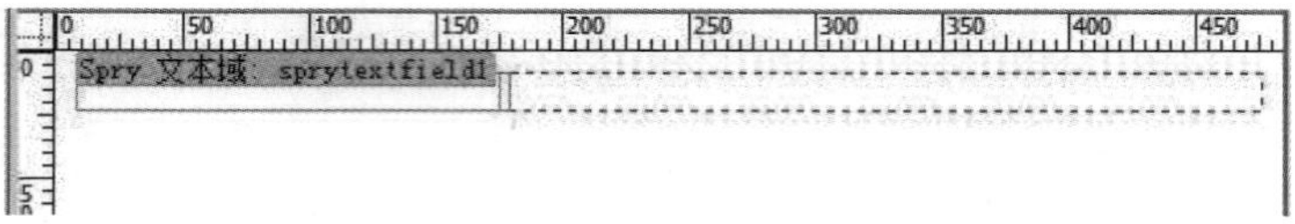

图 11－33　Spry 验证文本域

单击【Spry 文本域：sprytextfield1】，选中 Spry 验证文本域，其【属性】面板如图 11－34 所示，相关参数简要说明如下：

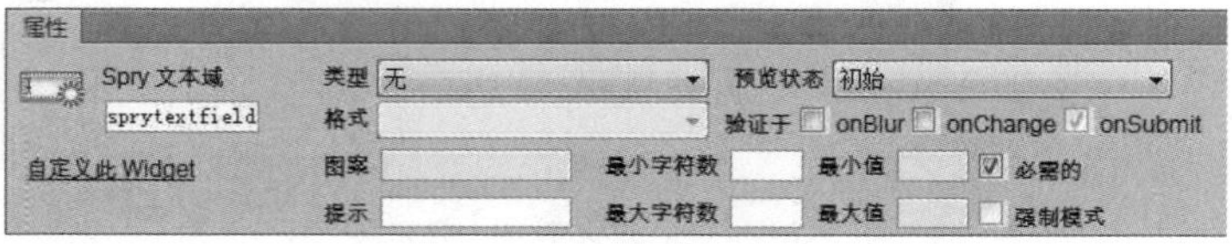

图 11－34　Spry 验证文本域

【Spry 文本域】　用于设置 Spry 验证文本域的名称。

【类型】　用于设置验证类型和格式，在其下拉列表中共包括 14 种类型，如整数、电子邮件地址、日期、时间、信用卡、邮政编码、电话号码、IP 地址和 URL 等。

【格式】　当在【类型】下拉列表中选择【日期】、【时间】、【信用卡】、【邮政编码】、【电话号码】、【社会安全号码】、【货币】或【IP 地址】选项时，该项可用，并根据各个选项的特点提供不同的格式设置。

【预览效果】　验证文本域构件具有许多状态，可以根据所需的验证结果，通过【属性】面板来修改这些状态。

【验证于】　用于设置验证发生的时间，包括浏览者在文本域外部单击(onBlur)、更改文本域中的文本时(onChange)或尝试提交表单时(onSubmit)。

【最小字符数】和【最大字符数】　当在【类型】下拉列表中选择【无】、【整数】、【电子邮件地址】或【URL】选项时，还可以指定最小字符数和最大字符数。

【最小值】和【最大值】　当在【类型】下拉列表中选择【整数】、【时间】、【货币】或【实数/科学记数法】选项时，还可以指定最小值和最大值。

【必需的】　用于设置 Spry 验证文本域不能为空，必须输入内容。

【强制模式】　用于禁止用户在验证文本域中输入无效内容。例如,如果对【类型】为“整数”的构件集选择此项,那么当用户输入字母时,文本域中将不显示任何内容。

【提示】　设置在文本域中显示的提示内容。当单击时文本域中的提示内容消失,可以直接输入需要的内容。

11.5.2　Spry 验证文本区域

Spry 验证文本区域用于在输入文本段落时显示文本的状态,选择菜单命令【插入】/【表单】/【Spry 验证文本区域】,将在文档中插入 Spry 验证文本区域,如图 11－35 所示。

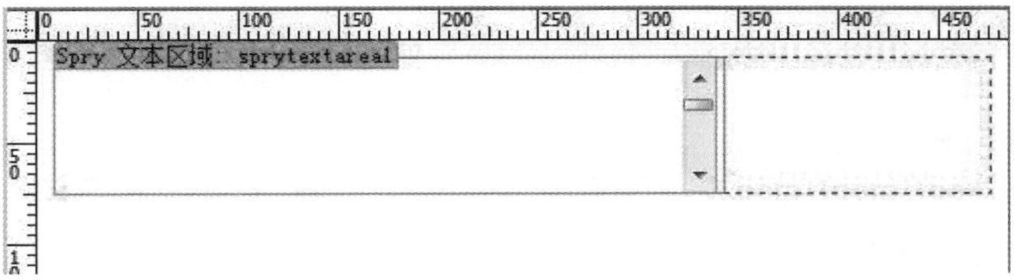

图 11－35　Spry 验证文本区域

Spry 验证文本区域【属性】面板如图 11－36 所示。

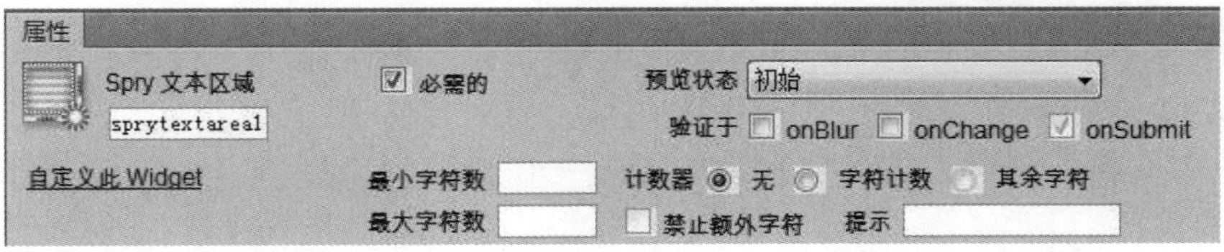

图 11－36　Spry 验证文本区域【属性】面板

在 Spry 验证文本区域的属性设置中,可以添加字符计数器,以便当用户在文本区域中输入文本时知道自己已经输入了多少字符或者还剩多少字符。

11.5.3　Spry 验证复选框

Spry 验证复选框用于显示在用户选择(或没有选择)复选框时构件的状态,选择菜单命令【插入】/【表单】/【Spry 验证复选框】,将在文档中插入 Spry 验证复选框,如图 11－37 所示。

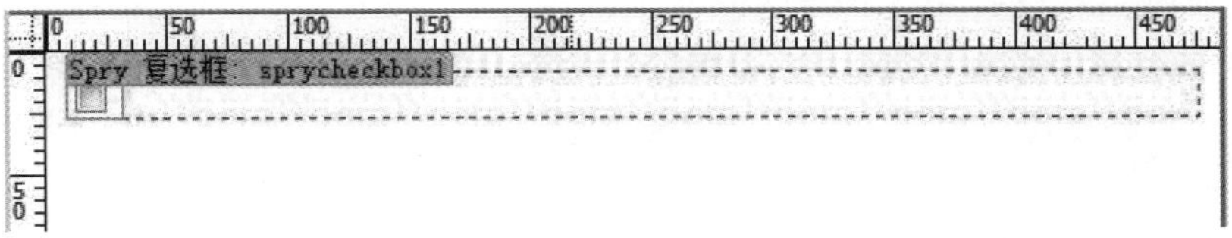

图 11－37　Spry 验证复选框

Spry 验证复选框【属性】面板如图 11 –38 所示。

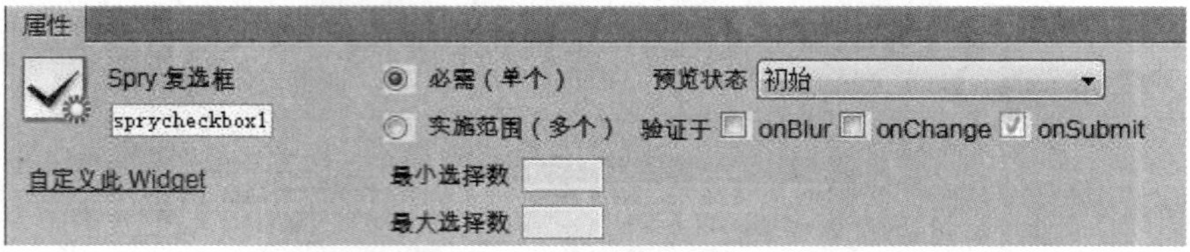

图 11 –38　Spry 验证复选框【属性】面板

默认情况下，Spry 验证复选框设置为"必需（单个）"。但是，如果在页面上插入了多个复选框，则可以指定选择范围，即设置为"实施范围（多个）"，然后设置【最小选择数】和【最大选择数】参数。

11.5.4　Spry 验证选择

Spry 验证选择构件是一个下拉菜单，该菜单在用户进行选择时会显示构件的状态（有效或无效）。选择菜单命令【插入】/【表单】/【Spry 验证选择】，将在文档中插入 Spry 验证选择域，如图 11 –39 所示。

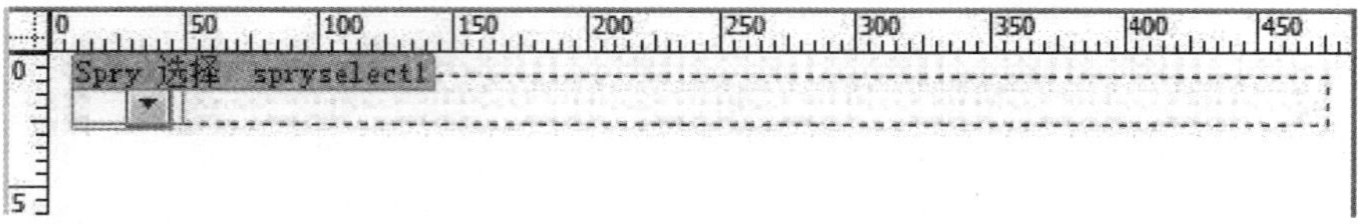

图 11 –39　Spry 验证选择域

Spry 验证选择域【属性】面板如图 11 –40 所示。

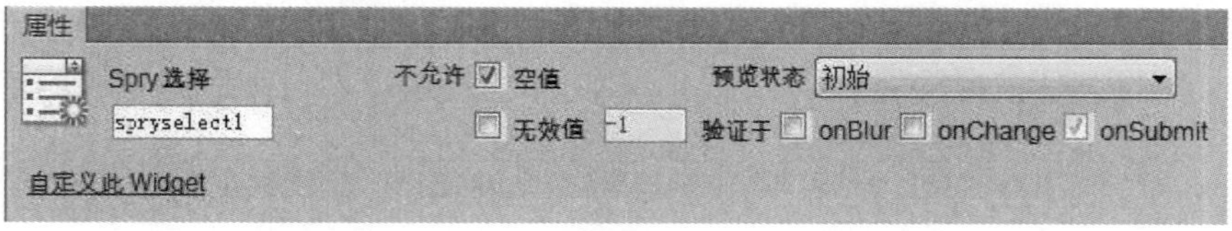

图 11 –40　Spry 验证选择域【属性】面板

【不允许】选项组包括【空值】和【无效值】两个复选框，如果选择【空值】复选框，表示所有菜单项都必须有值；如果选择【无效值】复选框，可以在其后面的文本框中指定一个值。当用户选择与该值相关的菜单项时，该值将注册为无效。例如，如果指定" –1"是无效值（即选择【无效值】复选框，并在其后面的文本框中输入" –1"），并将该值赋予某个选项标签，则当用户选择该菜单项时，将返回一条错误的消息。

如果要添加菜单项和值，必须选中菜单域，在列表/菜单【属性】面板中进行设置。

11.5.5　Spry 验证密码

Spry 验证密码用于在输入密码文本时显示文本的状态，选择菜单命令【插入】/【表单】/

【Spry 验证密码】,将在文档中插入 Spry 验证密码域,如图 11 - 41 所示。

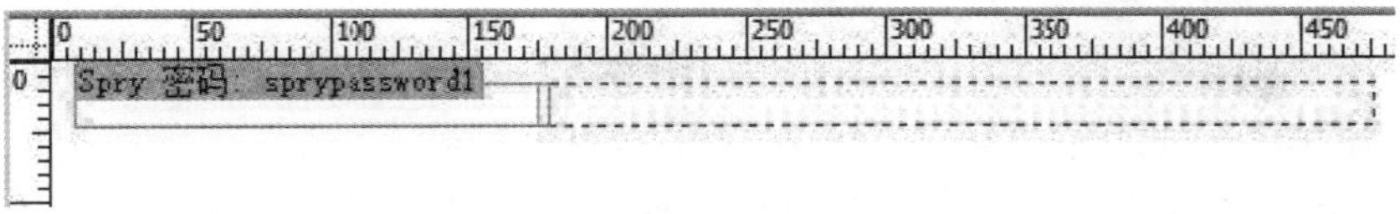

图 11 - 41 Spry 验证密码文本域

Spry 验证密码域【属性】面板如图 11 - 42 所示。

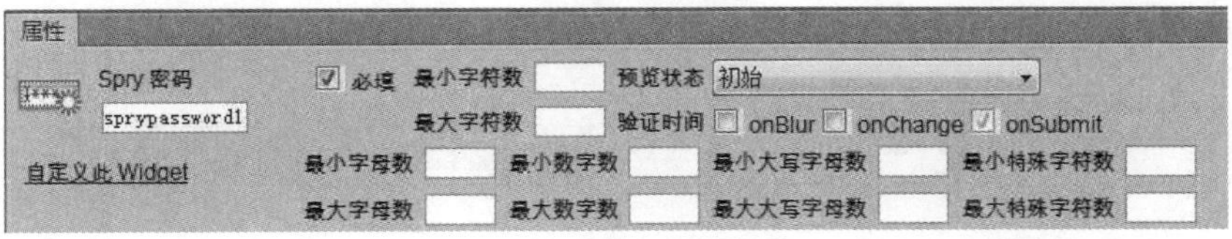

图 11 - 42 Spry 验证密码域【属性】面板

通过【属性】面板,可以设置在 Spry 验证密码文本域中,允许输入的最大字符数和最小字符数;同时,可以定义字母、数字及特殊字符的数量范围。

11.5.6 Spry 验证确认

Spry 验证确认用于在输入确认密码是显示文本的状态,选择菜单命令【插入】/【表单】/【Spry 验证确认】,将在文档中插入 Spry 验证确认密码域,如图 11 - 43 所示。

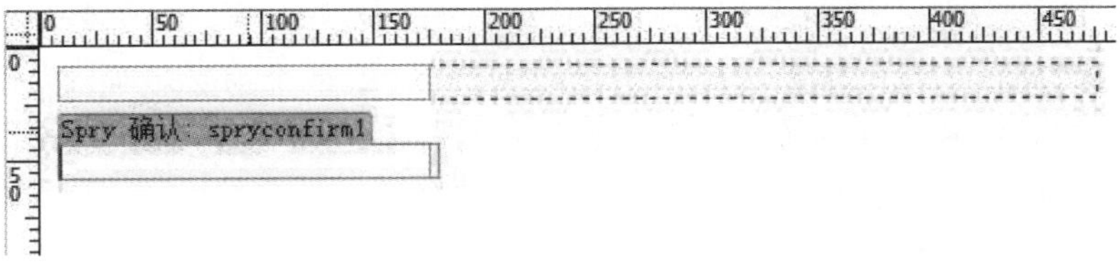

图 11 - 43 Spry 验证确认密码文本域

Spry 验证确认密码域【属性】面板如图 11 - 44 所示。【验证参照对象】通常是指表单内前一个密码文本域,只有两个文本域内的文本完全相同,才能通过验证。

图 11 - 44 Spry 验证确认【属性】面板

11.5.7 Spry 验证单选按钮组

Spry 验证单选按钮组用于在进行单击时显示构件的状态，选择菜单命令【插入】/【表单】/【Spry 验证单选按钮组】，将在文档中插入 Spry 验证单选按钮组，如图 11-45 所示。

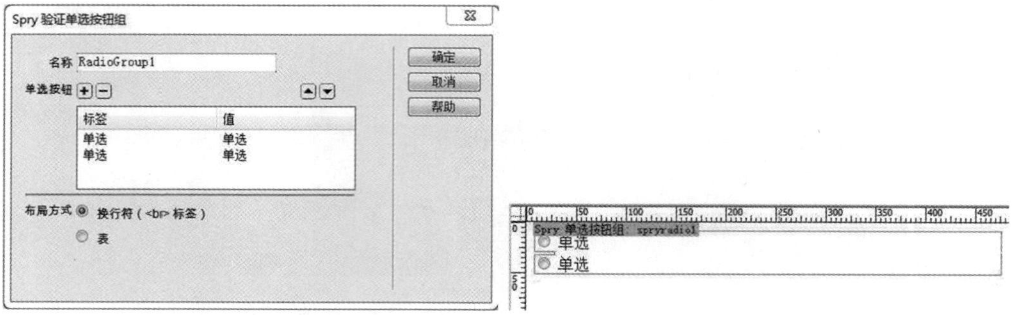

(a)　　(b)

图 11-45　Spry 验证单选按钮组

Spry 验证单选按钮组【属性】面板如图 11-46 所示。

图 11-46　Spry 验证单选按钮组【属性】面板

通过【属性】面板可以设置单选按钮是否必须选择，即是否为必填项。如果必须，还可以设置单选按钮组中哪一个是空值，哪一个是无效值，只需将相应单选按钮的值填入【空值】或【无效值】文本框即可。

11.6 实　　例

本例将制作一个表单网页。其最终效果如图 11-47 所示，具体操作步骤如下：

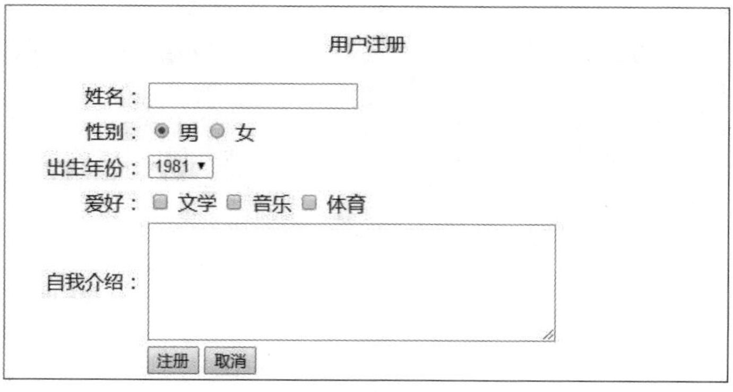

图 11-47　最终效果图

(1)创建一个空白的 HTML 文档,在【插入】面板的【表单】分类中单击【表单】按钮,如图 11 -48 所示。

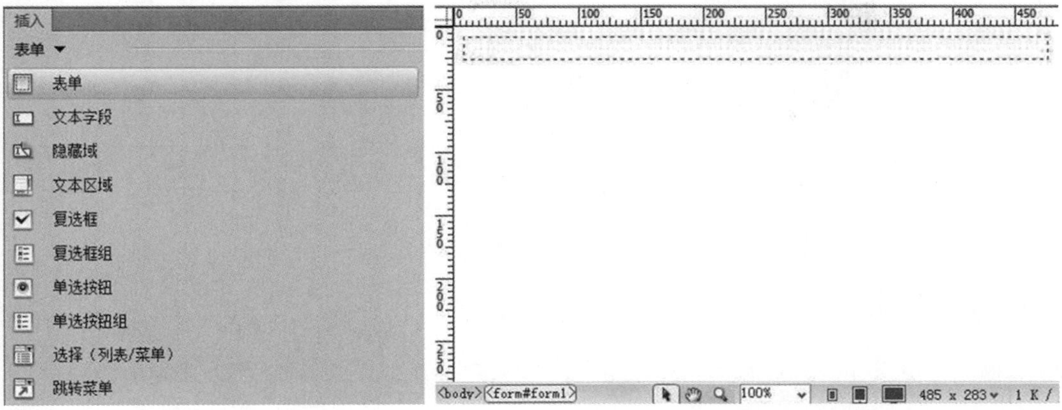

(a)　　　　　　　　(b)

图 11 -48　插入表单

(2)将光标放在表单内,点击【插入】/【表格】,插入一个 7 行 2 列的表格。选中该表格,按照如图 11 -49 所示参数调整表格。

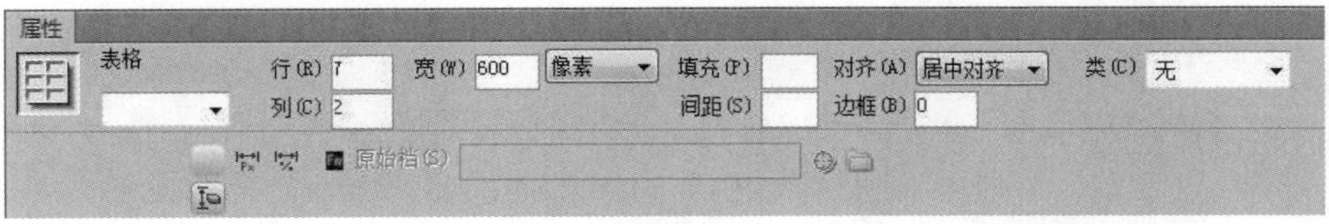

图 11 -49　调整表格参数

(3)点击【窗口】/【CSS 样式】,在 CSS 样式窗口中点击 ,为表格新建 CSS 样式,如图 11 -50 所示。

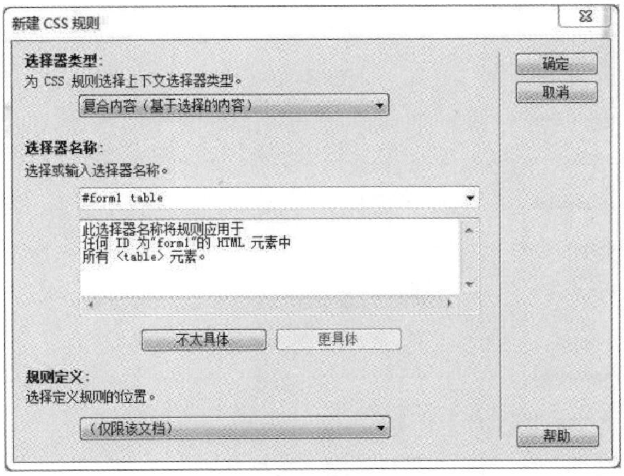

图 11 -50　新建 CSS 规则

(4)如图 11－51 所示,在【新建 CSS 规则】窗口中单击按钮,关闭当前窗口。

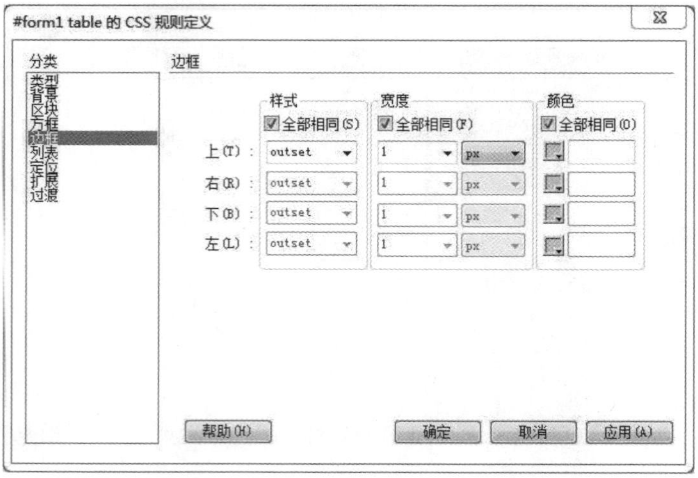

图 11－51　【新建 CSS 规则】设置

(5)选中表格的首行 2 列,选择菜单命令【修改】/【表格】/【合并单元格】,在合并后的首行输入“用户注册”,选中“用户注册”;然后在【属性】面板中设置各项属性,让“用户注册”居中显示,如图 11－52 所示。

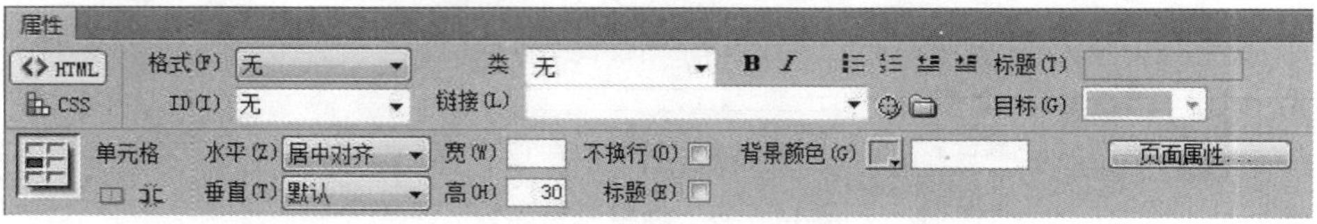

图 11－52　在【属性】面板中设置

(6)在表格中各行输入“姓名:”“性别:”“出生年份:”“爱好:”和“自我介绍:”,选中输入文字的 4 个表格,如图 11－53 所示。

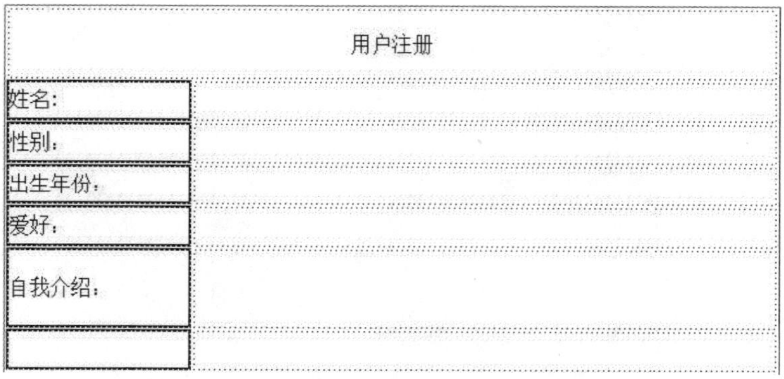

图 11－53　选中状态

(7)如图 11－54 所示,在【属性】面板中设置各项属性。其效果如图 11－55 所示。

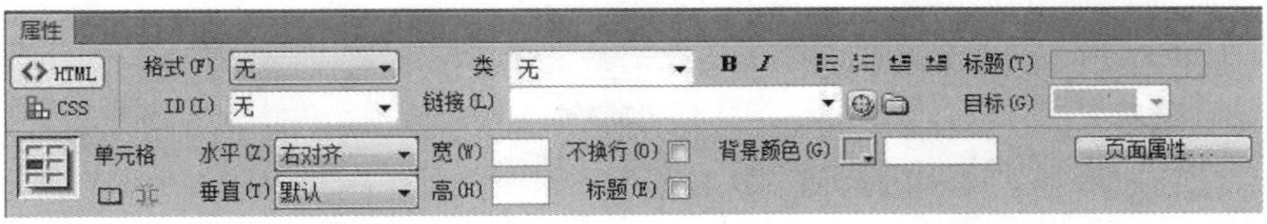

图 11－54 【属性】面板

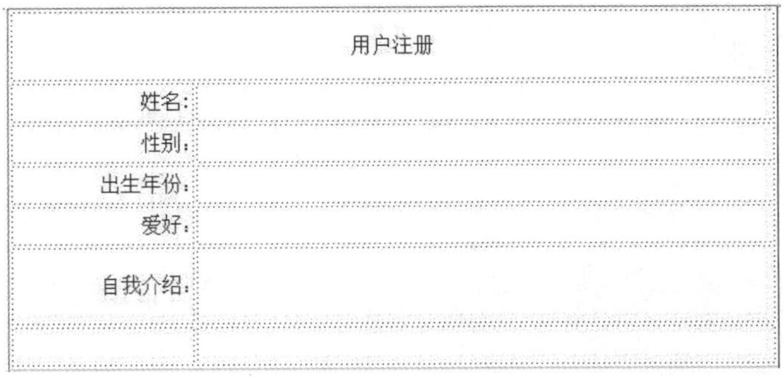

图 11－55 效果图

(8)将鼠标光标置于“姓名:”右侧单元格中,选择菜单命令【插入】/【表单】/【文本域】,插入一个文本域,然后在【属性】面板中设置各项属性,如图 11－56 所示。

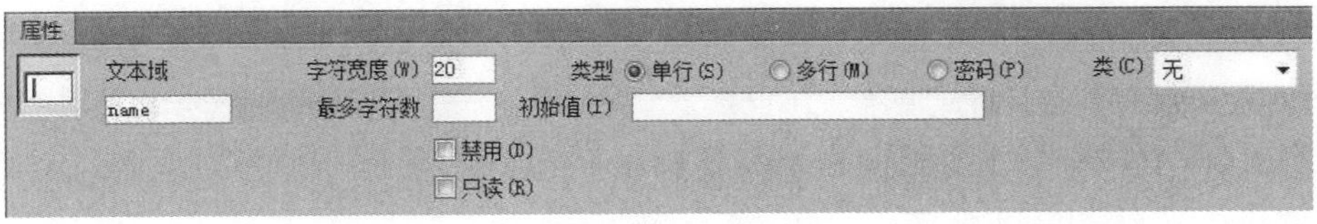

图 11－56 文本域【属性】面板

(9)将鼠标光标置于“性别:”后面的单元格内,然后选择菜单命令【插入】/【表单】/【单选按钮】,插入两个单选按钮,然后在【属性】面板中设置其属性参数,并分别在两个单选按钮的后面输入文本“男”和“女”,如图 11－57 所示。

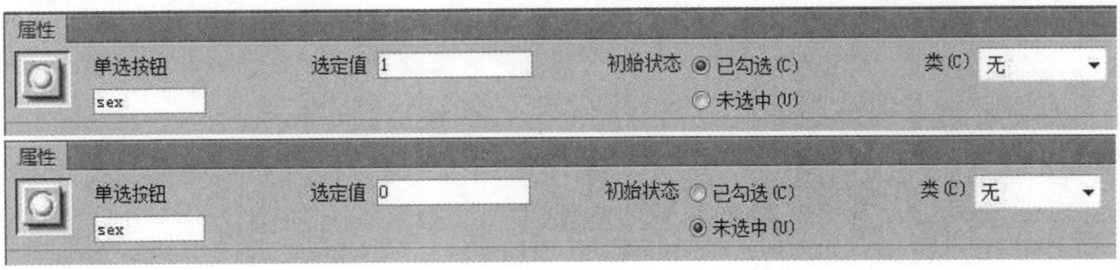

图 11－57 插入单选按钮

(10)将鼠标光标置于“出生年份:”后面的单元格内,然后选择菜单命令【插入】/【表单】/【选择(列表/菜单)】,插入一个【选择(列表/菜单)】域。

(11)选定【选择(列表/菜单)】域,在【属性】面板中单击 

按钮,打开

【列表值】对话框,添加【项目标签】和【值】,如图 11 - 58 所示。

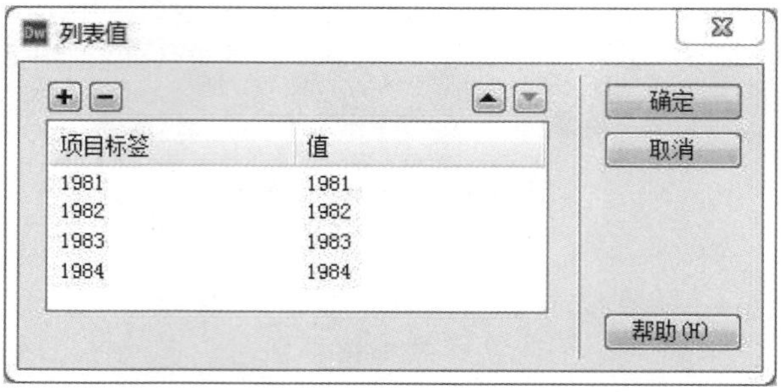

图 11 - 58　添加【选择(列表/菜单)】域的内容

(12)在【属性】面板中将【选择】名称设置为“year”,如图 11 - 59 所示。

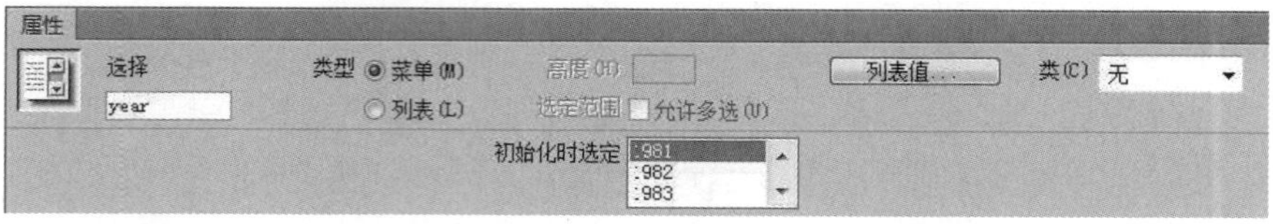

图 11 - 59　选择(列表/菜单)【属性】面板

(13)将鼠标光标置于文本“爱好:”后面的单元格内,选择菜单命令【插入】/【表单】/【复选框】,插入一个复选框,参数设置如图 11 - 60 所示,然后输入文本“文学”。

图 11 - 60　复选框【属性】面板(一)

(14)将鼠标光标置于文本“文学”的后面,选择菜单命令【插入】/【表单】/【复选框】,插入第 2 个复选框,参数设置如图 11 - 61 所示,然后输入文本“音乐”。

图 11 - 61　复选框【属性】面板(二)

(15)将鼠标光标置于文本“音乐”的后面,选择菜单命令【插入】/【表单】/【复选框】,插入第 3 个复选框,参数设置如图 11 - 62 所示,然后输入文本“体育”。

(16)将鼠标光标置于“自我介绍:”后面的单元格内,选择菜单命令【插入】/【表单】/【文本区域】,插入一个文本区域,如图 11 - 63 所示。

(17)将鼠标光标置于“自我介绍:”下面的第 2 个单元格内,选择菜单命令【插入】/【表单】/【按钮】,插入 2 个按钮,并在【属性】面板中设置其属性参数。

图 11-62　复选框【属性】面板(三)

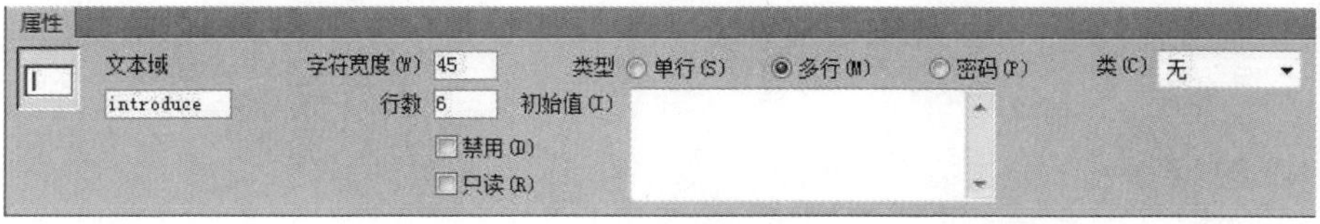

图 11-63　输入文本区域

(18)保存网页,按F12键运行,查看效果。

11.7　本 章 小 结

表单是页面与 Web 服务器交互过程中最重要的信息来源,利用表单,可以帮助 Internet 服务器从用户处收集信息。例如,收集用户资料,获取用户订单,也可以实现搜索接口。在 Internet 上也同样存在大量的表单,让用户输入文字或进行选择。本章通过对普通表单对象的介绍使得用户对表单、文本域、文本区域、隐藏域、按钮、图像域、文件域、单选按钮、复选框、列表和菜单及跳转菜单更加了解。在制作表单页面时,为了确保采集信息的有效性,往往会要求在网页中实现表单数据验证的功能。本章还通过对 Spry 验证表单对象的介绍,让用户更好地了解了 Spry 验证表单对象的作用。

第 12 章　行为和 JavaScript 的应用

【学习目标】

- 掌握行为的基础知识及使用方法。
- 了解常用的事件及行为。
- 了解 JavaScript 的简单操作。
- 熟悉 Dreamweaver CS6“代码片段”面板。

Dreamweaver CS6 提供的“行为”的机制，是基于 JavaScript 来实现动态网页和交互的，在可视化环境中通过按钮和选项，可以实现丰富的动态页面效果，实现人与页面的简单交互，但却不允许书写任何代码。

12.1　行　　为

行为是事件与动作的结合，当鼠标移动到网页的图像上方时，图像高亮显示，此时的鼠标移动成为事件，图像的变化成为动作，一般的行为都要有事件来激活动作。动作由预先写好的能够执行某种任务 JavaScript 代码组成；而事件则与用户的操作相关，如单击鼠标等。

12.1.1　初步认识行为

1. 认识行为

行为可以创建网页动态效果，实现用户与页面的交互。与行为相关的元素主要有对象、事件和动作。

(1) 对象

对象(object)是产生行为的主体，很多网页元素都可以成为对象、图像、文字、AP 元素、超链接、表单元素或其他 HTML 元素中的任何一种。

(2) 事件

事件(event)是触发动态效果的原因，它可以被附加到各种页面元素上，也可以被附加到 HTML 标记中。一个事件总是针对页面元素或标记而言的。例如，将鼠标移动到图像上(onMouseOver)，把鼠标放到图像之外(onMouseOut)，单击鼠标(onClick)，都是与鼠标有关的常见事件。不同的浏览器支持的事件种类和多少是不一样的，通常高版本的浏览器支持更多的事件。

(3) 动作

行为通过动作(action)来完成动态效果，如图像翻转、打开浏览器、播放声音都是动作。动作通常是一段 JavaScript 代码，在 Dreamweaver 中使用内置的行为向页面中添加 JavaScript

代码,就不必自己编写。

(4)事件与动作

将事件和动作组合起来就构成了行为。例如,将 onClick 行为事件与一段 JavaScript 代码相关联,单击时就可以执行相应的 JavaScript 代码。一个事件可以与多个动作相关联,即发生事件时可以执行多个动作。为了实现需要的效果,还可以指定和修改动作发生的顺序。

(5)【行为】面板

【行为】面板可以通过菜单命令【窗口】/【行为】打开,如图 12－1 所示。

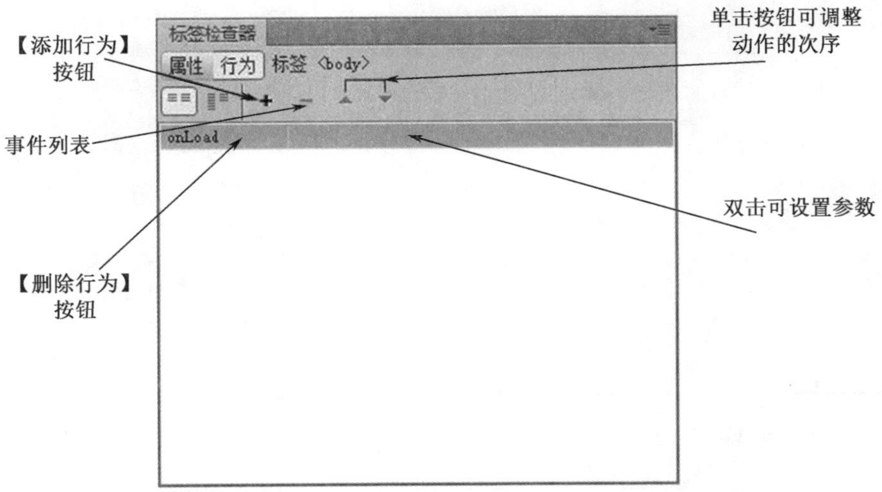

图 12－1　【行为】面板

在【行为】面板上可以进行如下操作:

- 单击 按钮,打开动作菜单,添加行为;单击 按钮,删除行为。
- 添加行为时,从动作菜单中选择一个行为项。
- 单击事件列右方的三角,打开时间菜单,可以选择事件。
- 单击向上箭头或向下箭头,可将动作项向前移或向后移,改变动作执行的顺序。

2. 添加行为的方法

一般创建行为有 3 个步骤,即选择对象、添加动作、调整事件。

(1)选择需要添加行为的对象,选择菜单命令【窗口】/【行为】,打开【行为】面板,如图 12－2 所示。

(2)单击【行为】面板上的添加行为 按钮。如图 12－3 所示,在弹出的菜单中选择动作【转到 URL】,弹出如图 12－4 所示的【转到 URL】对话框,设置相应的参数,单击 确定 按钮。

(3)完成参数设置后,【行为】面板显示如图 12－5 所示,即显示添加的动作。

(4)单击【事件】右侧的三角形 按钮,在弹出的下拉列表中选择事件,如图 12－6 所示。

(5)完成以上操作后,选择对象相应的行为显示在行为列表中;否则,行为添加不成功。

另外,一个对象可执行多个行为,一个事件也可以有多个动作。

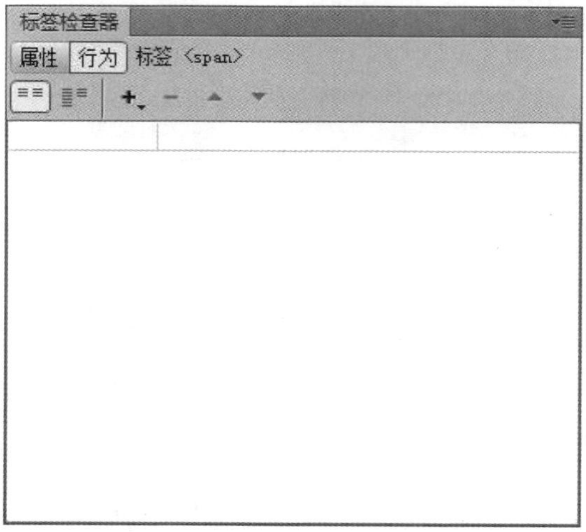

图 12－2 【行为】面板

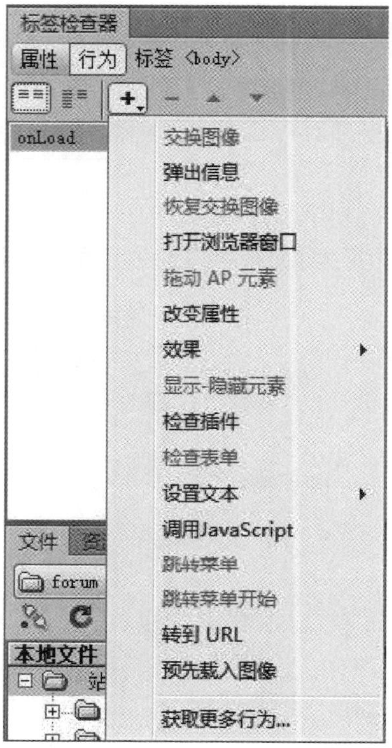

图 12－3 弹出的菜单

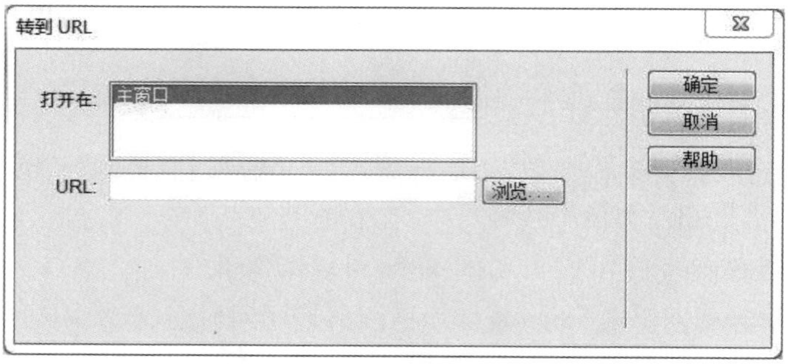

图 12－4 【转到 URL】对话框

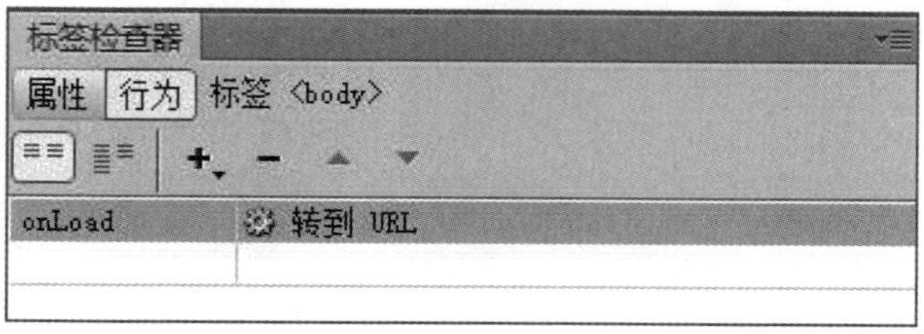

图 12－5 添加动作后的【行为】面板

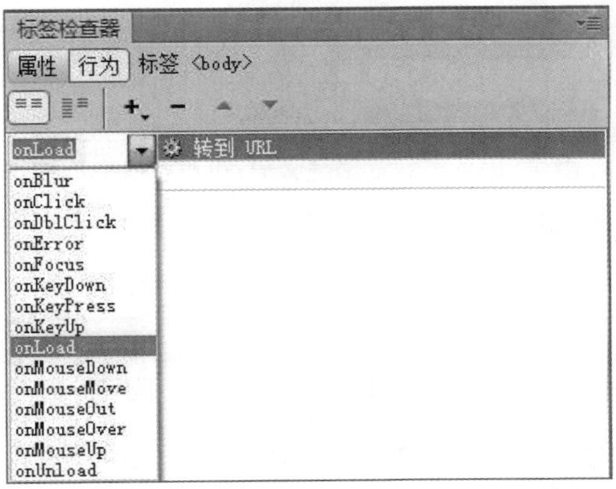

图 12－6　【事件】下拉列表

3. 修改行为

选择附加了行为的对象，打开【行为】面板，执行下列任意操作，即可修改行为。

➢ 改变动作参数：双击行为名称或者将其选中后按 Enter 键，然后更改弹出的对话框中的参数。

➢ 改变给定事件的动作顺序：选择需要更改顺序的动作，然后单击“降低事件值”按钮或者“增加事件值”按钮，完成动作顺序的更改；或者选择动作，然后剪切，并粘贴到该动作所需要的新位置。

➢ 更改事件：设置动作时会自动创建一个事件，默认的时间有时并不是用户需要的，操作方法为单击“事件”栏，再单击事件旁边的 ▾ 按钮，在事件下拉列表中选择所需要的时间。事件和当前选择的网页对象是相关联的，因此事件下拉列表菜单中的内容随所选网页对象的不同而变化。

➢ 删除行为：选择行为，单击【删除事件】按钮或者按 Delete 键。

12.1.2　Dreamweaver CS6 内置行为介绍

Dreamweaver CS6 内置了很多行为动作，表 12－1 列出了常用动作的名称及功能，表 12－2 列出了常用事件及其说明。

表 12－1　常用动作的名称及功能

动作名称	动作的功能
交换图像	发生设置的事件后，用其他图像来取代选定的图像
弹出信息	设置事件发生后，显示警告信息
恢复交换图像	此动作用来恢复设置“交换图像”，即恢复因为某种原因而失去交换效果的图像
打开浏览器窗口	在新窗口中打开 URL，可以定制新窗口的大小
拖动 AP 元素	可让访问者拖动绝对定位的 AP 元素，使用此行为可创建拼板游戏、滑块空间和其他可移动的界面元素

表 12 -1(续)

动作名称	动作的功能
改变属性	可更改对象某个属性的值
效果	指 Spry 效果,提供了视觉增强效果,可以将它们应用于使用 JavaScript 的 HTML 页面上的几乎所有元素
显示 - 隐藏元素	可显示、隐藏或恢复一个或多个页面元素的默认
检查插件	确认是否设有运行网页的插件
检查表单	能够检测用户填写的表单内容是否符合预先设定的规范
设置文本	(1)设置容器的文本:在选定的容器上显示指定的内容 (2)设置框架的文本:在选定的框架上显示指定的内容 (3)设置文本域文字:在文本字段区域显示指定的内容 (4)设置状态条文本:在状态栏中显示指定的内容
调用 JavaScript	当事件发生时,调用指定的 JavaScript 函数
跳转菜单	制作一次可以建立若干个链接的跳转菜单
跳转菜单开始	在跳转菜单中选定要移动的站点后,只有单击“开始”按钮,才可以移动到链接的站点上
转到 URL	当选定的事件发生时,可以跳转到指定的站点或者网页文档上
预先载入图像	为了在浏览器中快速显示图像,事先下载图像之后再显示出来

表 12 -2　常用事件及其说明

事件	事件的说明
onAbort	当访问者中断浏览器正在载入图像的操作时产生
onAfterUpdate	当网页中 bound(边界)数据元素已经完成源数据的更新时产生该事件
onBeforeUpdate	当网页中 bound(边界)数据元素已经改变并且就要和访问者失去交互时产生该事件
onBlur	当指定元素不再被访问者交互时产生
onBounce	当 marquee(选取框)中的内容移动到该选取框边界时产生
onChange	当访问者改变网页中的某个值时产生
onClick	当访问者在指定的元素上单击时产生
onDblClick	当访问者在指定的元素上双击时产生
onError	当浏览器在网页或图像载入产生错位时产生
onFinish	当 marquee(选取框)中的内容完成一次循环时产生
onFocus	当指定元素被访问者交互时产生
onHelp	当访问者单击浏览器的 Help(帮助)按钮或选择浏览器菜单中的 Help(帮助)菜单项时产生
onKeyDown	当按下任意键时产生

表 12 - 2(续)

事件	事件的说明
onKeyPress	当按下和松开任意键时产生,此事件相当于把 onKeyDown 和 onKeyUp 这两事件合在一起
onKeyUp	当按下的键松开时产生
onLoad	当一幅图像或网页载入完成时产生
onMouseDown	当访问者按下鼠标时产生
onMouseMove	当访问者将鼠标在指定元素上移动时产生
onMouseOut	当鼠标从指定元素上移开时产生
onMouseOver	当鼠标第一次移动到指定元素上时产生
onMouseUp	当鼠标弹起时产生
onMove	当窗体或框架移动时产生
onReadyStateChange	当指定元素的状态改变时产生
onReset	当表单内容被重新设置为缺省值时产生
onResize	当访问者调整浏览器或框架大小时产生
onRowEnter	当 bound(边界)数据源的当前记录指针已经改变时产生
onRowExit	当 bound(边界)数据源的当前记录指针将要改变时产生
onScroll	当访问者使用滚动条向上或向下滚动时产生
onSelect	当访问者选择文本框中的文本时产生
onStart	当 marquee(选取框)元素中的内容开始循环时产生
onSubmit	当访问者提交表格时产生
onUnload	当访问者离开网页时产生

12.1.3　例子——弹出信息

“弹出消息”动作,用于显示一个带有用户指定的消息的 JavaScript 警告,由于 JavaScript 警告只有一个 确定 按钮,所以该动作只能提供信息,不能做选择。

(1)新建 HTML 文件,将文件另存为“12 - 1. htm”;输入文字“弹出消息”,选中文字,单击【属性】面板中的 页面属性... 按钮,在弹出的【页面属性】对话框中设置参数如图 12 - 7 所示,单击 应用(A) 按钮。

(2)将光标定位在文字下方,选择菜单命令【插入】/【表格】,插入 1 行 3 列的表格,选中每一个单元格,分别插入图像,如图 12 - 8 所示。

(3)选择第一幅图像,打开【行为】面板,单击 +. 按钮并从下拉列表中选择【弹出信息】选项;打开【弹出信息】对话框,在文本框中输入“此图片不能下载!”,如图 12 - 9 所示。

(4)单击 +. 按钮,【行为】面板效果如图 12 - 10 所示。

(5)打开【事件】菜单,调整事件为 onMouseDown。

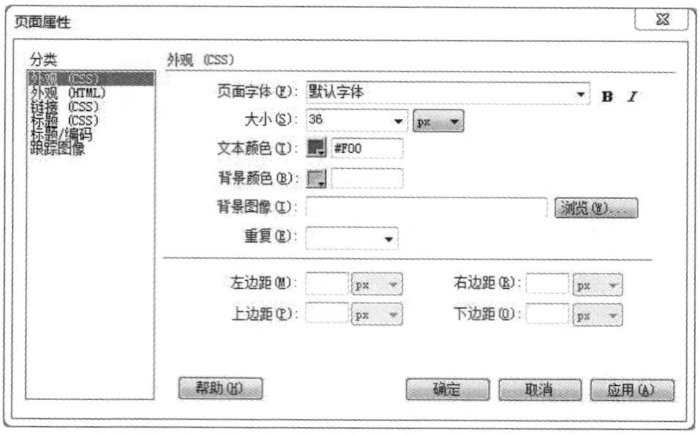

图 12－7 【页面属性】对话框

图 12－8 插入图像

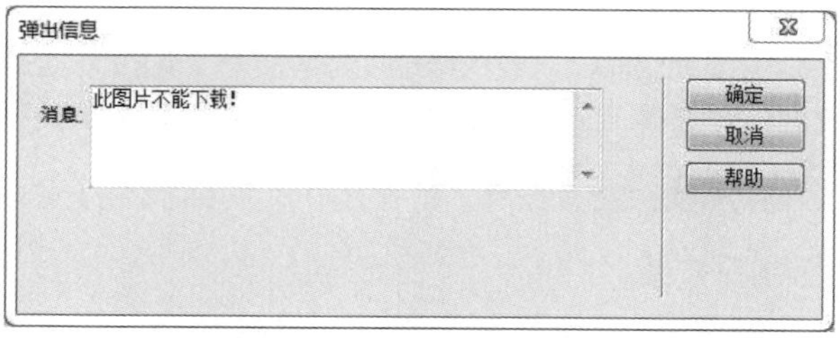

图 12－9 【弹出信息】对话框

（6）重复以上步骤，分别为另外两幅图像添加【弹出信息】行为。

（7）保存文件并预览，单击图像，弹出如图 12－11 所示的窗口，单击 确定 按钮，消息窗口消失。

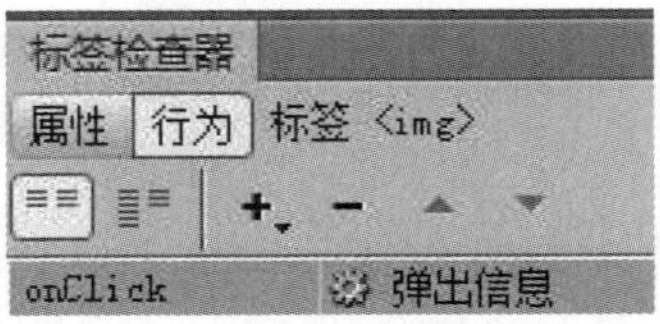

图 12－10　【行为】面板效果图

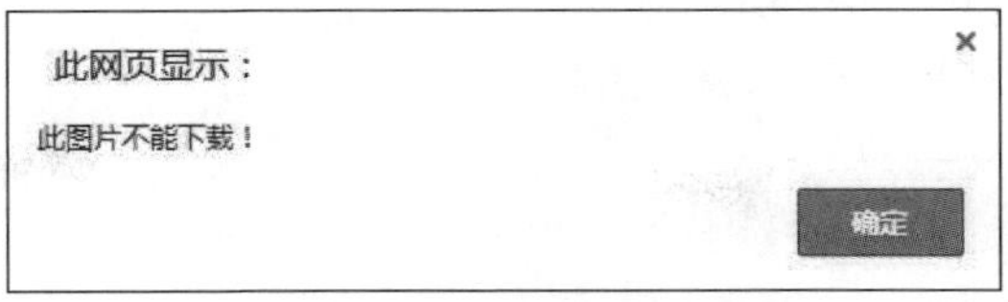

图 12－11　【来自网页的消息】窗口

(8)查看 JavaScript 代码。在做好的网页中,切换到【代码】视图,可以看到如下代码。

```
<! DOCTYPE html PUBLIC " -//W3C//DTD XHTML 1.0 Transitional//EN" "http://
www.w3.org/TR/xhtml1/DTD/xhtml1-transitional.dtd" >
<html xmlns = "http://www.w3.org/1999/xhtml" >
<head >
<meta http-equiv = "Content-Type" content = "text/html; charset = utf-8" />
<title >无标题文档</title >
<style type = "text/css" >
body,td,th {
    font-size: 36 px;
    color: #F00;
}
</style >
<script type = "text/javascript" >
function MM_popupMsg(msg) { //v1.0
  alert(msg);
}
</script >
</head >


<body >
<p >弹出消息
</p >
<table width = "50%" border = "0" >
  <tr >
    <td width = "17%" > <img src = "images/galary.png" alt = "galary" width = "250"
height = "480" onmousedown = "MM_popupMsg('此图片不能下载!')" /> </td >
    <td width = "17%" > <img src = "images/color.png" alt = "color" width = "250"
height = "480" onclick = "MM_popupMsg('此图片不能下载!')" /> </td >
    <td width = "66%" > <img src = "images/latern.png" alt = "latern" width = "250"
height = "480" onclick = "MM_popupMsg('此图片不能下载!')" /> </td >
  </tr >
</table >
```

```
<p> </p>
</body>
</html>
```

在这段代码中，在 <head> 和 </head> 标签之间，利用 JavaScript 定义了函数 MM_popupMsg( )；在 <body> 和 </body> 标签中加入了 onMouseDown 事件时，调用 MM_popupMsg( )函数。

12.1.4 例子——交换图像

“交换图像”动作，通过更改 img 标签的 src 属性将一个图像与另一个图像交换。该动作可创建当鼠标经过一幅图像时，让图像实现与其他图像的交换。

1. 布局页面

（1）新建一个 HTML 文档，输入文字“交换图像”，保存为“12－2. htm”，并通过【属性】面板中的【页面属性】设置背景为淡粉色“#FCC”。

（2）在【常用】子工具栏中单击【表格】，在弹出的【表格】对话框中设置参数如图 12－12 所示。

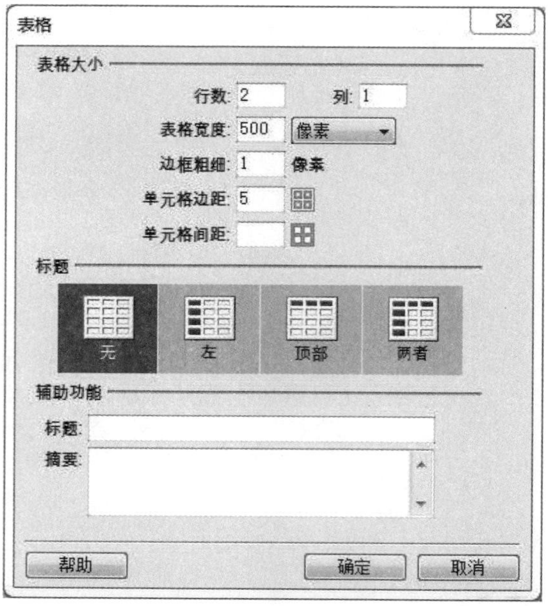

图 12－12 【表格】对话框

（3）单击 确定 按钮，在网页中插入一个 2 行 1 列的表格，并设置表格居中对齐，同时设置文字的位置。

（4）在第 1 行插入图像“images\液晶电视. jpg”。其效果如图 12－13 所示。

（5）切换到【布局】工具栏，单击 绘制 AP Div，在图像上绘制 AP 元素，如图 12－14 所示。

（6）将光标定位在 AP 元素中，插入图像，并调整图像的大小，如图 12－15 所示。

图 12－13　插入图像后的效果图

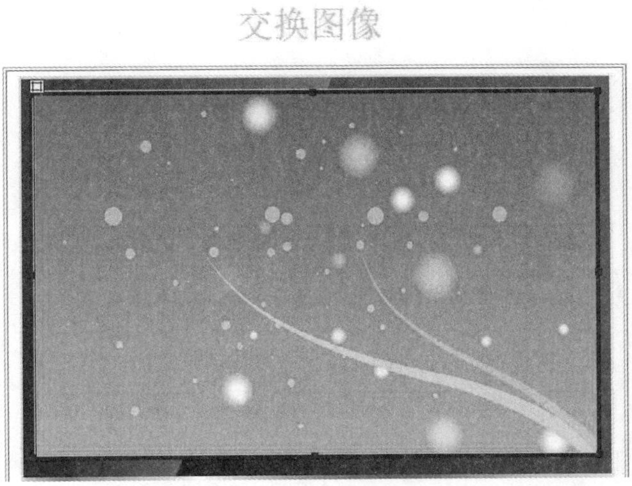

图 12－14　绘制 AP 元素

图 12－15　在 AP 元素中插入图像

(7)选中刚插入的图像,在【属性】面板中定义其 ID 为 shopping,如图 12 – 16 所示。

图 12 – 16　设置

(8)将光标定位在第 2 行,插入一个 1 行 3 列的表格,参数设置如图 12 – 17 所示;然后在每个单元格中分别插入图像“12 – 1. jpg”“12 – 2. jpg”“12 – 3. jpg”,并且调整图像和表格的尺寸,如图 12 – 18 所示。

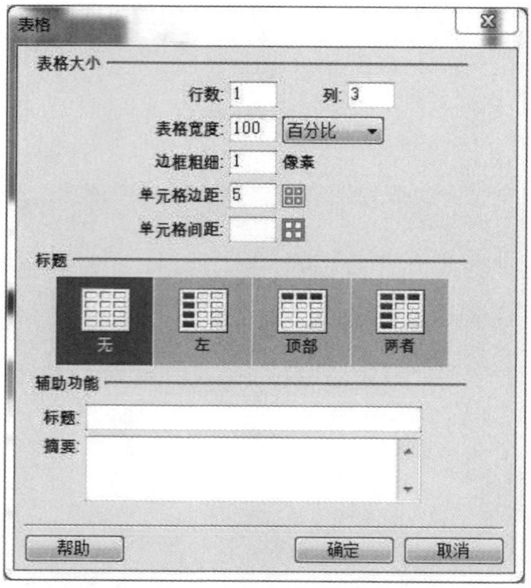

图 12 – 17　【表格】对话框

图 12 – 18　单元格插入图像后的效果

2. 定义交换图像行为

(1)选中第 2 行的第 1 幅图像,单击【行为】面板中的 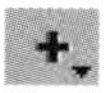 按钮,在下拉列表中单击【交换图像】,在弹出的【交换图像】对话框的【图像】列表框中选择要交换的图像,即第一个,如图 12 – 19 所示。勾选“预先载入图像”复选框,载入页时将新图像载入到浏览器的缓冲中,可以防止图像下载导致的延迟。

(2)单击【设定原始档为】文本框后的  按钮,在弹出的【选择图像源文件】对话框中,选择图像“12 – 1. jpg”,如图 12 – 20 所示。

(3)单击  按钮后,【行为】面板中显示定义的动作效果,如图 12 – 21 所示。

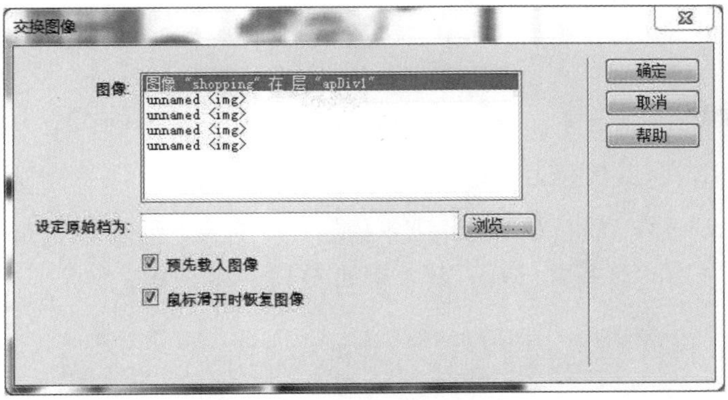

图 12－19　【交换图像】对话框

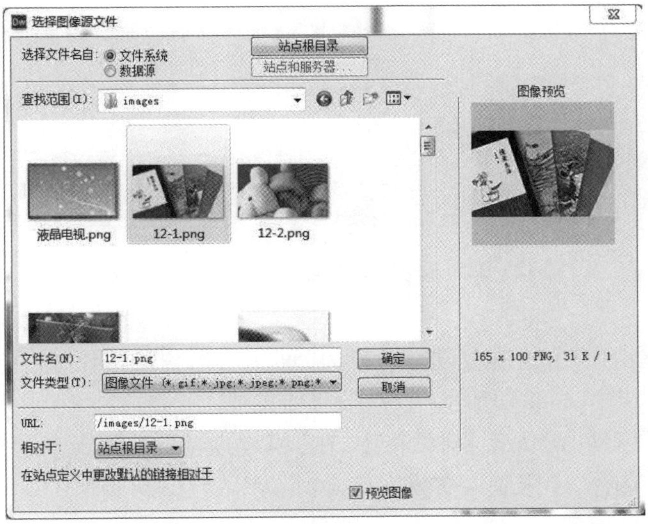

图 12－20　【选择图像源文件】对话框

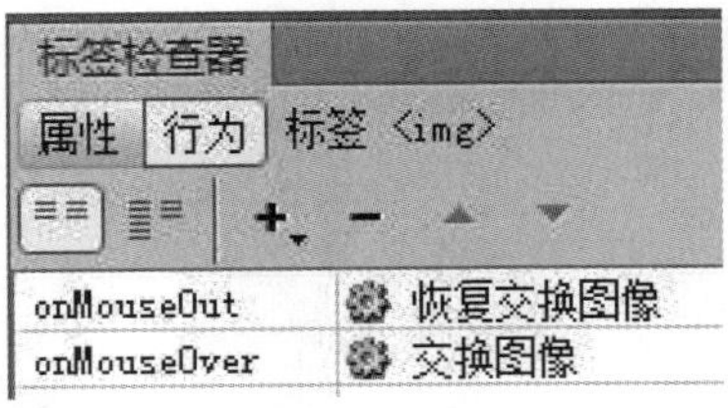

图 12－21　【行为】面板效果图

(4)按同样的方法,设置第 2 行第 2 幅和第 3 幅图像的交换图像行为。

(5)保存文档并预览,将光标移到第 2 行的单元格上,第 1 行的图像将变成下面的图像,当把鼠标指针移走后,第 1 行的图像将恢复到原始图像。

12.1.5 例子——拖动 AP 元素

通过拖动 AP 元素,可以实现诸如网页中可以拖动的广告效果。

(1)新建 HTML 文档,保存为“12 - 3. htm”。

(2)选择【布局】子工具栏,单击 绘制 AP Div ,在图像上绘制一个 AP 元素;然后在 AP 元素上输入文字,并用 CSS 控制外观。其效果如图 12 - 22 所示。

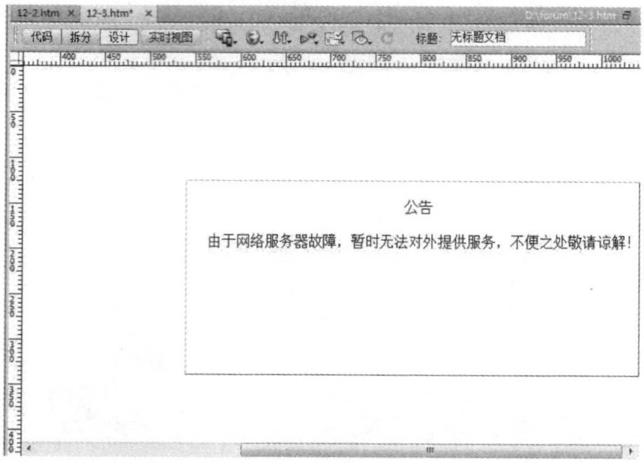

图 12 - 22　插入 AP 元素并输入文字后的效果

(3)在网页文档的空白处单击,选择【行为】面板中的 + 按钮,在下拉列表中选择“拖动 AP 元素”命令,如图 12 - 23 所示。

(4)在弹出的【拖动 AP 元素】对话框中,在【AP 元素】下拉列表中选择新建 AP 元素,在【移动】下拉列表中选择“不限制”,如图 12 - 24 所示。

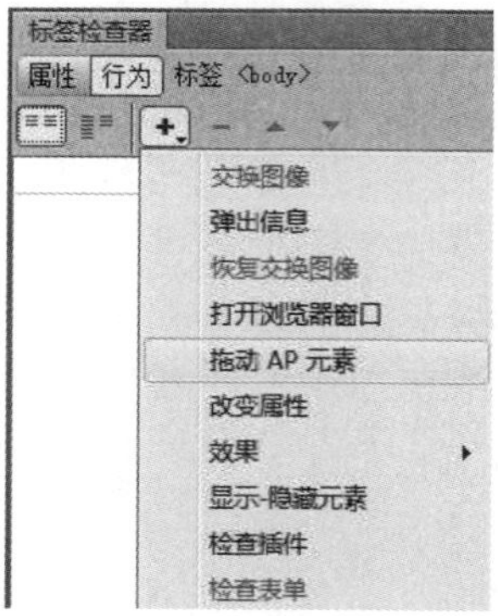

图 12 - 23　在【行为】面板中选择“拖动 AP 元素”命令

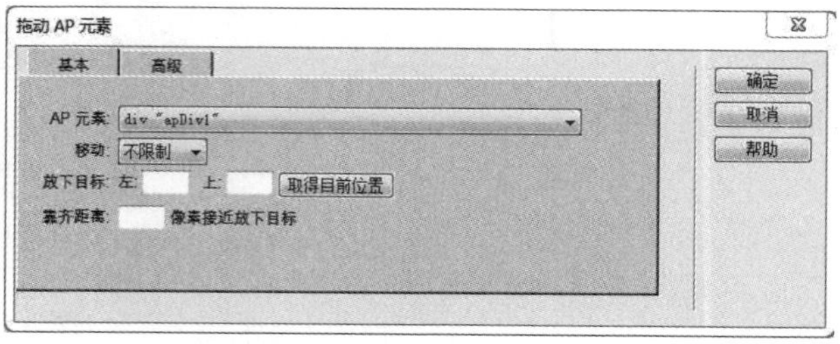

图 12 - 24　【拖动 AP 元素】对话框

(5)单击 确定 按钮,【行为】面板中显示如图 12 - 25 所示的行为。

(6)选择编辑区中的 AP 元素,在【属性】面板中设置其背景颜色为“#CC99FF”。

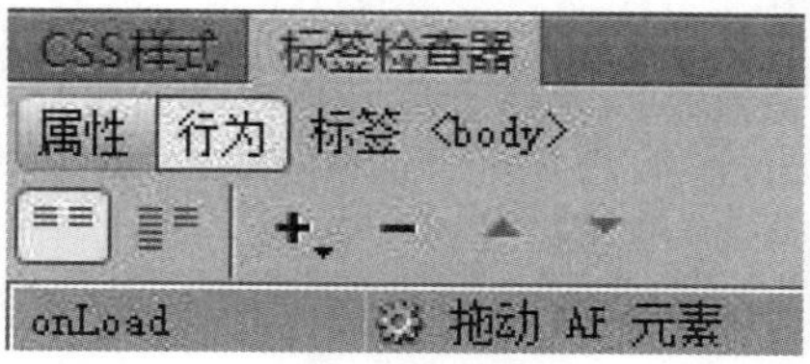

图 12－25　【行为】面板

(7)保存并预览,可以看到网页中有一个 AP 元素,可以用鼠标拖动这个公告到网页中的任意位置,如图 12－26 所示。

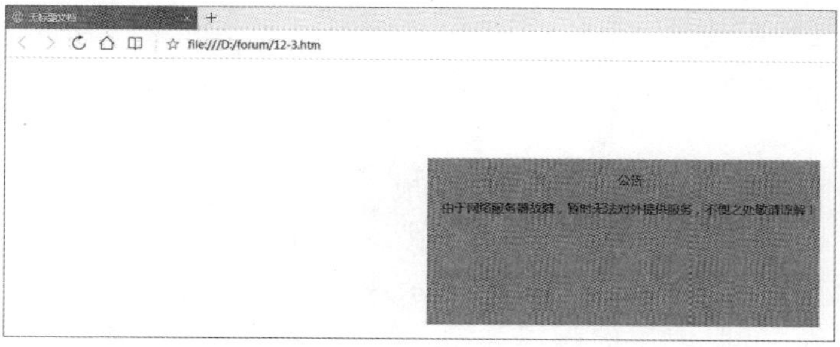

图 12－26　页面效果图

12.2　JavaScript 入门

JavaScript 是一种基于对象和事件驱动的脚本语言,使用它可以与 HTML、Java 小程序在网页中链接多个对象,通过嵌入或调入到标准的 HTML 语言中实现开发客户端的应用程序,实现网页的动态交互。

12.2.1　JavaScript 介绍

JavaScript 是目前网页中广泛使用的脚本语言,是由 Netscape 公司基于 Java 的概念开发出来的。该脚本语言具有以下特点:

(1)JavaScript 是脚本语言,同时也是解释性语言,采用小程序段的方式进行编程,从而使开发过程变得简便。JaveScript 语言结构类似于 C、C＋＋和 VB 等语言,但并不像它们那样需要先进行编译然后才执行,而是可以直接在程序运行的过程中被逐句地解释。

(2)JavaScript 是靠浏览器中的 JavaScript 解释器来运行的,与操作环境无关,只要计算机上安装有支持 JavaScript 的浏览器就可以正确执行,从而免去了把程序移植到不同操作系统上面临的兼容问题。

(3)在 JavaScript 中,采用的是不太严格的数据类型,这样的好处是在定义或使用数据的时候可以更加方便,但也带来了容易混淆的问题。

(4)JavaScript 是一种基于对象的语言,因此可以自己创建对象,并运用自己所创建的对象中的属性和方法来实现其他功能。

(5)JavaScript 的主要作用就是让网页动起来,同时也存在着一定的交互,它可以根据浏览者的操作做出响应。这种响应并不需要服务器的支持,仅靠时间驱动就可以直接响应。

(6)JavaScript 具有安全性,它不允许用户访问本地硬盘,不允许对网络中的文档进行修改或删除,这样就能有效地防止数据丢失及恶意修改。

因此,使用 JavaScript 实现较为复杂的效果,对程序和硬件的要求都不高。

12.2.2 网页中引入 JavaScript

所有脚本程序都必须封装在一对特定的 HTML 标签之间,脚本语言使用标签 <script> 和 </script>,下面通过一个简单的 JavaScript 脚本来了解 JavaScript 语言。

```
<script type = "text/javascript" >
    document. write(" <font color = red >欢迎光临,JavaScript!  </font >");
</script >
```

这段 JavaScript 脚本主要由以下 3 部分组成:

第一部分是 <script language = "javascript">,主要目的是告诉浏览器后面的内容是 JavaScript 脚本。开头使用 <script> 标记,表示这是一个脚本的开始。在 <script> 标记中使用 language 属性,指明使用的脚本类型。因为 JavaScript 有多重脚本,如 LiveScript、VBScript 等,因此,使用 language 属性指明使用的是 JavaScript 脚本,这样浏览器就能更轻松地理解这段文本的含义;如果使用的是 VBScript 脚本,那么就要用"<script language = "VBscript">"来表示。

第二部分是 JavaScript 脚本,用于创建对象,定义函数或是直接执行某一功能,这里是向文档中写入文本"欢迎光临,JavaScript!",其中字体颜色为红色。

第三部分是"</script>",它用来告诉浏览器"JavaScript 脚本到此结束"。

<script> </script> 所包含的 JavaScript 脚本可以放在 HTML 文件中的 <head> </head> 标记之间,也可以放在 <body> </body> 标记之间:如果放在 <head> </head> 标记间,它可以在网页或其余代码之前就进行装载,从而能使代码的功能或作用范围更大,一般用于对象的创建和函数的定义;如果放在 <body> </body> 标记间,其主要作用是动态效果的具体实现或控制。

上述代码的完整形式如下所示:

```
<! DOCTYPE html PUBLIC " -//W3C//DTD XHTML 1.0 Transitional//EN" "http://www.w3.org/TR/xhtml1/DTD/xhtml1 - transitional.dtd" >
<html xmlns = "http://www.w3.org/1999/xhtml" >
    <head >
    <meta http - equiv = "Content - Type" content = "text/html; charset = utf - 8" / >
        <title >JS 脚本 </title >
    </head >
    <body >
    <script type = "text/javascript" >
        document. write(" <font color = red >欢迎光临,JavaScript!  </font >");
    </script >
```

```
  </body>
</html>
```

保存文件为“12－4. htm”。其预览效果如图 12－27 所示，可以看到网页显示文字“欢迎光临，JavaScript！”，字体为红色。

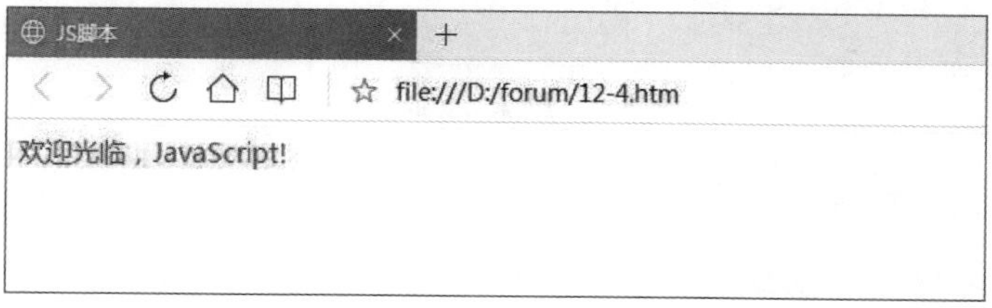

图 12－27　网页预览效果图

12. 2. 3　例子——缩写简单的 JavaScript 程序

应用 JavaScript 脚本实现一个带链接的水平滚动字幕，具体的操作步骤如下：

（1）新建一个网页文档，保存为“12－5. htm”。

（2）利用表格布局网页，并输入相应的内容。其效果如图 12－28 所示。

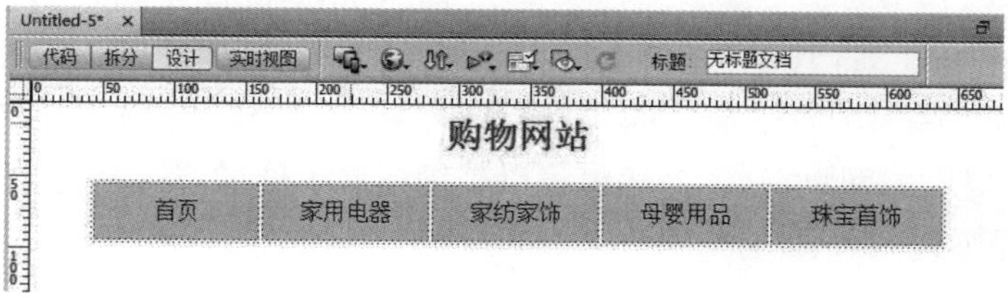

图 12－28　网页效果图

（3）切换到【代码】视图，在 <head> </head> 中输入以下代码，并在 <title> </title> 中输入文字“简单的 JavaScript 例子”。

```
<script type = "text/javascript" >
function gundong( ){
var marqueewidth =400//定义字幕宽度变量
var marqueeheight =40//定义字幕宽度变量
var speed =10//定义滚动速度变量
var marqueecontents ='欢迎来到 <a href ="http://www.gouwu.net" >购物网站 </a >'
//定义滚动字符串变量
document.write('<marquee scrollAmount =' + speed +'style =" width:' + marqueewidth
+'" >' + marqueecontents + '</marquee >')
//利用文档对象 document 的 write 方法输出 <marquee >标签实现字幕滚动
}
</script >
```

上面的 JavaScript 中定义了一个名为 gundong( )的函数,主要实现带链接的水平滚动字幕效果。

(4)在【代码】视图下,将光标定位在最后一个 </table > 标签的后面,输入以下 JavaScript 代码。

```
<script type = "text/javascript"  type = "text/css" >
gundong( )//调用函数
</script >
```

(5)保存网页文件并预览,效果如图 12 – 29 所示。

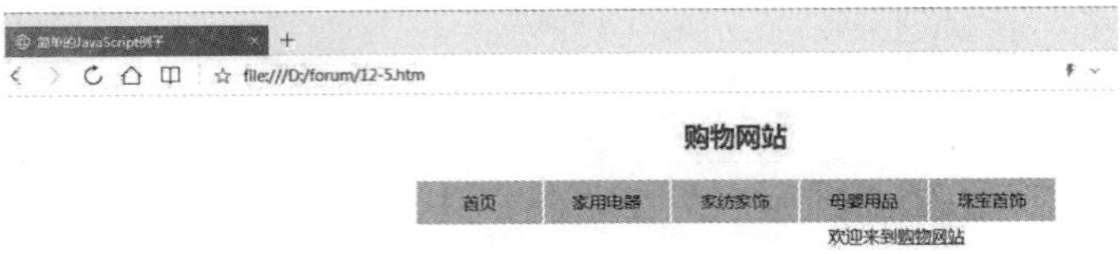

图 12 – 29　网页预览效果图

12.3　实　　例

JavaScript 在网页中实现了动态和交互效果,Dreamweaver 除了【行为】面板之外,还提供了一个比较实用的小工具【代码片段】面板。如图 12 – 30 所示,【代码片段】所包含的网页特效更多,并且可以随时把自己使用的代码片段保存在【代码片段】中,其实用性要远远大于【行为】面板所提供的网页特效,当然也可以借助插件扩展的方式从网上获取更多的行为插件,但是行为显得复杂和僵硬。

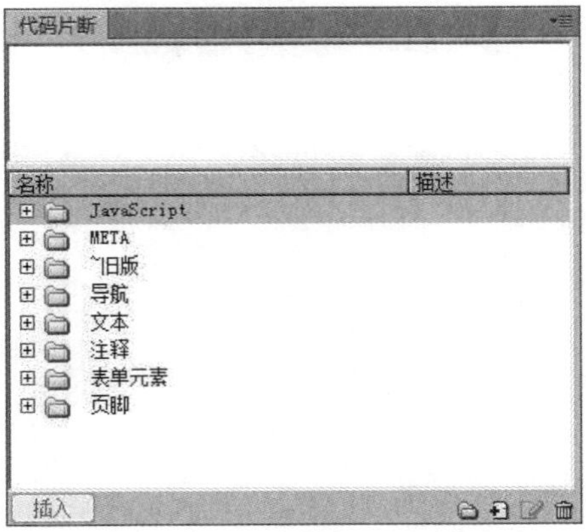

图 12 – 30　【代码片段】面板

选择【代码片段】面板中的 JavaScript 文件夹中的相关代码片段,单击面板底部的 

按钮,即可把这个代码片段插入到当前文档的脚本中,然后引用所定义的函数即可;另外,也可以把网页文档中常用脚本保存到【代码片段】面板中,下次使用时可以随时调用,而不用手动输入代码。

1. 插入脚本标记

（1）新建一个网页文件，保存为“12 – 6. htm”，切换到【代码】视图，将光标定位到 <head> </head> 标签内，如图 12 – 31 所示。

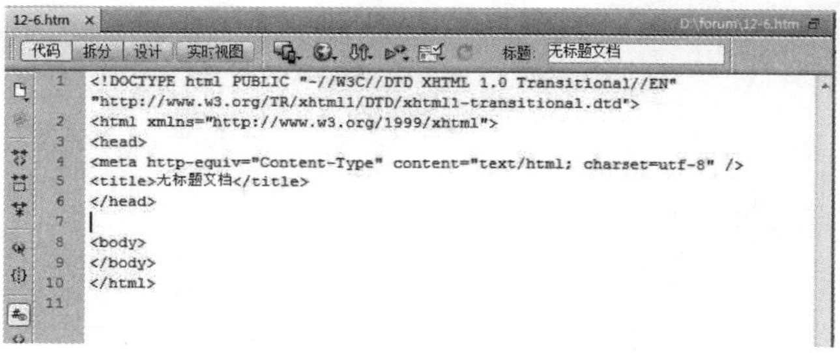

图 12 – 31　光标的定位

（2）单击【常用】工具栏中的 

按钮，选择【脚本】选项，如图 12 – 32 所示。

图 12 – 32　插入脚本

（3）在弹出的【脚本】对话框中，单击 

按钮，如图 12 – 33 所示。

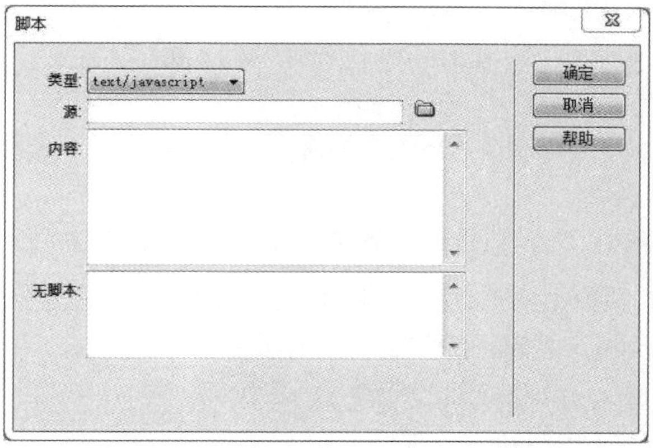

图 12 – 33　【脚本】对话框

（4）在【代码】视图中，可以看到在光标所在位置添加了一对标签 <script> </script>，如图 12 – 34 所示。

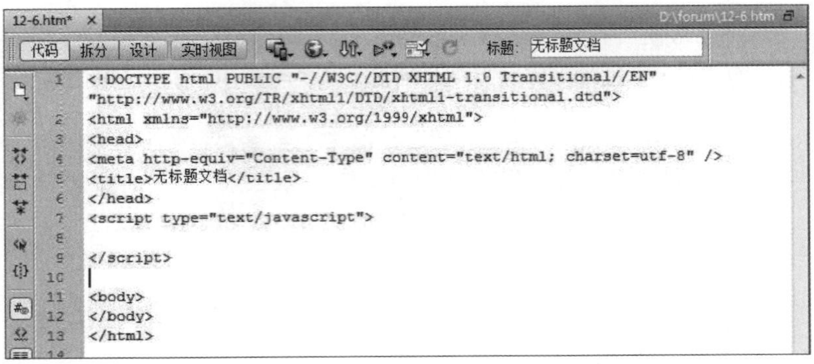
12-6.htm*
D:\forum\12-6.htm
代码 拆分 设计 实时视图
标题: 无标题文档
<!DOCTYPE html PUBLIC "-//W3C//DTD XHTML 1.0 Transitional//EN"
"http://www.w3.org/TR/xhtml1/DTD/xhtml1-transitional.dtd">
<html xmlns="http://www.w3.org/1999/xhtml">
<head>
<meta http-equiv="Content-Type" content="text/html; charset=utf-8" />
<title>无标题文档</title>
</head>
<script type="text/javascript">
</script>
<body>
</body>
</html>

图 12 – 34　添加标签后的效果图

2. 插入 JavaScript 代码

(1)将光标定位在标签 </script> 前面,选择菜单命令【窗口】/【代码片段】,打开【代码片段】面板,依次展开【JavaScript】/【对话框】/【消息框】,单击 插入 按钮,如图 12 – 35 所示。

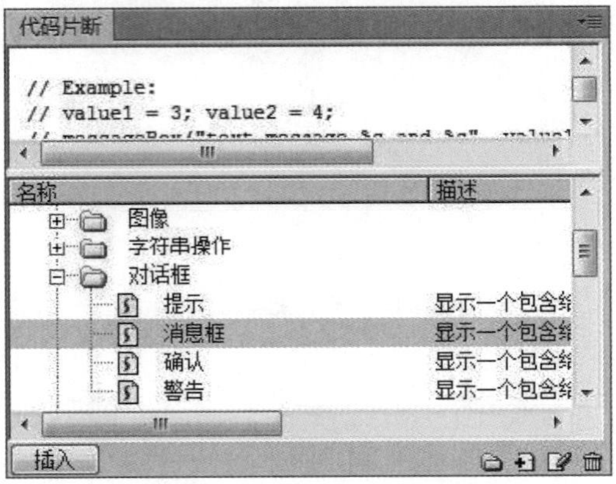
代码片断
// Example:
// value1 = 3; value2 = 4;
名称
描述
图像
字符串操作
对话框
提示
消息框
确认
警告
插入

图 12 – 35　【代码片段】代码

(2)此时在 <script> </script> 标签之间多了一段 JavaScript 代码,如图 12 – 36 所示。

3. 调用 JavaScript 函数

(1)在【代码】视图中,将光标定位在标签 <body> </body> 之间,然后单击【常用】子工具栏中的 脚本 ,在弹出的对话框中直接单击 确定 按钮,将光标定位在新插入的标签 <script> </script> 之间,如图 12 – 37 所示。

(2)在标签 <script> </script> 之间输入以下代码:

value1 = 1893;value = 1928;

(3)切换到【设计】视图,在文档中输入文字并插入图像。

(4)选中图像,打开【行为】面板,单击 + 按钮,在下拉列表中选择【调用 JavaScript】,弹出如图 12 – 38 所示的对话框。

(5)在 JavaScript 文本框中输入以下内容:

messageBox("武汉大学,百年名校,追溯于%s 年,%s 定名为国立武汉大学!",value1,value2)

12-6.htm*
代码 拆分 设计 实时视图 标题: 无标题文档
<!DOCTYPE html PUBLIC "-//W3C//DTD XHTML 1.0 Transitional//EN" "http:/
<html xmlns="http://www.w3.org/1999/xhtml">
<head>
<meta http-equiv="Content-Type" content="text/html; charset=utf-8" />
<title>无标题文档</title>
</head>
<script type="text/javascript">
// Example:
// value1 = 3; value2 = 4;
// messageBox("text message %s and %s", value1, value2);
// this message box will display the text "text message 3 and 4"
function messageBox()
{
var i, msg = "", argNum = 0, startPos;
var args = messageBox.arguments;
var numArgs = args.length;
if(numArgs)
{
theStr = args[argNum++];
startPos = 0; endPos = theStr.indexOf("%s",startPos);
if(endPos == -1) endPos = theStr.length;
while(startPos < theStr.length)
{
msg += theStr.substring(startPos,endPos);
if (argNum < numArgs) msg += args[argNum++];
startPos = endPos+2; endPos = theStr.indexOf("%s",startPos);
if (endPos == -1) endPos = theStr.length;
}
if (!msg) msg = args[0];
}
alert(msg);
}
</script>
<body>
</body>
</html>

图 12－36　JavaScript 代码

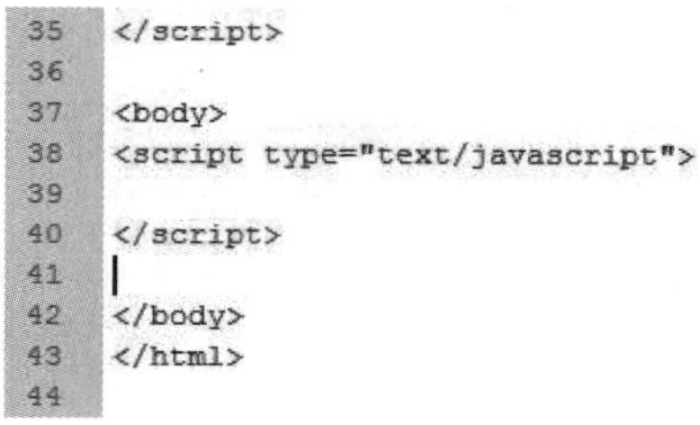
</script>
<body>
<script type="text/javascript">
</script>
</body>
</html>

图 12－37　插入标签

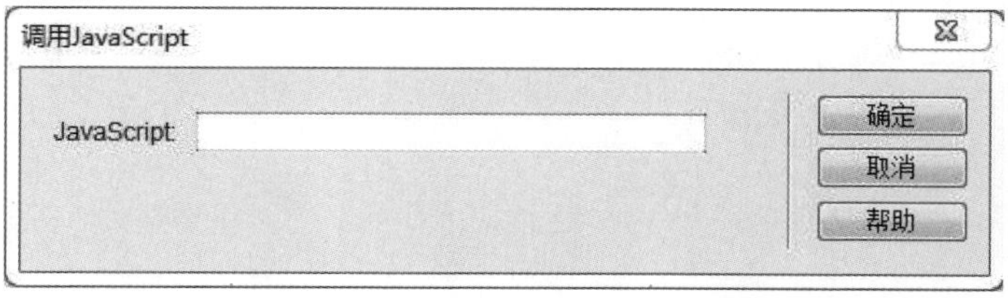
调用JavaScript
JavaScript
确定
取消
帮助

图 12－38　【调用 JavaScript】对话框

(6)单击 确定 按钮,保存网页文件并预览,单击图像时,会弹出一个消息框,如图12－39 所示。

无标题文档
file:///D:/forum/12-6.htm
单击下图查看相关信息
此网页显示：
武汉大学，百年名校，追溯于1893年，1928定名为国立武汉大学！
确定
國立武漢大學

图 12－39　消息框

12.4　本 章 小 结

本章介绍了 Dreamweaver CS6 常用的事件及行为,通过实例介绍了内置行为的应用;另外,简单地介绍了 JavaScript 的基础知识,通过实例演示了 JavaScript 的使用方法,并学习了 Dreamweaver CS6【代码片段】面板。

第13章　动态网站基础

【学习目标】

- 掌握动态网页的工作原理。
- 掌握 IIS 服务器的搭建方法。
- 初步认识数据库。
- 了解 SQL 语言的基本知识。
- 掌握常用的 SQL 语句。

13.1　动态网站原理

随着网络技术的日新月异,许多网页文件扩展名不再只是.htm,还有.php、.asp 等,这些都是采用动态网页技术制作出来的。动态网页其实就是建立在 B/S 架构上的服务器端脚本程序,在浏览器端显示的网页是服务器端程序运行的结果。

13.1.1　什么是动态网站

动态网页技术的工作原理是,使用不同技术编写的动态页面保存在 Web 服务器内,当客户端用户向 Web 服务器发出访问动态页面的请求时,Web 服务器将根据用户所访问页面的后缀名确定该页面所使用的网络编程技术,然后将该页面提交给相应的解释引擎;解释引擎扫描整个页面找到特定的定界符,并执行位于定界符内的脚本代码以实现不同的功能,如访问数据库,发送电子邮件,执行算术或逻辑运算等,最后把执行结果返回 Web 服务器;最终,Web 服务器把解释引擎的执行结果连同页面上的 HTML 内容及各种客户端脚本一同传送到客户端。虽然,客户端用户所接收到的页面与传统页面并没有任何区别,但是,实际上页面内容已经经过了服务端处理。图 13－1 所示为动态网页的工作原理图。

13.1.2　动态网站的主要技术

动态网站运行需要多种技术支撑,简要概括就是数据传输、数据存储和服务管理。

1. 数据传输

有的读者可能会想到,HTTP 不是专门负责数据传输的吗？是的,但是 HTTP 仅是一个应用层的自然协议,要想获取 HTTP 请求消息,用户还必须使用一种技术来实现。可以选用一种编程语言(如 C 语言、Java 等)来设置和接收 HTTP 请求和响应消息的构成,但是这种过程是非常费时费力,也是易错的劳动,对于广大初学者来说简直就是望尘莫及。

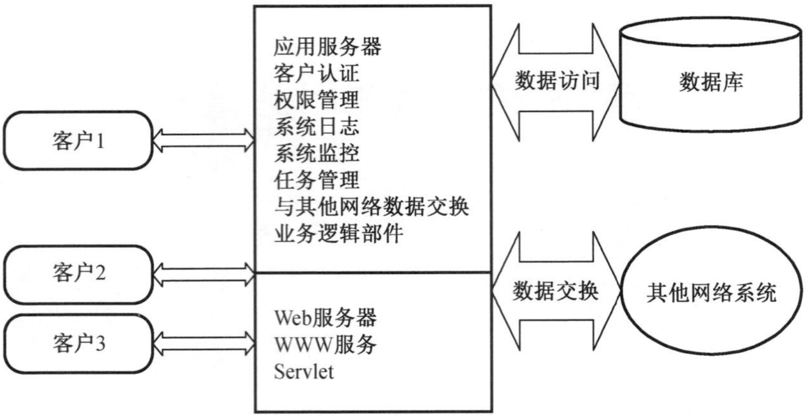

图 13-1　动态网页的工作原理图

如果能够提供现成的技术,负责对 HTTP 请求和响应消息的控制,岂不是简化了开发,降低学习门槛,而服务器技术的一个核心功能就是负责对 HTTP 请求和响应消息的控制,例如,在 ASP 中,我们直接调用 Request 和 Response 这两个对象,然后利用他们包含的属性和方法就可以完成 HTTP 请求和响应的控制。在其他服务器技术中,也都提供这些基本功能,但是所使用的对象和方法可能略有不同。

2. 数据存储

数据传输是动态网站的基础,如何存储数据也是动态网站必须解决的核心技术之一,也许用户能够想到利用 HTTP 协议实现在不同页面之间的信息传输,但是这仅解决了信息传输的基本途径,并不是最佳方式。试想,在会员管理网站中,为了保证每一位登录会员都能够通过每个页面的验证,可能需要在 HTTP 中不断附加每位登录会员的信息,这本身就是件很麻烦的事情。如果登录会员很多,无疑会增加 HTTP 传输的负担,甚至造成网络的堵塞,更致命的是这很容易造成整个网络传输的混乱。

显然如果使用 HTTP 来完成所有信息的共享和传输问题是很不现实的,也是行不通的,最理想的方法是服务器能够提供一种技术来存储不同类型的数据。例如,数据存储根据信息的应用范围可以分为应用程序级变量(存储的信息为所有人共享)和会话级变量(存储的信息仅为某个用户使用)。一般服务器技术都能够提供服务器内存管理,在服务器内存里划分出不同区域,专门负责存储不同类型的变量,以实现数据的共享和传递。另外,一般服务器技术都会提供 Cookie 技术,以便把用户信息保存到用户本地的计算机中,使用时再随时从客户端调出来,从而实现信息的长久保存和再利用。

3. 服务管理

解决了动态网站的数据传输和存储这两个基本问题,动态网站的条件便基本成立了,但是要希望动态网站能够稳健地运行,还需要一套技术来维持这种运行状态。这套技术就是服务器管理,实际上这就是服务器技术中心最复杂的功能。

这里所说的服务管理仅仅是狭义的管理概念,它仅包括服务器参数设置,动态网站环境设置,以及网络内不同功能模块之间的协同管理。例如,网络物理路径和相对路径的管理、服务器安全管理、网站默认值管理、扩展功能管理和辅助功能管理,以及一些管理工具支持等。

13.2　搭建服务器平台

要建立具有动态的 Web 应用程序，必须建立一个 Web 服务器，选择一种 Web 应用程序开发语言，为了应用的深入还需要选择一款数据库管理软件；同时，因为是在 Dreamweaver 中开发的，还需要建立一个 Dreamweaver 站点，该站点能够随时调试动态页面，因此创建一个这样的动态站点，需要 Web 服务器 + Web 开发程序语言 + 数据库管理软件 + Dreamweaver 动态站点。

IIS(Internet Information Server，互联网信息服务)是一种 Web(网页)服务组件，其中包括 Web 服务器、FTP 服务器、NNTP 服务器和 SMTP 服务器，分别用于网页浏览、文件传输、新闻服务和邮件发送等方面。它使得在网络(包括互联网和局域网)上发布信息成为一件很容易的事。

IIS 是由微软公司提供的基于运行 Microsoft Windows 的互联网基本服务。首先，IIS 意味着用户能发布网页，并且有 ASP(Active Server Pages)、Java、VBscript 产生页面，有着一些扩展功能。IIS 支持一些有趣的东西，像有编辑环境的界面(Frontpage)、有全文检索功能(index server)、有多媒体功能(net show)；其次，IIS 是随 Windows NT Server 4.0 一起提供的文件和应用程序服务器，是在 Windows NT Server 上建立 Internet 服务器的基本组件。它与 Windows NT Server 完全集成，允许使用 Windows NT Server 内置的安全性及 NTFS 文件系统建立强大灵活的 Internet/Intranet 站点。

13.2.1　在 Windows 7 系统下安装 IIS

(1)点击【开始】/【控制面板】，再点击【程序】，勿点击【卸载程序】，否则到不了目标系统界面，如图 13-2 所示。

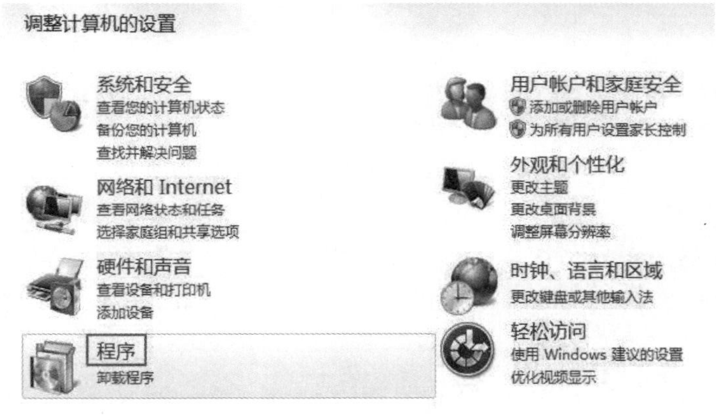

图 13-2　点击【程序】

(2)在程序和功能下面，点击【打开和关闭 Windows 功能】，如图 13-3 所示。

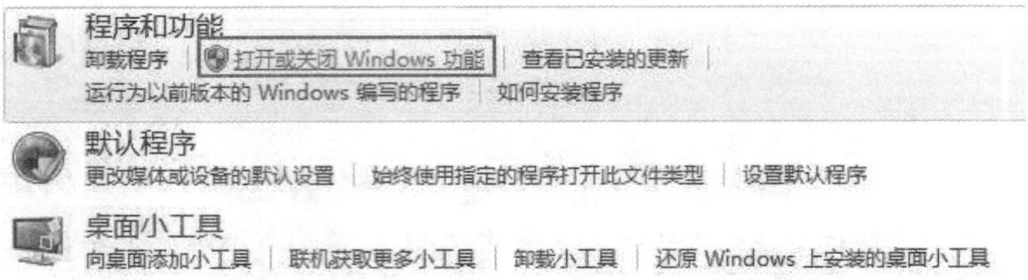

图 13－3　打开和关闭 Windows 功能

(3)进入【Windows 功能】窗口,可以看到【Internet 信息服务】选项,然后按照图中设置即可。需要注意的是,打√的选项下面为全选,方框的下面按照图中打√的选择即可,如图 13－4 所示。

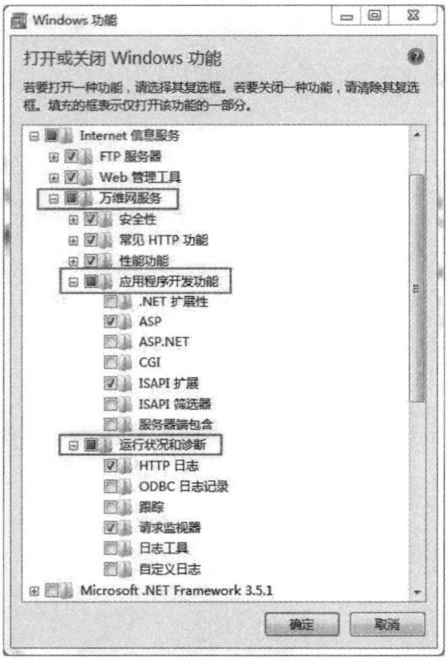

图 13－4　设置【Internet 信息服务】选项

(4)点击 

按钮,进入系统安装设置,此时可能需要等待两三分钟,如图 13－5 所示。

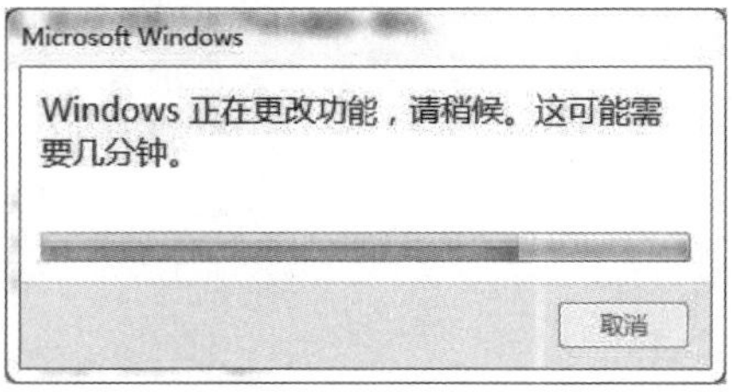

图 13－5　系统安装设置

(5)安装成功后,窗口会消失,然后回到【控制面板】。

(6)在浏览器中输入 localhost,如果出现如图 13－6 所示的图片则说明 IIS 安装成功;或者在开始菜单如图 13－7 所示的【搜索程序和文件】中输入“IIS”,在开始菜单中出现如图 13－8 所示的窗口,则说明 IIS 安装成功。

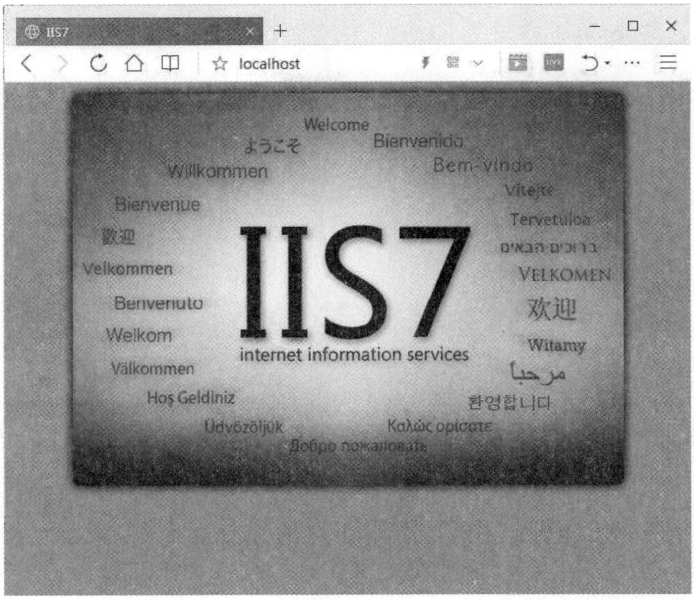

图 13－6　IIS 安装成功

图 13－7　在【搜索程序和文件】中输入“IIS”

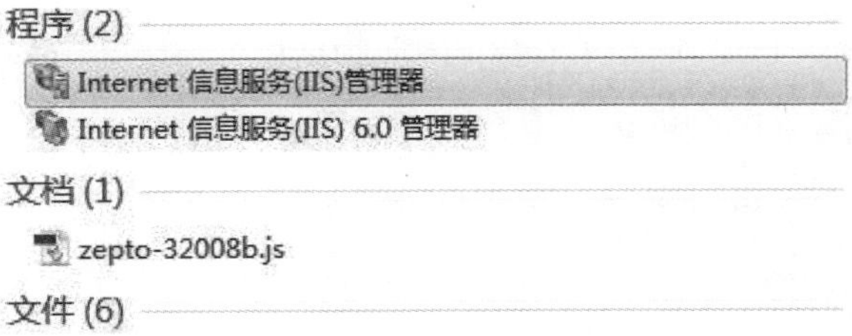

图 13－8　IIS 安装成功

13. 2. 2　设置 IIS 服务器

(1)选择【系统和安全】，如图 13－9 所示。

(2)进入【系统和安全】窗口，然后选择左下角的【管理工具】，如图 13－10 所示。

(3)进入【管理工具】窗口，此时就可以看到 Internet 信息服务了，不过此时需注意选择的是“Internet 信息服务(IIS)管理器”，如图 13－11 所示。

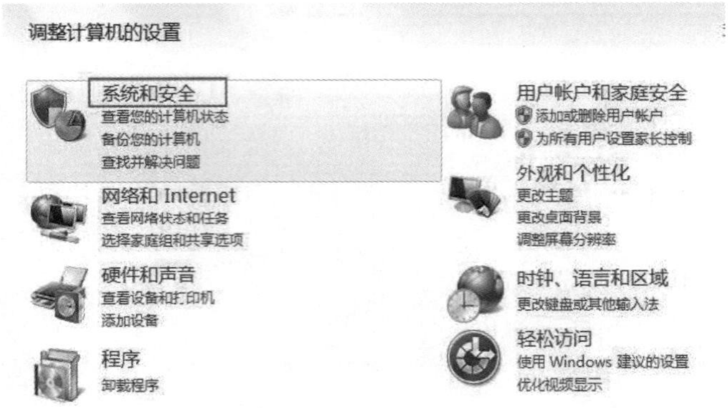

图 13－9　选择【系统和安全】

图 13－10　选择【管理工具】

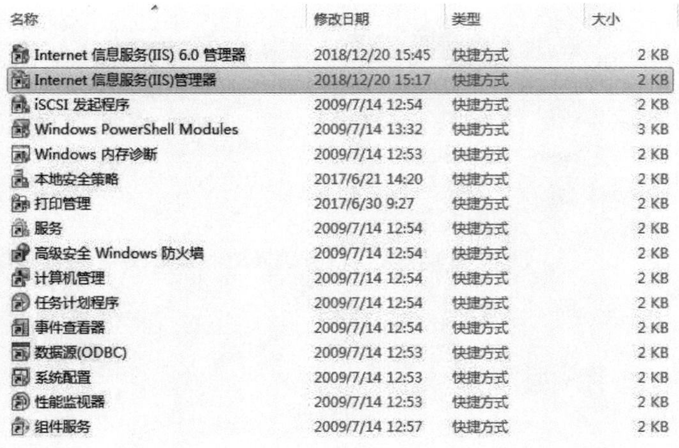

图 13－11　选择 Internet 信息服务(IIS)管理器

(4)双击【Internet 信息服务(IIS)管理器】,进入管理窗口。这里有三大主要功能:FTP、IIS 和管理。现在需要设置的都在 IIS 这个里面,如图 13－12 所示。

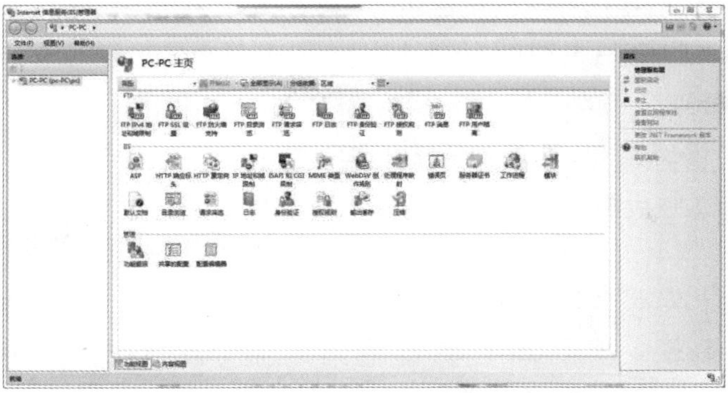

图 13－12　Internet 信息服务(IIS)管理器窗口

(5)点击【连接】窗口中的倒三角▷,就会看到网站下面的 ▷ Default Web Site ,然后双击 IIS 下面的 ASP,如图 13－13 所示。

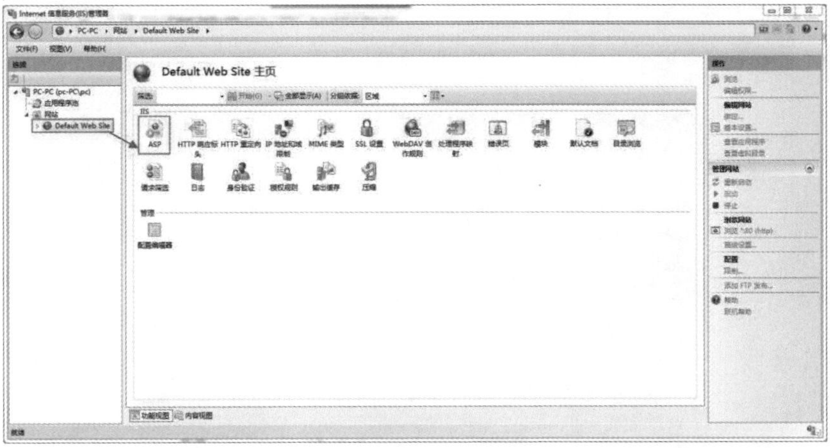

图 13－13　双击 ASP

(6)进入 ASP 设置窗口,“行为”下面的启用父路径,点击后面,修改为 true,默认为 false,如图 13－14 所示。

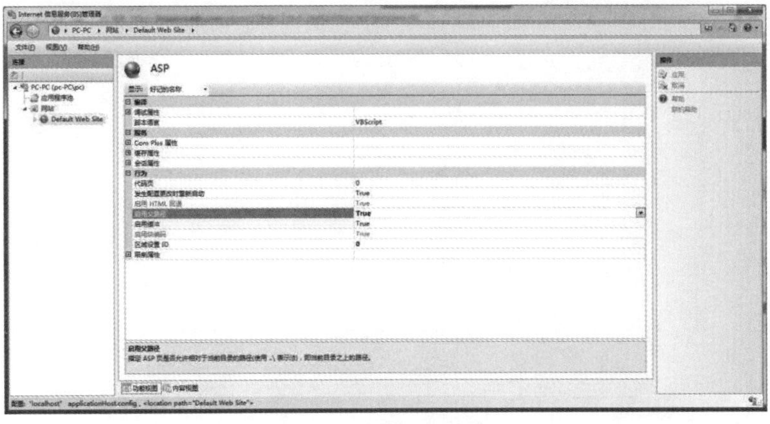

图 13－14　ASP 设置窗口

（7）进行高级设置，步骤：先点击 default web site；然后点击最下面的内容视图 

，这其中会出现如图 13－15 所示的窗口；点击 

，关闭当前窗口；再点击右边的高级设置，如图 13－16 所示。

（8）进入高级设置，需要修改的是物理路径，即本地文件程序存放的位置，如图 13－17 所示。

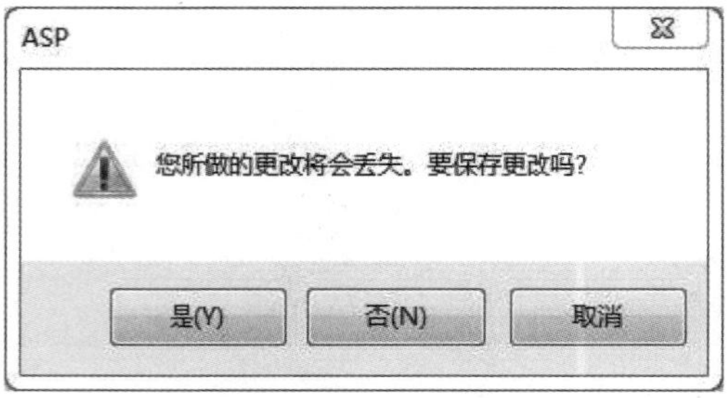

图 13－15　弹出窗口

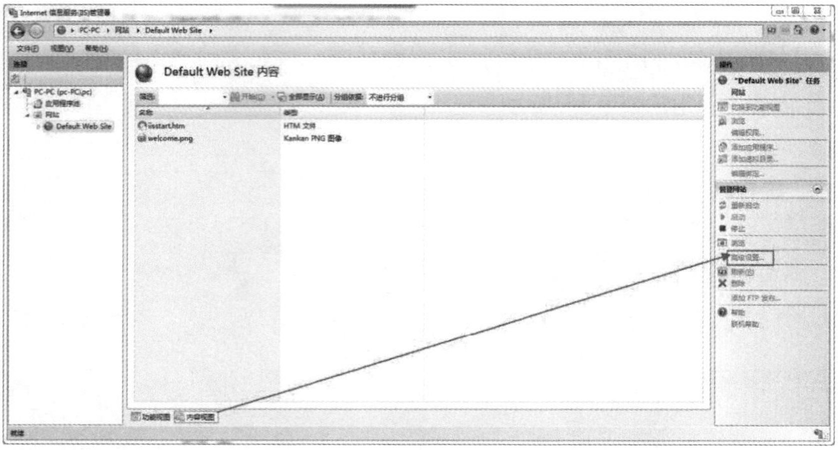

图 13－16　内容视图

图 13－17　高级设置

(9)点击【物理路径】后面的…按钮，出现如图 13－18 所示的窗口，选中目标文件夹，点击 确定 ，关闭当前窗口。

(10)设置端口问题，步骤：先点击 Default Web Site ，然后点击最下面的内容视图，再点击右边的 编辑绑定… ，如图 13－19 所示。

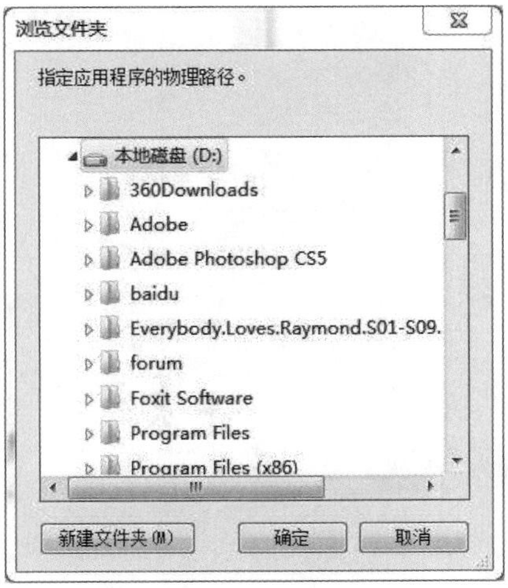

图 13－18　打开浏览按钮

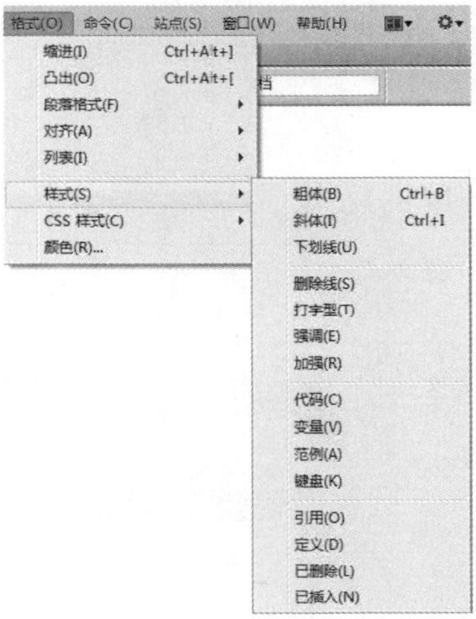

图 13－19　网址绑定窗口

(11)进入网址绑定窗口，也就是端口设置窗口，一般 80 端口很容易被占用，这里添加一个端口即可，如 8080 端口，如图 13－20 所示。点击 编辑(E)… 按钮，出现 13－21 所示窗口。在【端口】位置输入 8080，然后点击 确定 ，关闭当前窗口，出现如图 13－22 所示窗口。

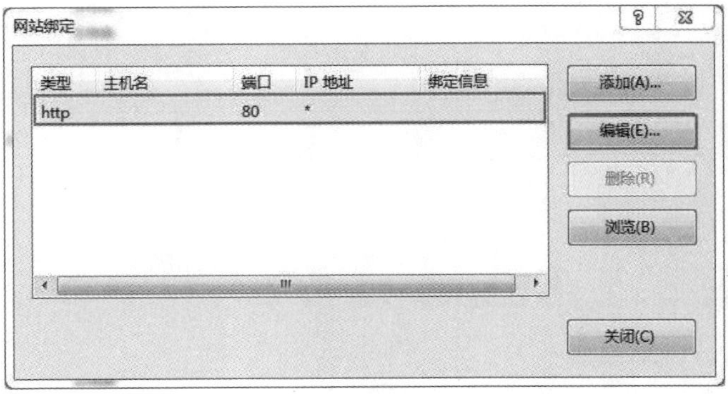

图 13－20　网站绑定窗口

(12)至此基本完成 IIS 的设置。不过有时候还是不能顺利地完成本地安装，此时需要注意一个问题，即默认文档中的选项是否含有 Default. html 选项，如果没有就需要添加，这样才能顺利地完成安装。步骤：回到主界面，点击 IIS 下面的【默认文档】，如图 13－23 所示。

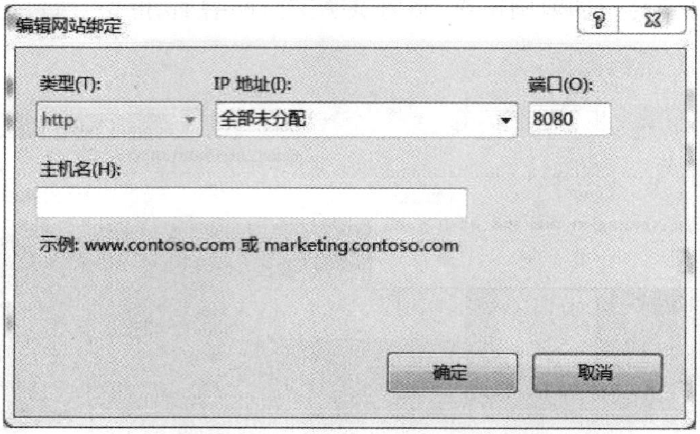

图 13 - 21　编辑网站绑定

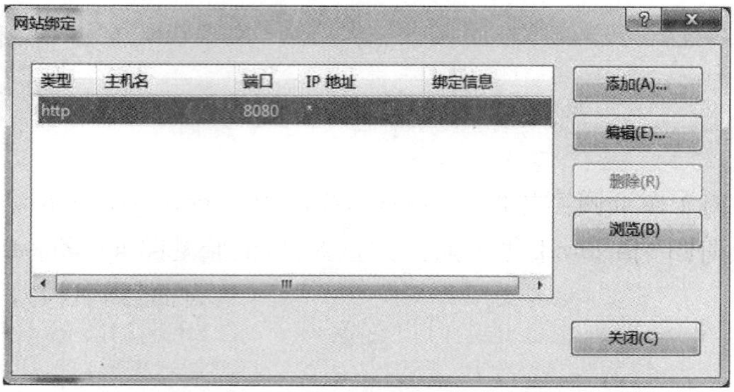

图 13 - 22　改端口为 8080

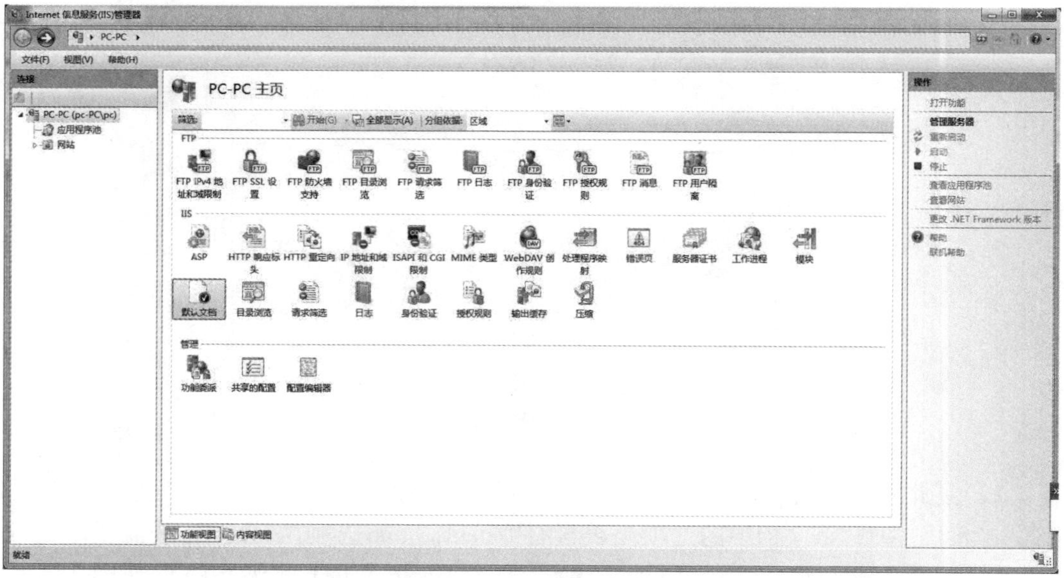

图 13 - 23　默认文档

(13)打开【默认文档】,窗口中如果没有 Default. html,如图 13－24 所示,点击【添加】,出现 13－25 所示的添加默认文档窗口。

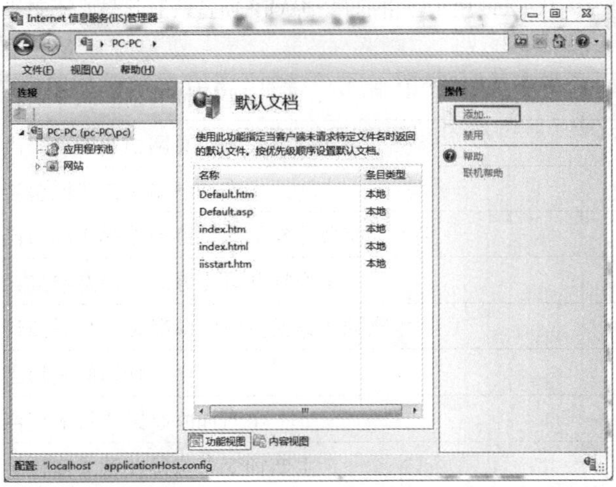

图 13－24　【默认文档】窗口

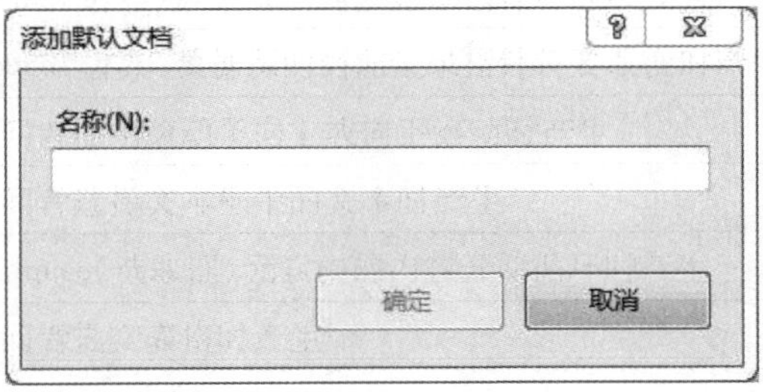

13－25　添加默认文档

(14)输入 default. html,点击 

按钮,关闭当前窗口,至此,IIS 服务器配置完成。

13. 3　数据库基础

数据库是创建动态网页的基础,对于网站来说。一般都要准备一个用于存储、管理和获取客户信息的数据库。利用数据库制作的网站,一方面,在前台,访问者可以利用查询功能很快地找到自己要的资料;另一方面,在后台,网站管理者通过后台管理系统能够很方便地管理网站,并且后台管理系统界面很直观,即使不懂计算机的人也很容易学会使用。

13. 3. 1　数据库的基本概念

数据库就是计算机中用于存储、处理大量数据的软件,一些关于某个特定主题或目的的信息集合。数据库系统主要用于维护信息,并在必要时提供协助取得这些信息。

互联网的内容信息绝大多数都存储在数据库中,可以将数据库看作一家制造工厂的产品仓库,专门用于存放产品。仓库具有严格而规范的管理制度,入库、出库、清点、维护等日常管理工作都十分有序,并且还以科学、有效的手段保证产品的安全。数据库的出现和应用使得客户对网站内容的新建、修改、删除、搜索变得更为轻松、自由、简单和便捷。网站的内容既繁多又复杂,而且数量和长度根本无法统计,所以必须采用数据库来管理。

成功的数据库系统应具备以下特点:

- 功能强大;
- 能准确地表示业务数据;
- 容易使用和维护;
- 对最终用户操作的响应时间合理;
- 便于数据库结构的改进;
- 便于数据的检索和修改;
- 较少的数据库维护工作;
- 有效的安全机制,能确保数据安全;
- 冗余数据最少或不存在;
- 便于数据的备份和恢复;
- 数据库结构对最终用户透明。

13.3.2 认识 Access 数据库

作为 Microsoft Office 组件之一的 Microsoft Access 是在 Windows 环境下非常流行的桌面型数据库管理系统,使用 Microsoft Access 无须编写任何代码,通过直观的可视化操作就可以完成大部分数据管理任务。在 Microsoft Access 数据库中,包含许多组成数据库的基本要素。这些要素是存储信息的表,显示人机交互界面的窗体,有效检索数据的查询,信息输出载体的报表,提高应用效率的宏,功能强大的模块工具,等等。它不仅可以通过 ODBC 与其他数据库相连,实现数据交换和共享,也可以与 Word、Excel 等办公软件进行数据交换和共享,还可以通过对象链接与嵌入技术在数据库中嵌入和链接声音、图像等多媒体数据。

Access 更适合一般的企业网站,因为开发技术简单、数据量不是很大的网站检索速度快,不用专门去分离出数据库空间,数据库和网站在一起,节约了成本;而一般的大型政府的网站、门户网站,因为数据量比较大,所以选用 SQL 数据库可以提高海量数据检索的速度。

13.3.3 建立 Access 数据库

与其他关系型数据库系统相比,Access 提供的各种工具既简单又方便,更重要的是 Access 提供了更为强大的自动化管理功能。

数据库是计算机中用于存储、处理大量数据的软件,在创建数据库时,将数据存储在表中。表是数据库的核心,在数据库的表中可以按照行或列来表示信息。表中的每一行称为一个“记录”,而表中的每一列称为一个“字段”,字段和记录是数据库中最基本的术语。

下面以数据库(Access 2007—2010)为例讲述数据库的创建,具体操作步骤如下:

(1)启动 Access 软件,选择菜单命令【文件】/【新建】,打开【新建文件】面板,如图 13－26 所示;在面板中单击【空数据库】,单击【创建】。

图 13－26　【新建文件】面板

(2)弹出如图 13－27 所示的窗口。

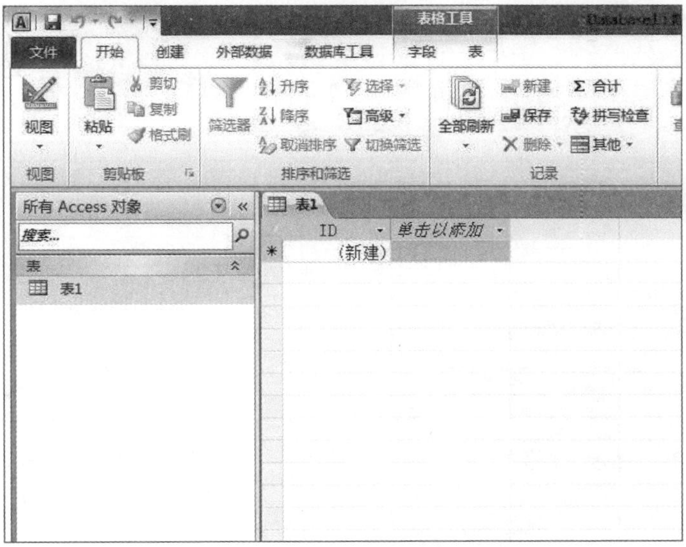

图 13－27　创建空数据库

(3)在【字段名称】和【数据类型】文本框中分别输入如图 13－28 所示的字段。

(4)设计完成后关闭设计表窗口,弹出如图 13－29 所示的提示框,提示“是否保存对表‘表 1’的设计的更改”,单击 是(Y) 按钮,弹出如图 13－30 所示的【另存为】对话框,在对话框中输入表的名称。

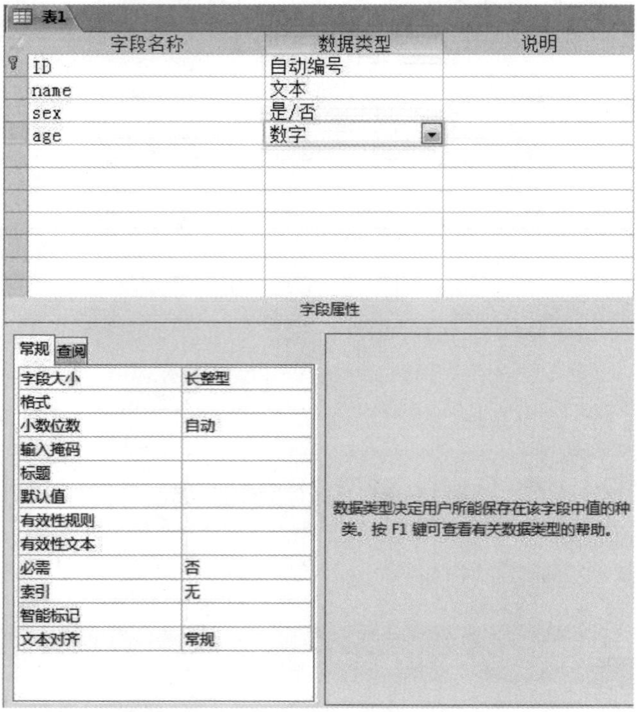

图 13－28　输入字

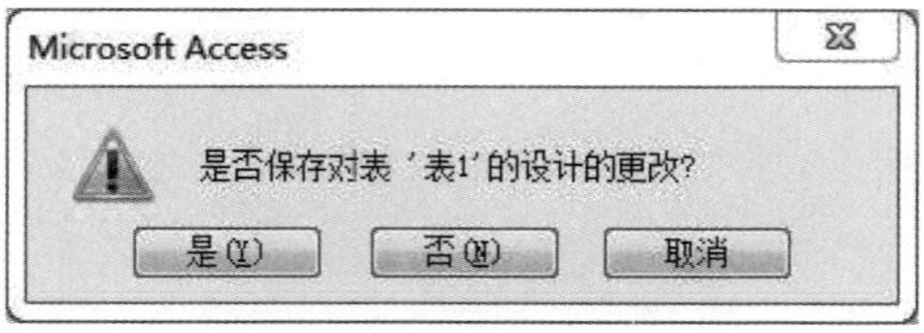

图 13－29　提示是否保存

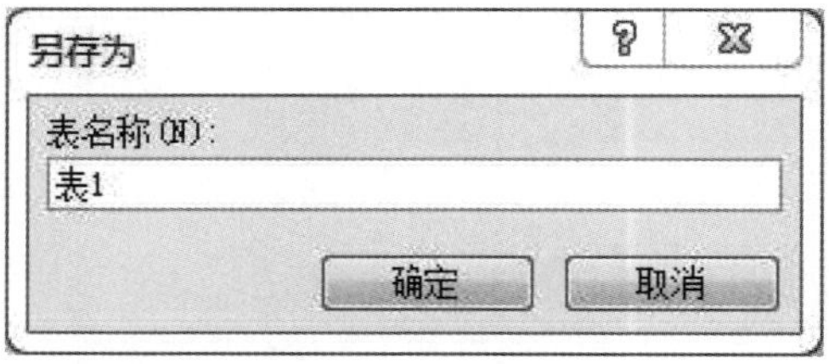

图 13－30　【另存为】对话框

13.3.4　创建表

用户填写的个人信息以记录的形式保存在一个数据表中。本节讲述的网上调查系统数据库是“diaocha”,其中有一个调查信息表,其字段名称、数据类型和说明见表 13－1。

表 13－1　调查信息表

字段名称	数据类型	说明
user	文本	姓名
sex	文本	性别
age	数字	年龄

表 13 - 1(续)

字段名称	数据类型	说明
tujing	数字	途径
fchh	是/否	产品满意度非常好
hao	是/否	好
yiban	是/否	一般
buhao	是/否	不好

13.3.5　添加数据源

要在 ASP 中使用 ADO 对象来操作数据库，首先要创建一个指向该数据库的 ODBC 连接。在 Windows 系统中，ODBC 的连接主要通过 ODBC 数据源管理器来完成。下面就以 Windows 7 为例讲述 ODBC 数据源的创建过程，具体操作步骤如下：

(1)执行【控制面板】/【系统和安全】/【管理工具】/【数据源(ODBC)】命令，弹出【ODBC 数据源管理器】对话框，在对话框中切换到【系统 DNS】选项卡，如图 13 - 31 所示。

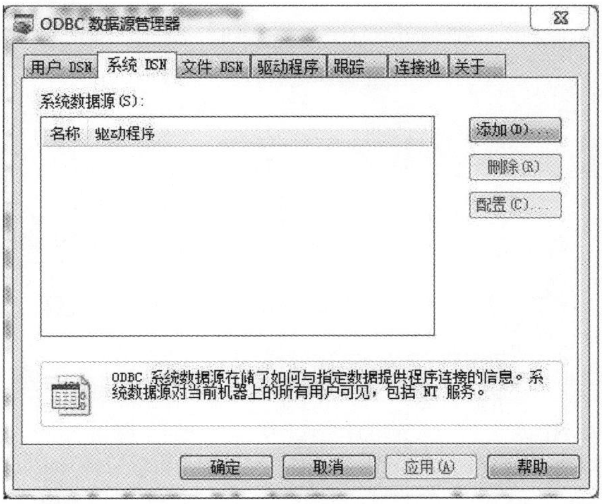

图 13 - 31　【系统 DNS】选项卡

(2)单击 添加(D)... 按钮，弹出【创建新数据源】对话框，选择图 13 - 32 所示的设置后，单击 完成 按钮。

(3)弹出图 13 - 33 所示的【ODBC Microsoft Access 安装】对话框，选择数据库的路径，在【数据源名】文本框中输入数据源的名称，单击 确定 按钮，在图 13 - 34 所示的对话框中可以看到创建的数据源 db。

(4)点击 确定 按钮，关闭当前窗口。

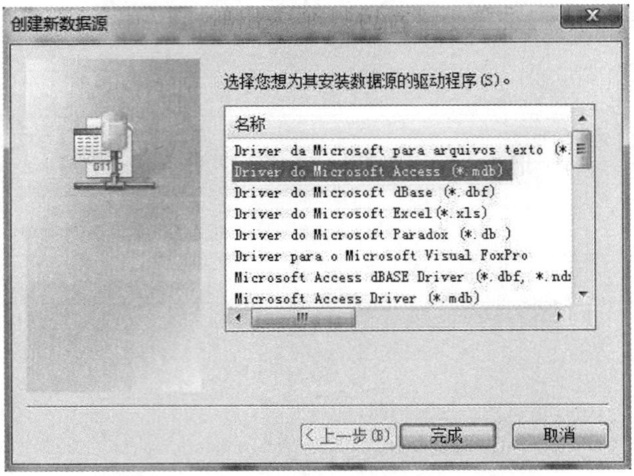

图 13－32 【创建新数据源】对话框

图 13－33 【ODBC Microsoft Access 安装】对话框

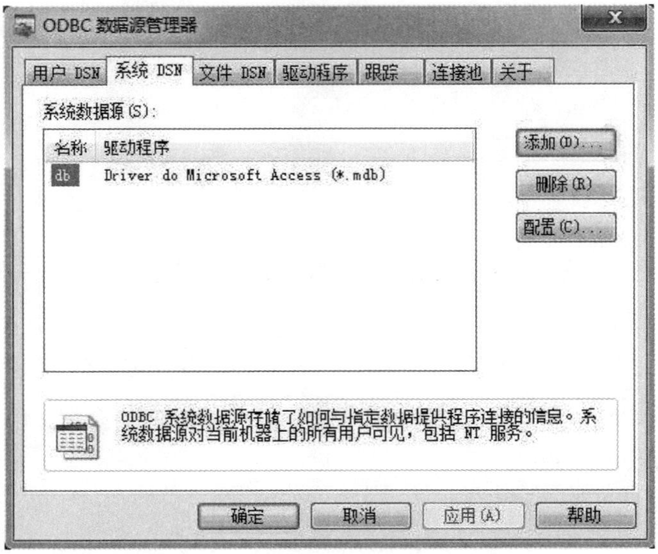

图 13－34 创建的数据源 db

13.4　SQL 语言简介

SQL 语言功能极强,但由于设计巧妙,语言十分简洁,完成数据定义、数据操纵、数据控制的核心功能只用了 9 个动词,并且 SQL 语言语法简单,因此容易学习和使用。

13.4.1　SQL 语言概述

SQL 语言支持关系数据库三级模式结构(图 13－35):外模式对应于视图(view)和部分基本表(base table);模式对应于基本表;内模式对应于存储文件。

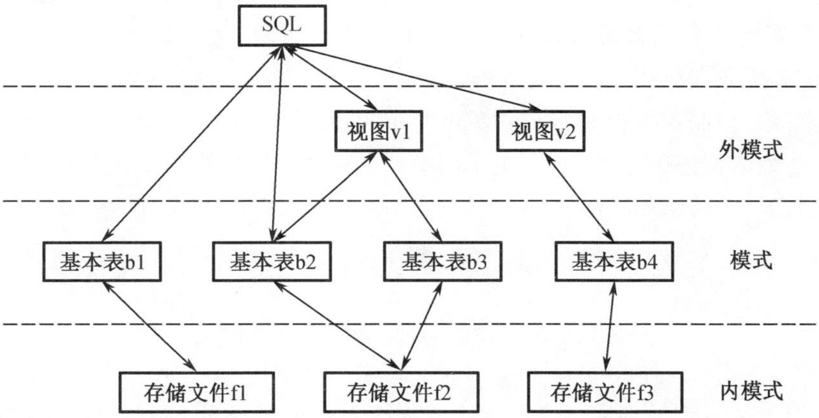

图 13－35　数据库系统的模式结构

在关系数据库中,关系就是表;表又分成基本表和视图两种,它们都是关系。基本表是实际存储在数据库中的表,是独立存在的。一个基本表对应于一个或多个存储文件,一个存储文件可以存放一个或多个基本表,一个基本表可以有若干个索引,索引同样存放在存储文件中。

- 基本表　独立存储于数据库中的数据表(关系),可有若干个索引。
- 索引　对表中的属性组进行逻辑上的排序,可以加快检索速度。
- 视图　由基表导出的虚表,数据库中只保存视图的定义。
- 存储文件　以 OS 文件的形式保存数据库的表、视图、索引等数据库对象。

SQL 语言主要有以下四大功能:

(1)数据定义语言(data definition language,DDL),用于定义数据库的逻辑结构,是对关系模式一级的定义,包括基本表、视图及索引的定义。

(2)数据查询语言(data query language,DQL),用于查询数据。

(3)数据操纵语言(data manipulation language,DML),用于对关系模式中的具体数据进行添加、删除、修改等操作。

(4)数据控制语言(data control language,DCL),用于数据访问权限的控制。

13.4.2 SQL 的优点

SQL 是一个非过程化的语言,一次处理一个记录,为数据提供自动导航。SQL 允许用户在高层的数据结构上工作,可操作记录集而不对单个记录进行操作。所有 SQL 语句接受集合作为输入,返回集合作为输出。SQL 的集合特性允许一条 SQL 语句的结果作为另一条 SQL 语句的输入。SQL 不要求用户指定数据的存放方法,也不需要用户了解具体的数据存放方式,所以具有完全不同底层结构的数据库系统,可以使用相同的结构化查询语言作为数据输入与管理的接口。结构化查询语言语句可以嵌套,这使它具有极大的灵活性和强大的功能。

统一的语言:SQL 可用于所有用户的 DB 活动模型,包括系统管理员、数据库管理员、应用程序员、决策支持系统人员及许多其他类型的终端用户;SQL 命令只需很少时间就能学会;SQL 为许多任务提供了命令,包括查询数据,在表中插入、修改和删除记录,建立、修改和删除数据对象,控制对数据和数据对象的存取,保证数据库的一致性和完整性等。

所有关系型数据库的公共语言:由于所有主要的 RDBMS 都支持 SQL 语言,用户可将使用 SQL 的技能从一个 RDBMS 转移到另一个 RDBMS,所以用 SQL 编写的程序都是可以移植的。

13.5 常用的 SQL 语句

一个典型的关系型数据库通常由一个或多个被称作表格的对象组成,数据库中的所有数据或信息都被保存在这些数据库表格中,数据库中的每一个表格都具有自己唯一的表格名称,都是由行和列组成,其中每一列包含该列名称、数据类型及列的其他属性等信息,而行则具体包含每一列的记录或数据。下面讲述表的定义、删除和修改等基本操作。

13.5.1 表的建立:CREATE TABLE

建立数据库最重要的一步就是定义一些基本表。下面要介绍的是如何利用 SQL 命令来建立一个数据库中的表格,其一般格式如下:

```
CREATE TEBLE <表名>(<列名><数据类型>[列级完整性约束条件]
[,<列名><数据类型>[列级完整性约束条件]...]
[,[列级完整性约束条件])
```

说明:

<列级完整性约束条件>

用于指定主键、空值、唯一性、默认值、自动增长列等。

<表级完整性约束条件>

用于定义主键、外键及各列上数据必须符合的相关条件。

简单来说,创建新表格时,在关键词 CREATE TABLE 后面加入所要建立的表格的名称,然后在括号内顺次设定各列的名称、数据类型及可选的限制条件等。需要注意的是,所有

SQL 语句在结尾处都要使用“;”符号。

使用 SQL 语句创建的数据库表格和表格中列的名称必须以字母开头,后面可以使用字母、数字或下画线,名称的长度不能超过 30 个字符。注意,用户在选择表格名称时不要使用 SQL 语言中的保留关键词,如 SELECT、CREATE、INSERT 等,作为表格或列的名称。

【例】建立一个“学生”表 Student,它由学号(Sno)、姓名(Sname)、性别(Ssex)、年龄(Sage)、所在系(Sdept)5 个属性组成,其中学号属性不能为空,并且其值是唯一的。

```
CREATE TABLE Student
(Sno CHAR(5) NOT NULL UNIQUE,
Sname CHAR(10),
Ssex CHAR(1),
Sage INT,
Sdept CHAR(10));
```

13.5.2　插入数据:INSERT INTO

SQL 的数据插入语句 INSERT 通常有两种形式:一种是插入一个元组;另一种是插入子查询结果。后者可以一次插入多个元组,可以使用 INSERT 语句来添加一个或多个记录在一个表中。

1. 插入单个元组

插入单个元组的 INSERT 语句的格式如下:

```
INSERT
INTO <表名>(<属性列1>[<属性列2>…])
VALUES
```

其功能是将新元组插入指定表中,其中新记录属性列 1 的值为常量 1,属性列 2 的值为常量 2,以此类推。如果某些属性列在 INTO 子句中没有出现,则新记录在这些列上将取空值。

在表定义时说明了 NOT NULL 的属性列不能取空值,如果 INTO 子句中没有指明任何列名,则新插入的记录必须在每个属性列上均有值。

【例】将一个学生记录(学号:2009020;姓名:马燕;性别:女;所在系:计算机;年龄:21岁)插入 Student 表中。

```
INSERT
INTO Student
VALUES('2009020','马燕','女','计算机',21);
```

2. 插入子查询结果

子查询不仅可以嵌套在 SELECT 语句中,也可以嵌套在 INSERT 语句中,用以生成要插入的数据。插入子查询结果的 INSERT 语句的格式如下:

```
INSERT
INTO <表名>[(<属性列1>[,<属性列2>]…]
```

其功能示意批量插入,即一次性地将子查询的结果全部插入指定表中。

【例】对每一个系,求学生的平均年龄,并把结果存入数据库。

首先要在数据库中建立一个有两个属性列的新表,表中一列存放系名,另一列存放相应系的学生平均年龄。

```
Create table Deptage(Sdept CHAR(15),Avgage smallint);
Insert into Deptage(Sdept,Average)
(SELECT Sdept,AVG(Sage)
FROM Student
GROUP BY Sdept);
```

13.5.3 修改数据:UPDATE

对于已经插入的记录,如果有不正确的地方,最好能够直接在原有记录中修改,而不是将原有记录删除,然后再创建一条新的内容记录。

修改操作又称为更新操作,其语句的一般格式如下:

```
UPDATE <表名>
SET <列名> = <表达式>[,<列名> = <表达式>]…
[WHERE <条件>];
```

其功能是修改指定表中满足 WHERE 子句条件的元组,其中 SET 子句用于指定修改方法,即用 <表达式> 的值取代相应的属性列值。如果省略 WHTERE 子句,则表示要修改表中的所有元组。

1. 修改某一个元组的值

【例】将学号为 2008001 的学生的年龄改为 24 岁。

```
UPDATE Student
SET Sage =24
WHERE Sno = '2008001';
```

2. 修改多个元组的值

【例】将所有学生的年龄增加 1 岁。

```
UPDATE Student
SET Sage = Sage +1;
```

13.5.4 删除数据:DELETE

DELETE 语句是用来从表中删除记录或者行,其语句格式如下:

```
DELETE
FROM <表名>
[WHERE <条件>];
```

DELETE 语句的功能是从指定表中删除满足 WHERE 子句条件的所有元组，如果省略 WHERE 子句，表示删除表中全部元组，但表的定义仍在字典中，也就是说，DELETE 语句删除的是表中的数据，而不是关于表的定义。

1. 删除某一个元组的值

【例】删除学号为 2008001 的学生记录。

```
DELETE
FROM Student
WHERE Sno = '2008001';
```

DELETE 操作也是一次只能操作一个表，因此同样会遇到 UPDATE 操作中提到的数据不一致问题，比如该学生记录删除后，有关他的其他信息也应同时删除，而这必须用一条独立的 DELETE 语句来完成。

2. 删除多个元组的值

【例】删除所有的学生选课记录。

```
DELETE
FROM SC
```

这条 DELETE 语句可使 SC 成为空表，因为它删除了 SC 的所有元组。

13.5.5　SQL 查询语句：SELECT

在众多的 SQL 语句中，SELECT 语句算是使用最频繁的，其主要用来对数据库进行查询并返回符合用户查询标准的结果数据。

建立数据库的目的是为了查询数据，因此可以说数据库查询是数据库的核心操作。SQL 语言提供了 SELECT 语句进行数据库的查询，该语句具有灵活的使用方式和丰富的功能。SELECT 语句有一些子句可以选择，而 FROM 是唯一必需的子句，每一个子句有大量的选择项、参数等。

```
SELECT [ALL | DISTINCT] [TOP n] <目标列表达式>[,<目标列表达式>]…
FROM <表名或视图名>[,<表名或视图名>]…
[WHERE <条件表达式>]
[GROUP BY <列名 1>[HAVING <条件表达式>]]
[ORDER BY <列名 2> [ASC | DESC]];
```

整个 SELECT 语句的含义是，根据 WHERE 子句的条件表达式，从 FROM 子句指定的基本表或视图中找出满足条件的元组，再按 SELECT 子句中的目标列表表达式，选中元组中的属性值形成结果表。如果有 GROUP BY 子句，则将结果按 <列名 1> 的值进行分组，该属性列值相等的元组为一个组，每个组产生结果表中的一条记录。通常会在每组中作用集函数，如果 GROUP 子句带 HAVING 短语，则只有满足指定条件的组才予输出；如果有 ORDER 子句，则结果表还要按 <列表 2> 的值的升序或降序排序。

下面以“学生－课程”数据库为例说明 SELECT 语句的各种用法。“学生－课程”数据库中包括以下 3 个表：

(1)“学生”表 Student 由学号(Sno)、姓名(Sname)、性别(Ssex)、年龄(Sage)、所在系(Sdept)5 个属性组成,可记为

```
Student(Sno,Sname,Ssex,Sage,Sdept)
```

其中 Sno 为主码。

(2)“课程”表 Course 由课程号(Cno)、课程名(Cname)、先修课程号(Cpno)、学分(Ccredit)4 个属性组成,可记为

```
Course(Cno,Cname,Cpno,Ccredit)
```

其中 Cno 为主码。

(3)“学生选课”表 SC 由学号(Sno)、课程号(Cno)、成绩(Grade)3 个属性组成,可记为

```
SC(Sno,Cno,Grade)
```

其中(Sno,Cno)为主码。

SELECT 语句既可以完成简单的单表查询,也可以完成复杂的连接查询和嵌套查询。

1. 选择表中的若干列

选择表中的全部列或者部分列,其变化方式主要表现在 SELECT 子句的 <目标列表达式> 上。

【例】查询全体学生的学号与姓名。

```
Select Sno,Sname
FROM Student;
```

【例】查询全体学生的详细记录。

```
Select *
FROM Student;
```

2. 选择表中的若干元组

通过 <目标列表达式> 的各种变化,可以根据实际需要,从一个指定的表中选择出所有元组的全部或部分列。如果只想选择部分元组的全部或部分列,则还需要指定 DISTINCT 短语或指定 WHERE 子句。

【例】查询所有选修过课的学生的学号。

```
Select Sno
FROM SC;
```

假设 SC 表中有下列数据:

Sno	Cno	Grade
09001	1	92
09001	2	85
09001	3	88
09002	2	90
09002	3	80

执行上面的 SELECT 语句后，结果为

```
Sno
09001
09001
09001
09002
09002
```

可用 DISTINCT 短语消除重复：

```
Select DISTINCT Sno
FROM SC;
```

执行结果为

```
Sno
09001
09002
```

【例】查询所有年龄在 18 岁以下的学生姓名及其年龄。

```
Select Sname,Sage
FROM Student
WHERE Sage<18;
```

或

```
Select Sname,Sage
FROM Student
WHERE NOT Sage> =18;
```

【例】查询年龄为 15 ~23 岁的学生的姓名、系别和年龄。

```
Select Sname,Sdept,Sage
FROM Student
WHERE Sage BETWEEN 15 AND 23;
```

13.6　实　　例

在设计完数据库表之后，下面就来创建数据库连接，具体操作步骤如下：

(1)启动 Dreamweaver CS6，打开要创建数据库连接的文档，选择菜单命令【窗口】/【数据库】，打开【数据库】面板，在面板中单击  按钮，在弹出的菜单中执行“自定义连接字符串”命令，如图 13-36 所示。

(2)弹出“自定义连接字符串”对话框，在对话框中的【连接名称】文本框中输入“datab”，如图 13-37 所示，在【连接字符串】文本框中输入以下代码：

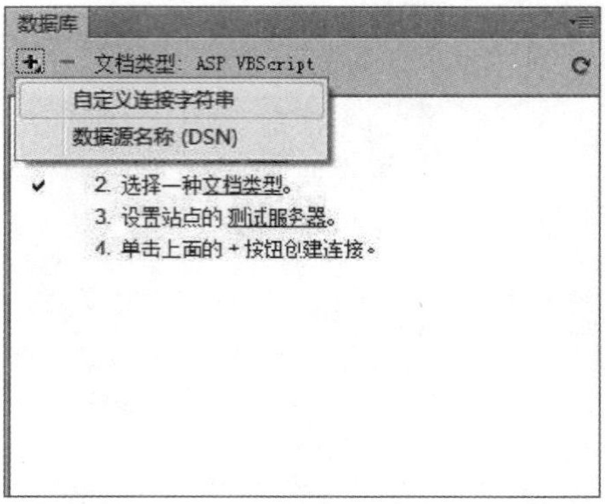

图 13 - 36　执行“自定义连接字符串”命令

" Provider = Microsoft. JET. Oledb. 4. 0;Data Source = " &Server. Mappath("/datab. mdb")

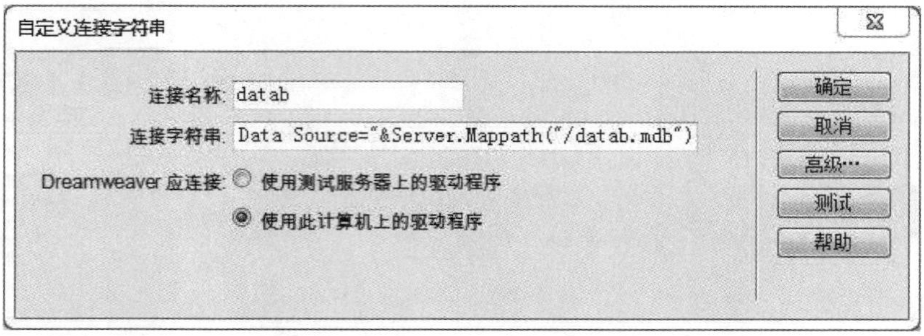

图 13 - 37　“自定义连接字符串”对话框

(3)单击 确定 按钮,即可连接成功,此时【数据库】面板如图 13 - 38 所示。

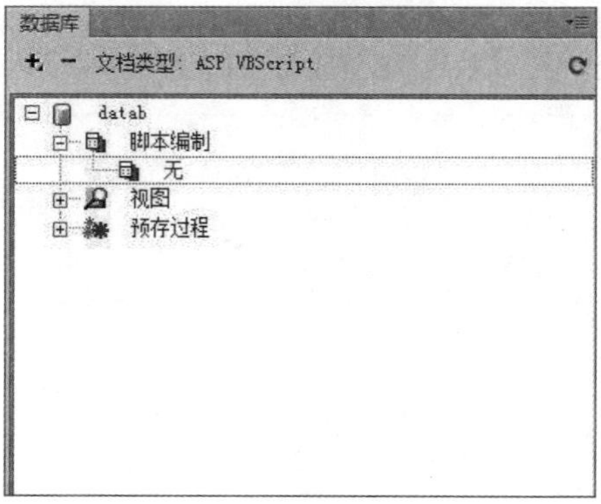

图 13 - 38　【数据库】面板

13.7　本章小结

动态页面最主要的作用是能够让用户通过浏览器来访问、管理和利用存储在服务器上的资源和数据,特别是数据库中的数据。SQL 语言的主要功能就是同各种数据库建立联系,进行沟通。按照美国国家标准协会(American National Standards Institute,ANSI)的规定,SQL 被作为关系型数据库管理系统的标准语言。SQL 语句可以用来执行各种各样的操作,例如更新数据库中的数据,从数据库中提取数据等。本节主要学习了动态网页的工作原理和制作流程,如何搭建本地服务器,以及 SQL 语言的使用。

参 考 文 献

[1] 老虎工作室. 从零开始 Dreamweaver CS6 中文版基础培训教程[M]. 北京:人民邮电出版社,2015.

[2] 曹衍龙,汪杰. HTML5/CSS3/JavaScript 技术大全[M]. 北京:人民邮电出版社,2018.

[3] 徐云晴. 网页设计与制作项目教程 HTML + CSS + Bootstrap[M]. 北京:北京理工大学出版社,2018.

[4] 宋协栋. Dreamweaver 网页设计与制作[M]. 北京:北京理工大学出版社,2017.

[5] 李晓歌,许朝侠,王辉,等. Dreamweaver CS6 网页设计实例教程[M]. 北京:清华大学出版社,2017.

[6] 杨烨. Dreamweaver CS6 网页设计实用教程[M]. 武汉:华中科技大学出版社,2013.

[7] 王艳丽. 网页设计案例教程[M]. 北京:北京理工大学出版社,2016.

[8] 杨华,李卫东. 网页设计与制作[M]. 济南:山东科学技术出版社,2016.

[9] 冯小燕. Dreamweaver CS6 网页设计与制作实用教程[M]. 北京:清华大学出版社,2017.

[10] 王春红,王瑾瑜. Dreamweaver CS6 网页设计案例教程[M]. 2 版. 北京:机械工业出版社,2017.

[11] 金景文化. Dreamweaver CS6 实用教程(中文版)[M]. 北京:人民邮电出版社,2017.